信息技术与人工智能通识

佘春燕 ☐ 主　编
韩雨丽　王春莲　黄文莉　王亚婷 ☐ 副主编

清华大学出版社
北京

内 容 简 介

本书分为信息技术和人工智能通识两大模块。信息技术模块涵盖计算机基础理论知识、Windows 11操作系统、WPS办公软件、计算机网络与信息安全；人工智能通识模块不仅讲解其基本概念、发展历程、核心技术与应用领域，还通过 Python 编程案例，如数据可视化分析、智能问答等，以及文心一言、豆包等工具的实践应用，让读者体验人工智能的价值。同时，书中对人工智能伦理与社会影响的探讨，有助于培养读者的社会责任意识。

本书可作为职教本科、高职高专相关课程的配套教材，也可供相关领域爱好者学习参考。

图书在版编目(CIP)数据

信息技术与人工智能通识/佘春燕主编. -- 北京：
清华大学出版社，2025.8. -- ISBN 978-7-302-70296-2

Ⅰ. TP3；TP18

中国国家版本馆 CIP 数据核字第 2025Q12D94 号

责任编辑：杜　晓
封面设计：曹　来
责任校对：郭雅洁
责任印制：丛怀宇

出版发行：清华大学出版社
　　　　网　　　址：https://www.tup.com.cn,https://www.wqxuetang.com
　　　　地　　　址：北京清华大学学研大厦 A 座　　　　邮　　编：100084
　　　　社 总 机：010-83470000　　　　　　　　　　　邮　　购：010-62786544
　　　　投稿与读者服务：010-62776969，c-service@tup.tsinghua.edu.cn
　　　　质量反馈：010-62772015，zhiliang@tup.tsinghua.edu.cn
　　　　课件下载：https://www.tup.com.cn,010-83470410
印 装 者：三河市铭诚印务有限公司
经　　销：全国新华书店
开　　本：185mm×260mm　　　　印　　张：19.25　　　　字　　数：464 千字
版　　次：2025 年 8 月第 1 版　　　　　　　　　　　　印　　次：2025 年 8 月第 1 次印刷
定　　价：59.00 元

产品编号：113214-01

在科技发展日新月异的今天,信息技术与人工智能已成为推动社会进步的重要力量。本书是为国家发展战略培养人才的教材,旨在提升学生的信息技术应用能力和信息素养,帮助学生考取国家计算机等级证书,培养学生科技素养和思维能力,为国家发展培养既懂信息技术又了解人工智能的复合型人才。

本书在内容安排上,深入整合了信息技术与人工智能知识,构建了全面系统的知识体系,紧跟科技发展前沿,引入最新的人工智能应用工具和案例,使内容更具时代性和实用性。在结构上,以项目引领任务,每个任务都有详细的知识准备、任务实施指导,逻辑清晰、循序渐进,便于学生自主学习和理解掌握。同时,本书巧妙融入素养目标,学生在学习专业理论和技术的同时,也能培养道德品质和社会责任感。此外,信息技术模块内容紧扣国家计算机等级考试大纲,为学生备考提供精准指导,真正实现课证融通。

本书分为信息技术和人工智能通识两大模块。信息技术模块是基础,涵盖计算机基础、Windows 11 操作系统、WPS 文字、WPS 表格、WPS 演示、计算机网络与信息安全等内容,为学生掌握信息技术奠定了坚实的基础。人工智能通识模块的基础知识部分包括人工智能的基本概念、发展历程、核心技术和应用领域。在实践人工智能部分,通过人工智能 Python 编程案例,如数据的可视化分析、智能机器人问答、图像处理等,以及常见人工智能工具的应用,如文心一言、豆包、DeepSeek 和即梦等,让学生亲身体验人工智能的魅力和实际应用。在人工智能伦理与社会影响部分,引导学生思考人工智能在发展过程中可能带来的伦理问题和社会影响,培养学生的社会责任感和批判性思维。

本书编写团队成员均为信息技术领域有多年教学经验的教师,熟知高职学生学习特点与技能短板。本书在总结课堂积累的典型案例与常见问题解决方案的同时,参考了多本信息技术教材、国家计算机等级考试(一级、二级)教材、人工智能相关教材,并采用 Windows 11、WPS Office 2023 等最新软件,确保内容前沿性与实用性并重。

建议按照模块顺序循序渐进学习本书。首先扎实学习信息技术模块,熟练掌握计算机基础、操作系统、办公软件操作以及网络安全知识,为后续学习奠定基础。其次深入学习人工智能通识模块,先理解基础概念,再通过实践操作人工智能环境搭建和工具应用,提升实践能力。备考计算机等级考试的学生,可对照考试大纲,明确重点内容,有针对性地学习和练习,全面提升综合素养与实践能力。

本书由佘春燕担任主编,韩雨丽、王春莲、黄文莉、王亚婷担任副主编。项目一、项目五以及项目七、项目九由佘春燕编写,项目二由王春莲编写,项目三和项目四由韩雨丽编写,项目六由黄文莉编写,项目八由王亚婷编写。

　　本书的顺利编写离不开各方的支持与帮助。在此,衷心感谢学校和二级学院在编写过程中给予的大力支持,为编写工作提供了良好的环境和条件保障。特别感谢徐州工业学院刘郁教授,在知识框架构建和内容编写过程中给予的精心指导,使本书质量得到极大的提升。同时,感谢清华大学出版社为本书的完善和出版付出的辛勤努力。编写团队成员间的相互支持与配合至关重要,正是大家的共同努力,才能确保本书按照要求如期高质量完成编写。

　　本书相关的教学资源包括课程标准、教案、课件、微课、习题、题库、素材及源代码,读者可以扫码下载。由于编者水平有限,书中难免存在不足之处,恳请各位读者提出宝贵意见。

编　者

2025 年 5 月

智能体　　　　　　　　　　　本书配套教学资源下载

目 录

模块一　信息技术

模块二　人工智能通识

模块一

信息技术

认识计算机

项目概述

在当今科技迅猛发展、信息呈指数级增长的背景下，计算机作为时代的核心引擎，已深度渗透到生活的方方面面。从探索宇宙的超级计算机，到掌中精巧的智能设备，计算机的身影无处不在。在这样一个以数字技术为基石的时代，熟练掌握和运用计算机技术，不仅是顺应时代潮流的关键，也是迈向未来信息化社会的必备技能，更是塑造新时代复合型人才的核心素养。

本项目精心规划了五个学习任务，深入剖析计算机领域的关键知识：从计算机诞生的历史溯源，探寻其如何从大型机时代一步步演变为如今的超微型化智能设备；深入计算机的"大脑"，解析其底层运行逻辑；探究计算机编码与数制的奥秘，理解数字信息在计算机中的独特表达方式；拆解计算机硬件架构，深入了解芯片、主板等硬件组件如何协同工作；最后，探索计算机软件的广阔天地，从操作系统到各类应用程序，揭示软件如何赋予计算机无限可能。

思维导图

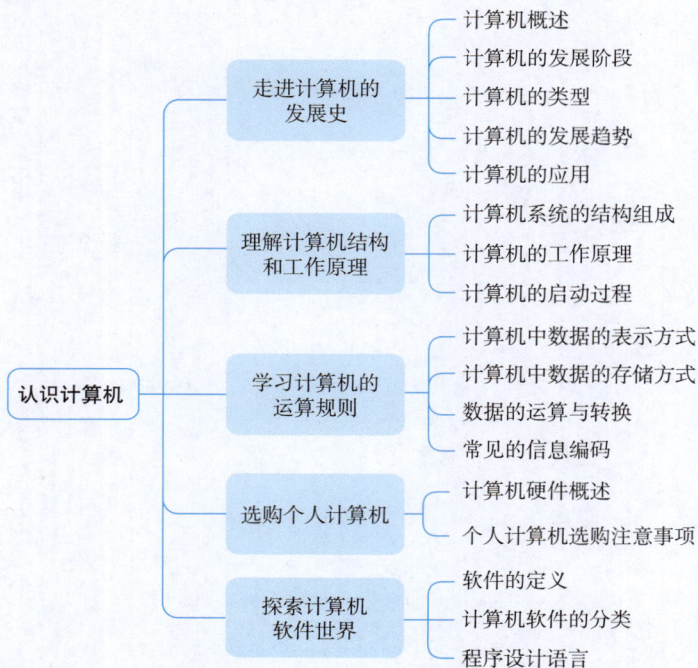

任务一　走进计算机的发展史

任务导入

　　计算机的发展历程可追溯至 19 世纪末,它从机械式计算设备演进至如今的电子式计算机。进入 20 世纪 40 年代,人类迎来了第一台电子计算机的诞生。如今,计算机的种类繁多,包括大型机、个人计算机、笔记本电脑、智能手机以及平板电脑等。计算机技术的应用领域极为广泛,它渗透至商业、教育、医疗、娱乐、科学研究、工业设计以及交通管理等多个方面。

学习目标

1. 知识目标

(1) 了解计算机的发展史。

(2) 区别计算机的分类与特点。

(3) 说出计算机不同发展阶段的逻辑部件。

(4) 概述计算机的应用领域。

2. 能力目标

能根据计算机应用场景判断计算机的类型。

3. 素养目标

(1) 提高学生的信息素养。

(2) 培养学生的自主学习意识。

(3) 培养学生对科学技术的热爱之情。

(4) 培养学生对我国科技发展的自信心。

任务描述

　　本任务就是让学生深入了解计算机的发展历程、不同类型及其在各个领域的应用,培养学生的团队协作能力、信息收集与整理能力、表达和创新思维能力。

知识准备

一、计算机概述

　　计算机是电子计算机的简称,是一种能够自动且高速地执行数值运算和信息处理任务的电子设备。其构成主要包括机械和电子组件,通过配合相应的程序和数据,实现程序和数据的自动执行,进而解决一系列实际问题。计算机可以执行各种任务,从简单的数学计算到复杂的科学模拟,广泛应用于个人、商业、教育和科研等领域。

计算机逻辑部件是计算机发展的主要标志,因为它们构成了计算机硬件的核心,负责执行所有的逻辑运算和数据处理。逻辑部件的性能、速度和效率直接影响整个计算机系统的性能。计算机逻辑部件发展经历了以下四个阶段。

(一)第一代逻辑部件电子管

电子管在计算机发展的初期扮演了至关重要的角色,它们构成了第一代计算机的基础。尽管这些电子管体积庞大、耗电量高,且需要复杂的冷却系统来维持运行,但正是这些"巨无霸"般的设备,奠定了现代计算机技术的基石。这一时期的典型代表是美国宾夕法尼亚大学于1946年研制的世界上第一台电子计算机 ENIAC(电子数值积分计算机),共使用了18000个电子管,另加1500个继电器以及其他器件,其总体积约90立方米,重达30吨,占地170平方米,需要用一间30多米长的大房间才能存放,是个地地道道的庞然大物。它每秒完成5000次加法运算,比机械式的继电器计算机快1000倍。

(二)第二代逻辑部件晶体管

1958—1964年晶体管的应用,标志着计算机技术的重大飞跃。相比电子管,晶体管小巧、功耗低、可靠性高。第二代计算机的性能大幅提升,摆脱了庞大机房与冷却系统,从实验室走入办公室和家庭,推动了社会生活方式的变革,让人们认识到计算机是未来生活必需品。

(三)第三代逻辑部件集成电路

1964—1972年的集成电路时代推动了计算机技术发展。集成电路将众多晶体管集成于芯片,提升了计算机处理能力与效率,降低了计算机的成本和体积,让计算机变得轻便强大,助力了个人计算机的迅速普及,影响了人们工作生活的多个领域。

(四)第四代逻辑部件大规模、超大规模集成电路

1972年,大规模、超大规模集成电路诞生,成为现代计算机技术核心。随着工艺的进步,芯片晶体管数量增多,性能提升且能耗降低。第五代及后续计算机系统、移动设备均依赖此类高集成、高性能电路。它们支撑起了便捷高效的数字生活,是技术突破与社会进步的重要力量,为信息化提供了硬件基础。

二、计算机的发展阶段

(一)大型计算机阶段

这一时期始于20世纪50年代,以 IBM 700/7000 系列为代表,大型机主要用于政府和大型企业的核心计算任务。这些机器体积庞大,常常占据整个房间,运行时产生的热量惊人,需要专门的冷却系统来维持正常运转。它们的价格昂贵,动辄数百万美元,只有少数财力雄厚的机构能够负担得起。大型机的出现不仅标志着计算机技术从理论研究走向了实际应用,还在军事、科研和商业领域发挥了至关重要的作用,奠定了现代计算机发展的坚实基础。

我国大型机发展历程始于20世纪60年代。1959年,中国第一台大型计算机——104机诞生,标志着中国大型计算机的起步。随后,中国科学院计算技术研究所研制成功109乙机,进一步推动了大型机的发展。进入20世纪70年代,中国开始自主研发大型机,如150系列和757系列。20世纪80年代,中国大型机技术取得显著进步,研制出银河系列大型计算机。银河Ⅰ型机于1983年研制成功,是中国第一台巨型计算机。此后,银河Ⅱ、银河Ⅲ相

继问世,性能不断提升。进入 21 世纪,随着信息技术的快速发展,中国大型机技术继续进步,推出了多款性能更加强大的超级计算机,如天河系列和神威系列,这些计算机在国际上也取得了较高的排名。2020 年 6 月 23 日,全球超级计算机 500 强榜单面世,中国部署的超级计算机数量继续位列全球第一。全球超算 500 强当中,第三位和第四位分别是中国的"神威·太湖之光"和"天河二号"。

"神威·太湖之光"(图 1-1)拥有 40960 个中国自主研发的"申威 26010"众核处理器,该处理器采用 64 位自主申威指令系统,峰值性能为 12.5 亿亿次/秒,持续性能为 9.3 亿亿次/秒,主要面向气象气候、海洋环境、生物医药、信息安全、航空航天、材料物理、金融分析、工业设计、石油物探等应用领域。

图 1-1 "神威·太湖之光"大型机

(二)小型计算机阶段

20 世纪 60 年代末到 70 年代,随着集成电路技术的飞速发展,小型计算机开始崭露头角,如 DEC 公司的 PDP 系列和 VAX 系列。这些机器比大型机小得多,成本也相对较低,适用于中型企业、科研机构和高等教育机构。小型计算机的出现使得更多的用户能够接触到计算机技术,推动了计算机应用的普及。许多高校和研究机构因此得以开展更多的计算密集型研究,进一步推动了科技的发展。

(三)微型计算机阶段

20 世纪 70 年代末到 80 年代,微处理器的发明彻底改变了计算机的面貌。个人计算机(PC)如苹果Ⅱ和 IBM PC 迅速普及,进入了千家万户。1976 年苹果计算机公司成立,1977 年推出 APPLEⅡ微型机大获成功,使它成为个人及家庭能买得起的计算机。1981 年 IBM 公司推出 IBM PC,此后它又经历了若干代的演变,逐渐占领了庞大的个人计算机市场。这些微型计算机体积小巧,操作简便,价格也逐渐变得亲民,普通家庭和中小企业也能够负担得起。人们开始用计算机处理文档、进行财务管理,甚至玩游戏,计算机逐渐成为日常生活的一部分。微型计算机是对大型计算机进行的第二次"缩小化"。

(四)客户机—服务器阶段

自 20 世纪 90 年代以来,互联网与局域网的广泛部署推动了计算机系统向分布式处理架构的演进。个人计算机(PC)与服务器之间的协同作业,促进了资源的共享与数据处理能力的显著增强。此类架构实现了数据存储与计算任务在多设备间的高效分配,显著提升了系统的灵活性与可扩展性。客户机—服务器模式(图 1-2)的广泛采纳,不仅重塑了企业的信息技术架构,而且为云计算、大数据等前沿技术的发展奠定了坚实基础。通过该

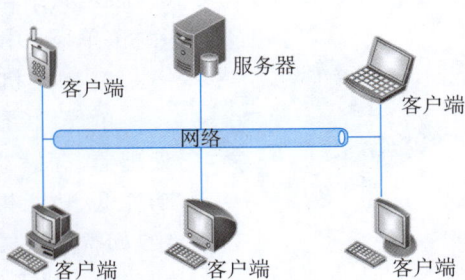

图 1-2 客户机—服务器模式

模式,企业能够实现数据的集中化管理与高效利用,从而提高工作效率与管理水平,并为远程办公与在线协作提供技术支撑。

三、计算机的类型

根据计算机采用不同的划分方法,计算机有不同的分类。

(一) 常见传统计算机的分类

1. 巨型计算机(Giant Computer)

巨型计算机是计算机领域中的巅峰之作,具备无与伦比的处理能力和存储容量。这类计算机通常被部署在国家级科研机构、大型数据中心和高端军事应用中,专门用于处理极为复杂的科学计算、模拟实验和海量数据分析。它们的运算速度可以达到每秒数千万亿次甚至数亿亿次每秒,存储容量更是惊人,能够轻松应对各种高精度的计算任务。运算速度之快是巨型计算机最突出的特点,我国研发的曙光 6000 星云巨型计算机,其运算速度达到了千万亿次/秒,"神威·太湖之光"更是全球首台峰值运算能力超 10 亿亿次/秒的超级计算机。目前,世界上只有少数国家能够制造这种级别的计算机,其研发过程体现了国家的综合国力和国防实力。

2. 大中型计算机(Large-scale Computer and Medium-scale Computer)

大中型计算机,也被称为大型机,是企业和政府机构的核心计算设备。这类计算机以其卓越的稳定性和强大的处理能力而闻名,能够同时处理数以万计的用户请求和事务处理。它们广泛应用于金融、交通、电信等行业,支持关键业务系统的运行,如银行交易系统、航空订票系统和政府信息管理系统。大型机的高可靠性和安全性,确保了数据的完整性和系统的连续运行。

3. 小型计算机(Minicomputer)

小型机则定位于中型企业或部门级应用,它们在性能和成本之间找到了一个理想的平衡点。这类计算机系统通常具备较好的可扩展性和多用户支持能力,适合用于企业内部的数据处理、办公自动化和业务管理系统。小型机的部署和维护相对简单,成本也较为适中,因此深受中小企业的青睐。

4. 微型计算机(Microcomputer)

微型计算机作为现代科技的重要组成部分,其种类繁多,功能和性能各异,深刻地影响着我们的生活和工作方式。根据其结构和性能的不同,微型计算机可以被细分为三大类:单片机、单板机和个人计算机。

1) 单片机(Single-chip Computer)

单片机(图 1-3),顾名思义,是将微型计算机的核心部件如中央处理器、存储器、输入输出接口等集成在一块芯片上,具有体积小、功耗低、功能相对单一的特点,广泛应用于嵌入式系统和智能设备中,如智能家居、汽车电子等领域,其高效稳定的性能为这些设备的智能化提供了坚实基础。

图 1-3 单片机

2) 单板机(Single-board Computer)

单板机将微型计算机的主要部件如中央处理器、存储器、输入输出接口等集中在一块电路板上,相较于单片机,其功能更为复杂,扩展性更强,常用于工业控制、教学实验以及一些小型项目中,因其灵活性和可定制性,受到了工程师和教育工作者的青睐。

3）个人计算机（Personal Computer，PC）

个人计算机是我们日常生活中最为熟悉的一类微型计算机，其性能强大，功能多样，能够满足办公、娱乐、学习等多方面的需求，配备了高性能的中央处理器、大容量的存储器和丰富的输入输出接口，是现代社会不可或缺的重要工具。无论是处理复杂的文档、进行高清视频播放，还是进行大型游戏娱乐，个人计算机都能游刃有余地应对，极大地提升了人们的工作效率和生活质量。

5. 服务器计算机

服务器计算机是一种高性能的计算机，如图 1-4 所示，它为网络中的其他计算机（客户端）提供服务。这些服务可能包括文件和打印服务、应用程序共享、数据库管理、电子邮件服务、网页托管等。服务器计算机通常具备强大的处理能力、大量的存储空间和高带宽网络连接，以确保能够处理来自多个用户的并发请求。服务器计算机可以是物理机，也可以是虚拟机，并且它们通常运行专门的操作系统和软件来支持特定的服务和应用程序。常见的资源服务器有 DNS（Domain Name System，域名解析）服务器、E-mail（电子邮件）服务器、Web（网页）服务器。

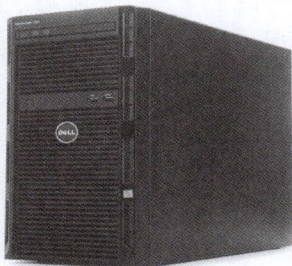

图 1-4　服务器计算机

（二）新型高级计算机的分类

新型高级计算机主要包括量子计算机、光子计算机、分子计算机和纳米计算机等，它们代表着未来计算机技术的发展方向。

1. 量子计算机

量子计算机概念起源于对可逆计算机的探索，是一种依据量子力学原理进行高速数学运算、信息存储和处理的物理设备。量子计算机目前处于快速发展阶段，各国和各大科技公司都在加大投入进行研发。已经有一些小型的量子计算机问世，但距离实用化和大规模应用还有一定的距离。

2. 光子计算机

光子计算机利用光子来执行数据的运算、传输和存储工作。作为全光数字计算机的代表，光子计算机用光子取代电子，采用光互连替代传统导线互连，使用光硬件替代电子硬件，以光运算取代电运算。目前，光子计算机仍处于研发阶段，但已经取得了一些重要的进展。研究人员正在努力提高光子器件的性能和集成度，开发更高效的光学逻辑门和光学存储技术。

3. 分子计算机

分子计算机以其微型体积、低能耗、快速运算和大容量存储著称。分子计算机通过吸收分子晶体上以电荷形式存在的信息，并以更高效的方式进行组织和排列来运行。分子计算机的研究仍处于早期阶段，面临着许多技术挑战。例如，如何实现高效的分子逻辑门、提高分子计算的准确性和稳定性等问题。

4. 纳米计算机

纳米计算机是一种利用纳米技术开发的高性能计算机，其使用的纳米管元件尺寸介于几纳米至几十纳米之间，具有坚固的结构和出色的导电性能，能够替代硅芯片来制造计算机。纳米计算机的研究也处于前沿领域，面临着许多技术难题。例如，纳米器件的制造工艺、稳定性和可靠性等问题需要进一步解决。

量子计算机、光子计算机、分子计算机和纳米计算机是未来计算机技术的重要发展方向,它们各自具有独特的优势和潜力。虽然目前这些新型计算机还处于研发阶段,但随着技术的不断进步,它们有望在未来为人类带来更强大的计算能力和更广泛的应用。

四、计算机的发展趋势

计算机的发展趋势呈现出多元化且深入演进的特征,具体包括巨型化、微型化、网络化、智能化、多媒体化和新技术化。

(一)巨型化

巨型化不仅体现在计算机硬件性能的显著提升上,更在于其处理能力和存储容量的飞速增长,这使得巨型计算机能够轻松应对以往难以想象的复杂计算任务,如气候变化模拟、基因序列分析和天体物理研究,成为推动科学前沿探索的重要工具。

(二)微型化

微型化则是指计算机设备在体积上的不断精简和轻量化,从最初占据整个房间的庞大机器,到如今可以随身携带的智能手机、智能手表,微型化不仅极大提升了设备的便携性,也使得计算能力渗透到日常生活的每一个角落,深刻改变了人们的工作和生活方式。

(三)网络化

网络化强调的是计算机与互联网技术的无缝融合,通过网络连接,信息传输的速度和范围得到了极大的扩展,不仅促进了全球范围内的信息共享和交流,也为远程办公、在线教育、电子商务等新兴业态提供了坚实的技术支撑。

(四)智能化

智能化体现了计算机在模拟和超越人类智能方面的显著进步,通过机器学习、深度学习等先进算法,计算机能够自主地从海量数据中学习和提取知识,实现智能化的决策和优化,其广泛应用于智能客服、自动驾驶、智能家居等领域,极大地提升了生产效率和生活品质。

(五)多媒体化

多媒体化指的是计算机在处理和展示多媒体信息方面的全面升级,不仅能够高效处理文本和图像,还能流畅地处理高清视频和立体音频,为用户带来了更加丰富多彩的信息体验,推动了数字娱乐、虚拟现实等产业的蓬勃发展。

(六)新技术化

新技术化则是指不断涌现的新兴技术对计算机领域的深刻影响,如量子计算以其超乎寻常的计算速度和并行处理能力,为解决复杂问题提供了全新途径;生物计算通过模拟生物系统的运作方式,开辟了新的计算模式;边缘计算则将计算能力下沉到网络边缘,极大地提升了数据处理效率和响应速度。这些新技术不仅为计算机的发展注入了强大的动力,也预示着未来计算机技术将迎来更加广阔的应用前景和无限可能。

五、计算机的应用

随着计算机的诞生和发展,计算机已经从最初的科学计算,渗透到生活和工业生产中的方方面面,计算机的应用领域大致包含以下 7 个方面。

(一)科学计算和数据处理

在科学研究领域,计算机能进行复杂的科学计算,如天文观测数据的分析、物理模型的模拟、化学分子结构的计算等。通过精确的数值计算和数据分析,科学家们能够更好地理解自然现象、探索未知领域,推动科学技术的进步。同时,在商业、金融、统计等领域,计算机对大量的数据进行处理,包括数据的存储、检索、分类、汇总等,为决策提供准确的依据。

(二)工业控制和实时控制

计算机在工业生产中发挥着关键作用,用于工业控制和实时控制。通过传感器和执行器与生产设备连接,计算机可以实时监测生产过程中的各种参数,如温度、压力、流量等,并根据预设的控制算法进行调整,确保生产过程的稳定和高效。例如,在自动化生产线中,计算机可以精确控制各个环节的操作,提高生产质量和效率,降低生产成本。

(三)网络技术的应用

计算机网络的发展使得信息的传输和共享变得更加便捷。通过互联网,人们可以在全球范围内进行通信、获取信息、开展商务活动等。网络技术还促进了远程教育、远程医疗、电子商务等新兴领域的发展,改变了人们的生活和工作方式。此外,企业内部的局域网可以实现资源共享、协同工作,提高企业的运营效率。

(四)虚拟现实

虚拟现实(Virtual Reality,VR)技术利用计算机生成逼真的虚拟环境,用户可以通过特殊的设备如头盔、手套等进行沉浸式的体验。虚拟现实在游戏、娱乐、教育、培训等领域有着广泛的应用前景。例如,在虚拟游戏中,玩家可以身临其境地感受游戏世界;在教育培训中,学生可以通过虚拟实验室进行实践操作,提高学习效果。

(五)计算机辅助系统 CAD/CAM/CIMS

计算机辅助设计(Computer Aided Design,CAD)、计算机辅助制造(Computer Aided Manufacturing,CAM)和计算机集成制造系统(Computer Integrated Manufacturing Systems,CIMS)在工业设计和制造中得到广泛应用。CAD 软件可以帮助设计师进行产品的设计和绘图,提高设计效率和质量;CAM 软件则可以根据设计图纸自动生成加工指令,控制机床进行生产;CIMS 将设计、制造、管理等环节集成在一起,实现了生产过程的自动化和智能化。

(六)多媒体技术

多媒体技术在教育、娱乐、广告等领域有着广泛的应用,如多媒体教学课件、电影、音乐、广告等。同时,多媒体技术也促进了互联网的发展,使得网络上的内容更加丰富多彩。

(七)人工智能

人工智能(Artificial Intelligence,AI)是计算机科学的一个重要分支,旨在让计算机模拟人类的智能行为。人工智能技术包括机器学习、自然语言处理、图像识别、智能机器人等。人工智能在医疗、交通、金融、安防等领域有着广泛的应用前景,如智能医疗诊断、自动驾驶汽车、智能客服、智能安防系统等。人工智能的发展将为人类社会带来巨大的变革和进步。

任务实施

一、资料收集与整理

(1)各小组成员分工合作,通过查阅书籍、上网搜索等方式收集关于计算机发展、类型、应用的资料。

（2）对收集到的资料进行整理和分类，制作成图文并茂的文档或演示文稿。

二、小组讨论与分析

（1）小组成员共同讨论所收集的资料，分析计算机发展的趋势、不同类型计算机的特点以及在不同领域的应用案例。

（2）总结计算机发展对社会和个人的影响，探讨未来计算机技术的发展方向。

三、成果展示与汇报

（1）每个小组推选一名代表，向全班同学展示和汇报小组的学习成果。汇报内容包括计算机发展历程的概述、主要类型的介绍、应用领域的案例分析以及对未来发展的展望。

（2）其他小组的成员可以提问和发表意见，进行互动交流。

四、教师点评与总结

一级真题解析

（1）教师对各小组的汇报进行点评，肯定优点，指出不足，并提出改进建议。

（2）教师对整个学习过程进行总结，强调计算机在发展、类型和应用这几个方面的重要性，以及团队合作和自主学习的意义。

任务二　理解计算机结构和工作原理

任务导入

计算机结构和工作原理是计算机科学中的基础概念，它涉及计算机硬件和软件的组织方式，以及它们如何协同工作来执行任务。了解这些原理对于设计、优化和维护计算机系统至关重要。在本任务中，我们将探讨计算机系统的各个组成部分，以及它们如何共同工作来执行复杂的计算任务。

学习目标

1. 知识目标

（1）描述计算机系统的硬件、软件组成。

（2）理解冯·诺依曼理论。

（3）了解数据流、指令流、控制流概念。

（4）说出计算机的工作流程。

2. 能力目标

能用实例类推计算机的工作原理。

3. 素养目标

（1）培养学生探索创新精神，关注计算机技术发展。

（2）强化学生信息意识和数字化思维。

（3）建立学生对计算机系统协同工作观念。

任务描述

　　本任务的学习内容是计算机数制和信息编码相关知识，掌握数值的转换和四则运算规则，将为后续专业课程的学习打下坚实基础。

知识准备

一、计算机系统的结构组成

　　计算机系统由硬件系统和软件系统两大部分构成，二者相辅相成，缺一不可。

（一）计算机硬件系统

1. 计算机硬件系统的定义与基本组成

　　计算机硬件系统是指计算机中由电子、机械和光电元件等组成的各种物理装置的总称。它是计算机能够正常运行并完成各种任务的物质基础，其基本组成部分主要包括运算器、控制器、存储器、输入设备和输出设备这五大部件，常被称为计算机的五大基本硬件组成，这五大硬件也分别对应计算机的五大功能，即处理、控制、存储、输入、输出。

1）运算器和控制器

　　运算器是计算机对数据进行加工处理的中心部件，主要功能是对二进制数码进行算术运算（如加、减、乘、除等）和逻辑运算（如与、或、非、异或等）。控制器是整个计算机系统的指挥中心，负责协调和控制计算机各个部件的工作。它从存储器中取出指令，经过分析后，按照指令要求，向其他部件发出控制信号，以保证计算机各部件能有条不紊的协同工作。运算器和控制器一起组成了计算机的主机。

2）存储器

　　存储器是用来存储程序和数据的部件。存储器又分为内存储器（简称内存）和外存储器（简称外存）。

　　内存储器，常称为"内存"，能直接与CPU（中央处理器，由运算器和控制器组成）进行数据交换，其特点是存取速度快，但存储容量相对较小。它就像是计算机的"临时工作区"，当计算机运行程序时，程序和相关数据会先被调入内存，以便CPU能快速地对其进行访问和处理。例如，当我们打开一个文档编辑软件，该软件的程序代码以及我们正在编辑的文档内容的一部分会暂时存放在内存中，方便我们实时进行编辑操作。当文档处理完成以后，把文档写入外存储器（如硬盘、光盘、U盘等）中的过程称为"写盘"。

　　外存储器主要用于长期存储大量的程序和数据，其存储容量通常比内存大得多，但存取速度相对较慢。常见的外存有硬盘、光盘、U盘等。比如我们将大量的照片、视频、文档等资料存储在硬盘上，当需要使用这些资料时，再将它们从硬盘调入内存进行处理。计算机从外存储器（如硬盘、光盘、U盘等）中读取数据到内存的操作过程称为"读盘"。

3）输入设备和输出设备

输入设备是用于向计算机输入各种信息的设备。常见的输入设备有键盘、鼠标、扫描仪、麦克风等。输出设备是将计算机处理后的结果以人们能够识别的形式输出的设备。常见的输出设备有显示器、打印机、音箱等。

2. 计算机硬件系统的重要性

计算机硬件系统在现代社会中具有极其重要的地位和作用。首先，所有的计算机软件都必须依赖于硬件系统才能运行。没有硬件，软件就只是一堆毫无意义的代码。其次，计算机硬件系统能够快速准确地处理各种类型的信息，如文字、图像、音频、视频等。最后，计算机硬件系统的不断发展和进步为众多领域的科技突破和社会发展提供了强大的动力。

（二）计算机软件系统

1. 计算机软件系统的定义与组成

计算机软件系统是指计算机运行所需的各种程序、数据以及相关文档的集合。它与计算机硬件系统相互配合，使得计算机能够完成各种预定的任务。计算机软件系统主要由系统软件和应用软件两大部分组成。系统软件是管理、监控和维护计算机资源（包括硬件和软件资源），并为用户提供一个方便的操作界面的软件。常见的系统软件包括操作系统（如Windows、Linux、macOS等）、支撑软件（语言处理程序、数据库管理系统及其他系统工具软件）。应用软件则是为了满足用户在不同领域、不同场景下的具体需求而开发的软件，例如办公软件、图形图像处理软件、视频播放软件等。

2. 计算机软件系统的重要性

计算机软件不可或缺。它赋予硬件"灵魂"，使硬件实现数据处理、信息管理等功能。计算机软件使得计算机硬件能够发挥出应有的功能，极大地提高了人们的工作效率，还推动了各个行业的发展。软件在生产、生活、科研等领域，都发挥着核心驱动作用。

（三）计算机硬件系统和软件系统的关系

硬件系统和软件系统紧密相连、相互依存、协同工作、缺一不可。硬件是软件的基础，软件需要依赖硬件才能运行。硬件系统和软件系统相互促进、协同发展。硬件技术的不断进步，为软件的发展提供了更强大的运行基础，使得软件能够实现更复杂的功能和更友好的用户界面。反过来，软件的发展也对硬件提出了更高的要求，促使硬件不断升级换代。

二、计算机的工作原理

（一）计算机的工作原理

计算机的工作原理主要基于冯·诺依曼存储程序的思想理论。该理论指出，计算机内部所有的程序和数据都是以二进制形式存储在存储器中，计算机由运算器、控制器、存储器、输入设备和输出设备五大基本部件组成。其中，运算器和控制器共同组成了中央处理器（CPU）。存储器用于存储程序和数据，可分为内存和外存。内存速度快但容量相对较小，外存则容量大但速度相对较慢。输入设备负责将外部信息输入计算机中。输出设备则将计算机处理后的结果输出给显示器、打印机、扬声器等。冯·诺依曼理论的提出，使得计算机的设计和制造更加规范化和标准化，极大地推动了计算机技术的发展。随着科技的不断进步，计算机的性能不断提高，但其基本工作原理仍然遵循冯·诺依曼理论。

（二）基本概念

（1）数据流：指在计算机各部件之间流动的数据，包括原始数据、中间结果和最终结果等。

（2）指令流：指计算机执行的一系列指令序列，这些指令规定了计算机要完成的操作。

（3）控制流：指控制器发出的控制信号，用于协调和控制计算机各部件的工作。

（三）计算机的工作流程

计算机的工作流程遵循存储程序和程序控制的原理，如图1-5所示。

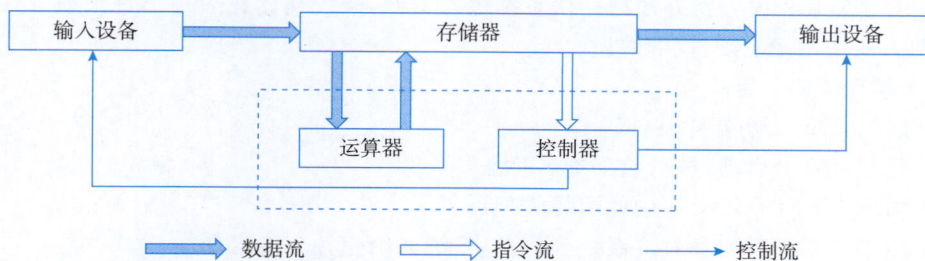

图1-5 计算机的工作流程

1. 输入

系统通过输入设备将用户的指令和数据输入计算机中，这些信息被转换为二进制形式存储在存储器中。比如我们使用键盘输入一篇文章，输入的字符会被转换为二进制编码存储在内存中。

2. 处理

CPU从存储器中读取指令，对指令进行译码分析，然后根据指令的要求，控制运算器对数据进行处理，处理过程中可能会涉及从存储器中读取数据和向存储器中存储数据的操作。例如在计算1+2时，CPU从存储器中读取加法指令和操作数1、2，控制运算器进行加法运算，得出结果3。

3. 存储

系统将处理后的结果存储在存储器中，以便后续使用或输出。上述加法运算的结果3会被存储在内存或硬盘中，等待下一步处理。

4. 控制

控制器通过发出控制信号，对输入设备、输出设备、运算器和存储器的工作进行协调和控制，确保数据能够按照正确的顺序和方式在各个部件之间流动。例如，控制器可以控制输入设备何时开始输入数据，控制输出设备何时输出数据，以及控制运算器和存储器之间的数据交换等。

5. 输出

系统通过输出设备将存储器中的结果以人们能够理解的形式输出，如在显示器上显示、通过打印机打印等。比如我们将计算结果3在显示器上显示。

三、计算机的启动过程

计算机的启动过程是一个复杂且有序的流程，涉及硬件和软件的协同工作。以下是对常见的基于 BIOS(基本输入输出系统)和 UEFI(统一可扩展固件接口)两种启动方式的比较。

(一)基于 BIOS 启动

(1)通电,CPU 执行 BIOS 中的 POST 程序自检硬件。

(2)BIOS 初始化硬件并创建中断向量表。

(3)按设定顺序搜索引导设备,读取引导扇区。

(4)加载硬盘主引导记录中的引导加载程序。

(5)引导加载程序查找并加载操作系统核心文件,系统初始化后用户登录或进入桌面。

这种启动方式适用于老硬件和软件。

(二)基于 UEFI 启动

(1)通电,UEFI 初始化硬件。

(2)若开启安全启动,进行数字签名验证。

(3)加载 UEFI 系统分区中的引导管理器。

(4)用户选系统后加载对应系统到内存,系统初始化并完成启动。

UEFI 启动方式适用于 2011 年以后生产的计算机。

🧑‍🤝‍🧑 任务实施

一、绘制计算机系统组成的思维导图

要求学生画出由硬件系统和软件系统组成的计算机系统思维导图。硬件系统包含中央处理器(运算器、控制器)、存储器(内存储器:随机存取存储器、高速缓冲存储器;外存储器:硬盘、光盘、U 盘)、输入设备(键盘、鼠标、扫描仪、麦克风)、输出设备(显示器、打印机、扬声器、投影仪)。软件系统包含系统软件(操作系统、语言处理程序、数据库管理系统和其他支撑程序)和应用软件(办公软件、图形图像处理软件、视频处理软件、网络软件)。标注各部分功能,如运算器进行科学计算,键盘通过快捷键提高效率等。

二、制作一份展示软件和硬件相互促进发展的 WPS 演示文稿

要求学生以 Adobe Premiere 视频剪辑软件为例,通过查阅和收集相关资料,制作一份WPS 演示文稿,展示该软件版本的发展历程及其对显卡性能要求的演变。通过这一过程,可以清晰地理解计算机硬件与软件协同工作的重要性,同时也有助于深入认识计算机硬件性能对软件功能实现的影响。

三、通过任务管理器数据分析理解计算机工作原理

(1)教师指导学生打开计算机任务管理器,介绍任务管理器中各项数据指标的定义,如CPU 使用率、内存占用、磁盘 I/O、网络使用率等。

(2)让学生在计算机上进行一系列简单操作,如同时打开多个文档、运行多个程序(可包括 Adobe Premiere 等专业软件),观察任务管理器中数据的实时变化。例如,当运行Adobe Premiere 时,观察到 CPU 使用率的大幅提升和内存占用的大幅增加,思考这是否因

为软件运行时需要大量的数据处理和存储资源。

（3）教师引导学生分析数据变化与计算机硬件组件工作的关联。例如，CPU 使用率升高，表明运算器正在高速处理数据；内存占用增加，意味着数据在内存中的存储和读取频繁。

四、小组讨论与分析

（1）小组成员共同讨论小组绘制的思维导图、制作的 WPS 演示文稿，分析计算机软件和计算机硬件的关系，讨论计算机工作的原理。

（2）总结计算机软件和计算机硬件的关系，探讨未来计算机技术的发展方向。

五、成果展示与汇报

（1）每个小组推选一名代表，向全班同学展示和汇报小组的学习成果。汇报内容包括计算计系统组成的思维导图、展示计算机软件和硬件关系的 WPS 演示文稿以及自己所理解的计算机工作原理。

（2）其他小组的成员可以提问和发表意见，进行互动交流。

六、教师点评与总结

（1）教师对各小组的汇报进行点评，肯定优点，指出不足，并提出改进建议。

（2）教师对整个学习过程进行总结，强调了解计算机系统和理解计算机工作原理的重要性，以及团队合作和自主学习的意义。

一级真题
解析

任务三 学习计算机的运算规则

任务导入

计算机的运算规则和信息编码是计算机科学的基础概念。了解这些规则和编码方式对于深入理解计算机的工作原理至关重要。计算机通过一系列的逻辑运算和算术运算来处理信息，信息编码则是将人类可读的信息转换成计算机可以处理的格式，掌握这些基础知识，有助于我们更好地使用计算机解决实际问题。

学习目标

1. 知识目标

（1）了解计算机数据的表示方式。

（2）解释计算机数据存储的方式。

（3）理解数制的相关概念。

（4）理解进制转换的原理。

（5）比较各种信息编码的特点。

（6）熟记 ASCII 编码的编码规律。

2. 能力目标

（1）熟练使用数据存储单位换算的方法进行存储单位的换算。

（2）掌握二进制的运算规则。

（3）能运用各种进制转换的规则完成各种进制转换。

（4）能运用转换规则完成区位码、国标码、内码的转换。

3. 素养目标

（1）培养学生逻辑思维和解决问题的能力。

（2）培养学生践行刻苦钻研、积极探索的工匠精神。

📋 任务描述

本任务的学习内容就是计算机中数据表示与存储的方式、数制和信息编码相关知识，掌握二进制的四则运算规则和数制的转换方法，将为后续专业课程的学习打下坚实基础。

⏱ 知识准备

一、计算机中数据的表示方式

计算机内部采用二进制来表示数据，二进制贯穿于计算机系统的存储、运算和数据处理的全流程。

（一）二进制在计算机中的优势

1. 实现容易

电子组件的两种稳定状态（例如开关的开启与关闭、晶体管的导电与阻断等）能够轻松对应到二进制的 0 和 1。

2. 运算规则简洁

二进制的运算规则十分简洁，仅包含加法和减法，通过位移和逻辑运算便能完成乘法与除法。

3. 可靠性高

由于仅有两种状态，它具有较强的抗干扰性，在数据传输和存储时不易发生错误。

（二）二进制在计算机内部的应用

计算机系统中，诸如内存和硬盘这样的存储媒介，均采用二进制格式来保存数据。当计算机执行数据处理任务时，其核心部件中央处理器（CPU）同样依赖于二进制来操作这些数据。

二、计算机中数据的存储方式

（一）位

在计算机系统中，二进制中的每一个"0"或"1"表示 1 位，简称为比特，位（Bit）是数据存储的最小单位。

（二）字节

在计算机内部,存储空间被精细地划分成单元。其中,每 8 位二进制数被划定为一个基本存储单位,即字节(Byte),它是数据存储的基本单位。一个英文字符占 1 个字节的空间,一个中文字符占 2 字节的空间。字节作为计算机存储的基本单位,在数据的存储和处理中起着至关重要的作用。字节通常用于衡量计算机存储容量和数据传输速率等。字节的大小相对固定,这使得计算机在处理和存储数据时能够有一个较为统一的标准。在不同的存储设备和数据传输场景中,字节的概念被广泛应用。

（三）计算机存储单位的换算

计算机中存储数据的基本单位为字节(Byte),简写为大写字母 B。随着数据存储需求的增加,存储单位也越来越大,常见的有字节、千字节(KB)、兆字节(MB)、吉字节(GB)、太字节(TB)、拍字节(PB)、艾字节(EB)等,各种存储单位之间的换算关系如下:

$$1KB=1024B=2^{10}B \qquad 1MB=1024KB=2^{20}B$$
$$1GB=1024MB=2^{30}B \qquad 1TB=1024GB=2^{40}B$$
$$1PB=1024TB=2^{50}B \qquad 1EB=1024PB=2^{60}B$$

（四）内存地址和字节的关系

内存地址是指内存中每个存储单元的编号,通常按照字节进行编址,一个内存地址通常对应一字节的存储空间。在大多数现代计算机系统中,内存地址是连续编号的,而每个地址指向的存储单元可以存储一字节的数据。因此,通过指定内存地址,我们可以访问和操作存储在该地址所对应字节中的数据。

三、数据的运算与转换

（一）二进制的运算规则

1. 算术运算

1）加法运算（逢二进一）

规则:

$0+0=0 \qquad 0+1=1$

$1+0=1 \qquad 1+1=10$（"逢二进一",向高位进位 1,本位为 0）

2）减法运算（借一为二）

规则:

$0-0=0 \qquad 1-0=1$

$1-1=0 \qquad 0-1=1$（"借一为二",向高位借位 1,本位变为 2,2-1=1）

3）乘法运算

规则:

$0×0=0 \qquad 0×1=0$

$1×0=0 \qquad 1×1=1$

4）除法运算

规则:

与十进制除法类似,通过试商的方法进行。

5）举例

① $10110 + 1101 = 100011$

$$
\begin{array}{r}
10110 \\
+)\quad 1101 \\
\hline
100011
\end{array}
$$

② $10001 - 1011 = 110$

$$
\begin{array}{r}
10001 \\
-)\quad 1011 \\
\hline
110
\end{array}
$$

③ $1011 \times 101 = 110111$

$$
\begin{array}{r}
1011 \\
\times)\quad 101 \\
\hline
1011 \\
1011 \\
\hline
110111
\end{array}
$$

④ $111010 \div 101 = 1011 \cdots\cdots 11$

$$
\begin{array}{r}
1011 \\
101\overline{)111010} \\
101 \\
\hline
1001 \\
101 \\
\hline
1000 \\
101 \\
\hline
11
\end{array}
$$

2．逻辑运算

二进制的逻辑运算主要有以下几种规则。

1）与运算（AND）

规则：

0 AND 0＝0	0 AND 1＝0
1 AND 0＝0	1 AND 1＝1

当两个数中有一个数为 0，结果就为 0。当两个数都为 1 时，结果才为 1。

2）或运算（OR）

规则：

0 OR 0＝0	0 OR 1＝1
1 OR 0＝1	1 OR 1＝1

当两个数中有一个数为 1，结果就为 1。当两个数都为 0 时，结果才为 0。

3）非运算（NOT）

规则：

NOT 0＝1	NOT 1＝0

非运算改变数的值，1 变 0，0 变 1。

4）异或运算（XOR）

规则：

0 XOR 0＝0	0 XOR 1＝1
1 XOR 0＝1	1 XOR 1＝0

两个数相同时，结果为 0。两个数相反时，结果为 1。

（二）数制的相关概念

1．二进制、八进制、十六进制

在我们的日常生活中，常常用到很多数制，如英文字母的二十六进制、一年四季的四进制、时钟的十二进制，我们用于日常生活计算的是十进制。数制是人们利用符号来计数的科学方法，又称为计数制。数制有很多种，日常生活中使用最多的是十进制，用 0,1,2,3,4,5,6,7,8,9 这十个符号来描述。计算机中常用的是二进制、八进制、十六进制，各种进制之间存在一定的对应关系,如表 1-1 所示。

表 1-1　二、八、十、十六进制的对应关系

二进制	八进制	十进制	十六进制
0000	0	0	0
0001	1	1	1
0010	2	2	2
0011	3	3	3
0100	4	4	4
0101	5	5	5
0110	6	6	6
0111	7	7	7
1000	10	8	8
1001	11	9	9
1010	12	10	A
1011	13	11	B
1100	14	12	C
1101	15	13	D
1110	16	14	E
1111	17	15	F

1) 二进制

二进制(Binary),简写为字母 B,是计算技术中广泛采用的一种数制。二进制数据是用 0 和 1 两个数码来表示的数。它的基数为 2,进位规则是"逢二进一",借位规则是"借一当二"。二进制正数部分的位权是 2 的"$i-1$"次幂(2^{i-1}),其中 i 是数据正数数字位置的序号,以小数点为中心从右向左依次为 1、2……

2) 八进制

八进制(Octal),简写为字母 O,采用 0、1、2、3、4、5、6、7 的八个数字,它的基数为 8,进位规则是"逢八进一"。八进制数正数部分的位权是 8 的"$i-1$"次幂(8^{i-1})。一些编程语言中常常以字母 O 开始表明该数据是八进制。

3) 十进制

十进制(Decimal),以字母 D 表示,是日常生活中使用最为广泛的数制。例如:1、2、3……以及 100、200、300 等。十进制所有数据均以 0 至 9 的十个数字表示,它的基数为 10,进位规则是"逢十进一"。十进制数正数部分的位权是 10 的"$i-1$"次幂(10^{i-1}),且同一数字在不同数位上代表不同的数值,因此数字的位置至关重要。

4) 十六进制

十六进制(Hexadecimal),通常以字母 H 作为缩写,是计算机科学领域中用于数据表示

的一种进制系统。该系统与日常生活中使用的表示法存在显著差异。十六进制数由数字 0 至 9 以及字母 A 至 F 构成,其中字母大小写不敏感。在十进制与十六进制的转换关系中,数字 0 至 9 分别对应十进制中的 0 至 9;而字母 A 至 F 则分别对应十进制中的 10 至 15。在 N 进制数的表示中,可以使用从 0 至 N−1 的数字来表示,当数值超过 9 时,使用字母表示。因此,十六进制系统采用 0 至 9、A、B、C、D、E、F 共十六个符号,进位规则是"逢十六进一",每一位正数的位权是 16 的"$i−1$"次幂(16^{i-1})。

2. 数制转换的基本要素

进制转换涉及将某一数制下的数值转换为另一数制下的数值。尽管数值的表示形式发生了变化,但数值本身的值保持不变,所以不同数制下的数值要比较大小,必须转换为同一种数制下的数值才能进行比较。在计算机科学与数学领域中,二进制、八进制、十进制以及十六进制的相互转换是常见的需求。每种数制均基于其基数和位权这两个核心概念。

1) 基数

在一个计数制中,表示每个数位上可用字符的个数称为计数制的基数。比如我们生活中所用的十进制,可以使用 0、1、2、3、4、5、6、7、8、9 共十个数,那么十进制的基数就为 10,逢十进一。再如二进制可使用 0、1 共两个数,那么二进制的基数就为 2,逢二进一。

2) 位权

位权,是以基数为底,数码所在位置的序号减 1 为指数的整数次幂,是几进制基数就是几,如二进制的基数为 2,八进制的基数就为 8,十进制的基数为 10,十六进制的基数就为 16。而位置的序号则是以小数点为中心,向左第一位从 1、2、3 等开始编起,向右从 −1、−2、−3、−4 依次开始编起。例如十进制的基数为 10,向左第 2 位的位权为 10^{2-1} 即 10,第 3 位的位权为 10^{3-1} 即 100;而二进制的基数为 2,向左第 2 位的位权为 2^1 即 2,向左第 3 位的位权为 2^2 即 4,总之对于 N 进制数,整数部分第 i 位的位权为 N^{i-1},而小数部分第 j 位的位权为 N^{-j}。在图 1-6 中,圆圈圈起来的数据是该位置的位权。

$$(11001.11)_2 = 1 \times \boxed{2^4} + 1 \times \boxed{2^3} + 0 \times \boxed{2^2} + 0 \times \boxed{2^1} + 1 \times \boxed{2^0} + 1 \times \boxed{2^{-1}} + 1 \times \boxed{2^{-2}}$$

$$(872.42)_{10} = 8 \times \boxed{10^2} + 7 \times \boxed{10^1} + 2 \times \boxed{10^0} + 4 \times \boxed{10^{-1}} + 2 \times \boxed{10^{-2}}$$

图 1-6   认识位权

3) 按权展开式

任何进制中,每个数都可以按位权展开成各个数位上的数字乘以对应数位的位权,再相加的形式,这种形式称为按权展开式,下面就是几组数据按权展开的结果。

$$(11001.11)_2 = 1 \times 2^4 + 1 \times 2^3 + 0 \times 2^2 + 0 \times 2^1 + 1 \times 2^0 + 1 \times 2^{-1} + 1 \times 2^{-2}$$

$$(872.42)_{10} = 8 \times 10^2 + 7 \times 10^1 + 2 \times 10^0 + 4 \times 10^{-1} + 2 \times 10^{-2}$$

$$(675.12)_8 = 6 \times 8^2 + 7 \times 8^1 + 5 \times 8^0 + 1 \times 8^{-1} + 2 \times 8^{-2}$$

$$(AF2.42)_{16} = 10 \times 16^2 + 15 \times 16^1 + 2 \times 16^0 + 4 \times 16^{-1} + 2 \times 16^{-2}$$

(三) 进制转换

1. 非十进制转换为十进制

非十进制向十进制转换,按权展开,将每个位置上数码与权相乘的结果累加求和即可,举例如下。

1）二进制转换为十进制

将二进制 11001.11 转换为十进制按权展开，得到的结果是 25.75。

$(11001.11)_2 = 1 \times 2^4 + 1 \times 2^3 + 0 \times 2^2 + 0 \times 2^1 + 1 \times 2^0 + 1 \times 2^{-1} + 1 \times 2^{-2} = (25.75)_{10}$

2）八进制转换为十进制

将八进制 675.12 转换为十进制按权展开，结果保留三位小数，就是 445.156。

$(675.12)_8 = 6 \times 8^2 + 7 \times 8^1 + 5 \times 8^0 + 1 \times 8^{-1} + 2 \times 8^{-2} \approx (445.156)_{10}$

3）十六进制转换十进制

将十六进制 2C.4B 转换为十进制按权展开，结果保留三位小数，就是 44.293。

$(2C.4B)_{16} = 2 \times 16^1 + C \times 16^0 + 4 \times 16^{-1} + B \times 16^{-2} \approx (44.293)_{10}$

2. 十进制转换为非十进制

十进制转换为非十进制，对整数部分采用除基取余法，即除以基数后取结果的余数，在用得到的商继续除以基数直至商为零，并对余数的结果以最下面为高位、上面为低位依次从左向右写出整数的转换结果。对小数部分采用乘基取整法，即用十进制的小数部分乘以基数，取出其乘积的整数部分，作为所要转换成进制的最高位。对剩余的小数部分再依次类推，直到乘积的小数部分为 0 或者满足要求的精度为止。

1）十进制转二进制

$(21.258)_{10} = (10101.010)_2$（要求保留 3 位小数）

由图 1-7 和图 1-8 的推理过程可以看出，整数部分余数从下往上依次写出就是 10101，小数部分保留三位小数，将取整的部分从上往下依次写出就是 010，所以最后的转换结果就是 10101.010。

2）十进制转八进制

$(756.46)_{10} = (1364.353)_8$（保留 3 位小数）

由图 1-9 和图 1-10 的推理过程可以看出，整数部分余数从下往上依次写出就是 1364，小数部分保留三位小数，将取整的部分从上往下依次写出就是 353，所以最后的转换结果就是 1364.353。

3）十进制转十六进制

$(756)_{10} = (2F4)_{16}$

由图 1-11 的推理过程可以看出，整数部分余数从下往上依次是 2、15、4，十六进制的 15对应的是 F，所以最后的转换结果就是 2F4。

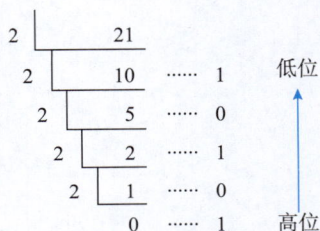

图 1-7　整数部分转换推理过程 1

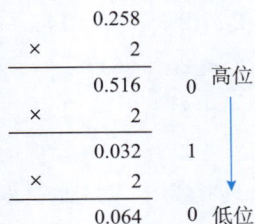

图 1-8　小数部分转换推理过程 1

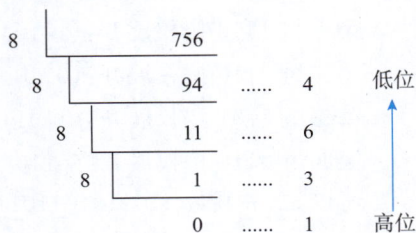

图 1-9　整数部分转换推理过程 2

$$
\begin{array}{r}
0.46 \\
\times \quad 8 \\
\hline
0.68 \\
\times \quad 8 \\
\hline
0.44 \\
\times \quad 8 \\
\hline
0.52
\end{array}
$$

3　高位

5

3　低位

16	756		
16	47	……	4 低位
16	2		15
	0	……	2 高位

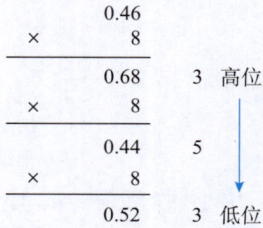

图 1-10　小数部分转换推理过程 2　　　　图 1-11　整数部分转换推理过程 3

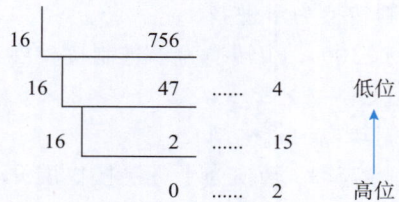

3. 二进制转八进制、十六进制

1）二进制转八进制

由于八进制的基数是 8，而 8 等于 2 的三次方，所以可以以 3 位二进制为一组对应 1 位八进制数字进行转换。首先将二进制数从右向左开始按照每 3 位一组进行分割，如果最左边的组不足 3 位，则在前面补零，然后把每一组二进制数按照"非十进制转十进制"的方法，按权展开累加求和，最后将结果按顺序从左向右列出即可。

例：求二进制数 11010101 转换为八进制的结果是多少？

$(11010101)_2 = (325)_8$

从右向左每 3 位划分为一组，不足 3 位前面补 0：

第一组 101 按权展开：$(101)_2 = 2^2 + 2^0 = (5)_8$

第二组 010 按权展开：$(010)_2 = 2^1 = (2)_8$

第三组 011 按权展开：$(011)_2 = 2^1 + 2^0 = (3)_8$

所以，二进制数 11010101 转换为八进制是 325。

2）二进制转十六进制

十六进制的基数是 16，而 16 等于 2 的四次方，所以可以以 4 位二进制为一组对应 1 位十六进制数字进行转换。二进制转十六进制与二进制转八进制的方法相似，先将二进制数从右向左开始按照每 4 位一组进行分割，如果最左边的组不足 4 位，则在前面补 0，然后把每一组二进制数按照"非十进制转十进制"的方法，按权展开累加求和，最后将结果按顺序从左向右列出即可。

例：求将二进制数 110110101101110 转换为十六进制的结果是多少？

$(110110101101110)_2 = (6D6E)_{16}$

从右向左每 4 位划分为一组，不足 4 位前面补 0：

第一组 1110 按权展开：$(1110)_2 = 2^3 + 2^2 + 2^1 = (14)_{16} = (E)_{16}$

第二组 0110 按权展开：$(0110)_2 = 2^2 + 2^1 = (6)_{16}$

第三组 1101 按权展开：$(1101)_2 = 2^3 + 2^2 + 2^0 = (13)_{16} = (D)_{16}$

第四组 0110 按权展开：$(0110)_2 = 2^2 + 2^1 = (6)_{16}$

所以，二进制数 110110101101110 转换为十六进制是 6D6E。

四、常见的信息编码

用某种形式来表示信息称为信息的编码表示。信息可以用字母、数字等基本字符的组合来编码表示。常见的信息编码有下面几种。

（一）数值型编码 BCD 码

BCD（Binary-Coded Decimal）码亦称二进码十进数或二–十进制代码，用 4 位二进制数来表示 1 位十进制数中的 0～9 这十个数码，是一种二进制的数字编码形式，用二进制编码的十进制代码。BCD 码这种编码形式利用了 4 位二进制数来储存一个十进制的数码，使二进制和十进制之间的转换得以快捷地进行。

8421 BCD 码是最基本和最常用的 BCD 码，它和 4 位自然二进制码相似，各位的权值分别为 8、4、2、1，故称为有权 BCD 码。和 4 位自然二进制码不同的是，它只选用了 4 位二进制码中前 10 组代码，即用 0000～1001 分别代表它所对应的十进制数 0～9 这十个数值，见表 1-2。

表 1-2　BCD 码与十进制

十进制	BCD 码	十进制	BCD 码
0	0000	8	1000
1	0001	9	1001
2	0010	10	00010000
3	0011	11	00010001
4	0100	12	00010010
5	0101	13	00010011
6	0110	14	00010100
7	0111	15	00010101

（二）字符型编码

1. ASCII 码

ASCII（American Standard Code for Information Interchange）码：美国信息交换标准代码，是基于拉丁字母的一套计算机编码系统，主要用于显示现代英语和其他西欧语言。它是通用的信息交换标准，并等同于国际标准 ISO/IEC 646。ASCII 码第一次以规范标准的类型发表是在 1967 年，最后一次更新则是在 1986 年，到目前为止共定义了 128 个字符，见表 1-3。

表 1-3　ASCII 码表

低位 \ 高位		0	1	2	3	4	5	6	7
		000	001	010	011	100	101	110	111
0	0000	NUL	DLE	SP	0	@	P	'	p
1	0001	SOH	DC1	!	1	A	Q	a	q
2	0010	STX	DC2	"	2	B	R	b	r
3	0011	ETX	DC3	#	3	C	S	c	s
4	0100	EOT	DC4	$	4	D	T	d	t
5	0101	ENQ	NAK	%	5	E	U	e	u
6	0110	ACK	SYN	&	6	F	V	f	v
7	0111	BEL	ETB	,	7	G	W	g	w
8	1000	BS	CAN	(	8	H	X	h	x

高位 低位		0 000	1 001	2 010	3 011	4 100	5 101	6 110	7 111
9	1001	HT	EM	)	9	I	Y	i	y
A	1010	LF	SUB	*	:	J	Z	j	z
B	1011	VT	ESC	+	;	K	[	k	{
C	1100	FF	FS	,	<	L	\	l	|
D	1101	CR	GS	-	=	M	]	m	}
E	1110	SO	RS	.	>	N	^	n	~
F	1111	SI	US	/	?	O		o	DEL

ASCII 码使用指定的 7 位或 8 位二进制数组合来表示 128 或 256 种可能的字符。标准 ASCII 码也叫基础 ASCII 码,使用 7 位二进制数(剩下的 1 位二进制为 0)来表示所有的大写和小写字母,数字 0~9、标点符号,以及在美式英语中使用的特殊控制字符。因为标准 ASCII 码在存储时占用 1 字节,而它本身只有 7 位,所以标准 ASCII 码的最高位恒置为 0。

常见 ASCII 码的大小规则是数字<大写字母<小写字母。

(1) 数字比字母要小。如"7"<"F"。

(2) 数字 0 比数字 9 要小,并按 0 到 9 顺序递增。如"3"<"8"。

(3) 字母 A 比字母 Z 要小,并按 A 到 Z 顺序递增。如"A"<"Z"。

(4) 同一个字母的大写字母比小写字母要小 32。如"A"<"a"。

(5) 几个常见字母的 ASCII 码大小:"A"为 65;"a"为 97;"0"为 48。

(6) 最小的 ASCII 码是"NUL",最大的 ASCII 码是"DEL"。

按照 ASCII 码表的字符排列规律,我们可以根据相应的大小写字母和数字之间的差,推算出其余的字母、数字的 ASCII 码。

2. Unicode 编码

Unicode 编码标准为全球字符提供唯一编号,来解决计算机系统间字符编码不一致的问题。它支持几乎所有语言字符,包括古文和特殊符号,每个字符对应一个唯一代码点,通常用十六进制表示。Unicode 有 UTF-8、UTF-16 和 UTF-32 等实现方式,UTF-8 最常用,采用 1 到 4 字节表示字符,以节省空间。Unicode 包含 ASCII 码集,扩展了 ASCII 码的范围。

(三) 汉字编码

汉字编码(Chinese Character Encoding)是专为汉字设计的,便于输入计算机的代码体系。在计算机系统中,汉字的展现同样依赖于二进制编码,这些编码同样是基于人为设定。依据使用需求的不同,汉字编码可以划分为外码、区位码、国标码、机内码、字形码以及汉字地址码。

1. 外码(输入码)

外码也叫输入码,是用来将汉字输入计算机中的一组键盘符号。常用的输入码有拼音码、五笔字型码、自然码、表形码、认知码、区位码和电报码等,一种好的编码应有编码规则简单、易学好记、操作方便、重码率低、输入速度快等优点,每个人可根据自己的需要进行选择。

2. 区位码

区位码是一个由纯数字组成的 4 位十进制数编码,不涉及复杂的二进制转换。前 2 位叫作区码,后 2 位叫作位码,它是国家标准总局于 1980 年颁布的一套用于汉字编码的国家标准。区位码以"区"和"位"的概念对汉字进行编码,易于理解和记忆,但是它的编码范围有限,只能表示一定数量的汉字和符号,对于一些生僻字和特殊字符可能无法编码。

把国标 GB 2312—80《信息交换用汉字编码字符集 基本集》中的汉字、图形符号组成一个 94×94 的方阵,分为 94 个"区",每区包含 94 个"位",其中"区"的序号为 01~94,"位"的序号也是 01~94,所以区位码的区序号和位序号的范围都是 01~94。94 个区中位置总数＝94×94＝8836(个),其中 7445 个汉字和图形字符中的每一个占一个位置后,还剩下 1391 个空位,这 1391 个位置空下来保留备用。

3. 国标码

GB 2312—80《信息交换用汉字编码字符集 基本集》即国标码,主要针对中文信息处理中的汉字编码问题而制定,把汉字分成一级常用汉字和二级次常用汉字两个等级。国标码在区位码的基础上进行了扩展,能够表示更多的汉字和字符,与区位码有一定的对应关系,便于从区位码转换为国标码,在不同的中文信息处理系统中具有通用性。

为了便于汉字信息的存储和交换,区位码需要转换为国标码。区位码转换为国标码的方法是在区号和位号分别加上 20H。区位码转换为国标码的过程举例如下。

例:已知某汉字的区位码是 2534,则对应的国标码是多少?

方法:先将区位码的区号和位号分别转换为十六进制,然后将区号和位号分别加上 20H(十进制为 32)得到国标码。

$(25)_{10}=(19)_{16}$(区号 25 转换为十六进制为 19H)

$(34)_{10}=(22)_{16}$(位号 34 转换为十六进制为 22H)

区号:19H＋20H＝39H

位号:22H＋20H＝42H

所以该汉字的国标码为 3942H。

4. 机内码

机内码是计算机内部存储和处理汉字时使用的编码,为了便于计算机进行快速处理,机内码是以二进制形式存储在计算机内存中的。每个汉字在计算机内部都有唯一的机内码,为了确保汉字的准确存储和识别,需要将国标码转换为机内码。国标码转换为机内码就是给每两位的国标码分别加上 80H,国标码转换为机内码的过程举例如下。

例:已知某汉字的国标码 5650H,求对应的机内码是多少?

方法:首先把国标码 5650H 分为两组 56H 和 50H,给两组数据分别加上 80H。

56H＋80H＝D6H(其中 5 加 8 为 13,对应字符 D,6 加 0 为 6)

50H＋80H＝D0H(其中 5 加 8 为 13,对应字符 D,0 加 0 为 0)

所以该汉字的机内码为 D6D0H。

需要注意的是,在计算机系统中,ASCII 码使用 7 位表示,最高位为 0,而汉字编码需要使用更多的位数来表示。为了在同一个系统中兼容 ASCII 码和汉字编码,汉字的机内码使用了 8 位表示,并将最高位设置为 1。这样,当最高位为 0 时,系统可以识别为 ASCII 码;当最高位为 1 时,则识别为汉字机内码。这种设计使得计算机系统能够同时处理英文字符和汉字字符。我们需要牢记:ASCII 码使用 7 位表示,最高位为 0;机内码使用 8 位表示,最高位为 1;国标码使用 8 位表示,最高位为 0。

5. 字形码

字形码是汉字的字形信息的数字化表示,用于在显示器或打印机上输出汉字的图形。字形码把汉字的形状转化为点阵或矢量图形的编码形式。机内码和字形码之间存在着重要的联系,在输出汉字时,计算机根据机内码找到对应的汉字,然后将其转换为字形码,再通过输出设备显示或打印出来。

6. 汉字地址码

汉字地址码指的是在汉字库内用于存放字形数据的逻辑位置标识。它与汉字的机内码存在直接的对应规则,便于将机内码转换为汉字地址码。

👥 任务实施

一、各种运算案例讲解演示

通过 WPS 演示文稿展示不同运算规则的计算实例,并使用计算机计算器进行验证。

(一)二进制的运算

(1) $10110 + 1101 = 100011$

$$
\begin{array}{r}
10110 \\
+)\ \ 1101 \\
\hline
100011
\end{array}
$$

(2) $110101 - 11110 = 10111$

$$
\begin{array}{r}
110101 \\
-)\ \ 11110 \\
\hline
10111
\end{array}
$$

(3) $1011 \times 101 = 110111$

$$
\begin{array}{r}
1011 \\
\times)\ \ 101 \\
\hline
1011 \\
1011\ \ \\
\hline
110111
\end{array}
$$

(4) $111010 \div 101 = 1011\cdots\cdots 11$

$$
\begin{array}{r}
1011 \\
101\overline{)111010} \\
101\ \ \ \ \ \\
\hline
1001\ \ \\
101\ \ \\
\hline
1000 \\
101 \\
\hline
11
\end{array}
$$

(二)进制转换

1. 二进制转换为八进制、十进制、十六进制的运算实例

问题 1:如果删除一个非零无符号二进制数尾部的 2 个 0,则此数的值为原数的多少倍?

分析:对于这类题型,要举例进行对比。把原二进制数和删除 0 后的二进制数分别转换为十进制数后进行比较。

举例:原二进制数转换为十进制$(1100)_2 = 2^3 + 2^2 = (12)_{10}$

删除尾部 2 个 0 后的二进制数转换为十进制$(11)_2 = 2^1 + 2^0 = (3)_{10}$

两数相除 $3/12 = 1/4$

结论:删除一个非零无符号二进制数尾部的 2 个 0,则此数的值为原数的 1/4 倍。

问题 2:如果在一个非零无符号二进制整数之后添加一个 0,则此数的值为原数的多少倍?

分析:对于这类题型,要举例进行对比。把原二进制数和添加 0 后的二进制数分别转换

为十进制数后进行比较。

举例:原二进制数转换为十进制$(11)_2=2^1+2^0=(3)_{10}$

尾部添加 1 个 0 后的二进制数转换为十进制$(110)_2=2^2+2^1=(6)_{10}$

两数相除 6/3＝2

结论:一个非零无符号二进制整数之后添加一个 0,则此数的值为原数的 2 倍。

对问题 1 和问题 2 类题型的总结:在原二进制数尾部每添加 1 个 0,会让原数增加 2 倍,每减少 1 个 0,会让原数缩小 1/2。

问题 3:字长为 7 位的无符号二进制整数能表示的十进制整数的数值范围是多少?

分析:7 位无符号二进制数最小组合为 7 个 0,最大组合是 7 个 1,把 2 组二进制数分别转换为十进制数对应的范围就是十进制整数的取值范围。

解题:

7 位无符号二进制最小数转换为十进制$(0000000)_2=(0)_{10}$

7 位无符号二进制最大数转换为十进制$(1111111)_2=2^6+2^5+2^4+2^3+2^2+2^1+2^0=(127)_{10}$

结论:字长为 7 位的无符号二进制整数能表示的十进制整数的数值范围是 0～127。

问题 4:用 8 位二进制数能表示的最大无符号整数相当于十进制整数多少?

分析:8 位无符号二进制数最大组合是 8 个 1,把该二进制数转换为十进制数就可以。

解题:$(11111111)_2=2^7+2^6+2^5+2^4+2^3+2^2+2^1+2^0=(255)_{10}$

结论:8 位二进制数能表示的最大无符号整数相当于十进制整数 255。

问题 5:无符号二进制整数 111111 转换成十进制数是多少?

分析:二进制转十进制用按权展开求和的方法。

解题:$(111111)_2=2^5+2^4+2^3+2^2+2^1+2^0=(63)_{10}$

结论:无符号二进制整数 111111 转换成十进制数是 63。

2. 十进制转换为二进制的运算实例

问题 1:十进制数 60 转换成无符号二进制整数是多少?

分析:十进制转非二进制采用除基取余法。

解题:$(60)_{10}=(111100)_2$

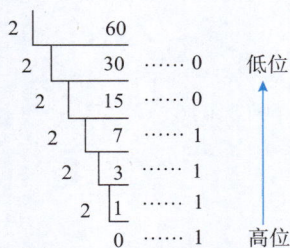

结论:十进制数 60 转换成无符号二进制整数是 111100。

问题 2:十进制数 100 转换成无符号二进制整数是多少?

分析:十进制转非二进制采用除基取余法。

解题:$(100)_{10}=(1100100)_2$

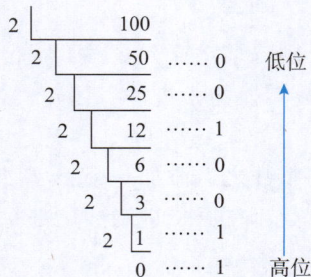

结论：十进制数 100 转换成无符号二进制整数是 1100100。

3. 非十进制转换为十进制的运算实例

问题：在不同进制的四个数中，最小的一个数是（   ）。

A. 11011001（二进制）   B. 75（十进制）

C. 37（八进制）   D. 2A（十六进制）

分析：把所有的非十进制数用按权展开求和的方法转换为十进制进行比较，得出结论。

解题：$(11011001)_2 = 2^7 + 2^6 + 2^4 + 2^3 + 2^0 = (217)_{10}$

$(37)_8 = 3 \times 8^1 + 7 \times 8^0 = (31)_{10}$

$(2A)_{16} = 2 \times 16^1 + 10 \times 16^0 = (42)^{10}$

结论：正确答案为 C。

4. ASCII 码相关的运算实例

问题 1：在标准 ASCII 码表中，已知英文字母 A 的 ASCII 码是 01000001，则英文字母 E 的 ASCII 码是（   ）。

A. 01000011   B. 01000100

C. 01000101   D. 01000010

分析：两个同类型的数制字符在转换过程中，其数值不会发生变化。要比较两个字符的大小，必须先将它们转换为同一种数制。在不同数制下，两个字符的差值保持不变。英文字母 A 与 E 在英文字母数制下的位置差值为十进制的 4，即使将它们转换为二进制，差值仍然为十进制的 4。因此将十进制的 4 转换为二进制，并与字母 A 的二进制数相加，即可得到字母 E 对应的二进制数。

解题：$(4)_{10} = (100)_2$

$(01000001)_2 + (100)_2 = (01000101)_2$

$$
\begin{array}{r}
01000001 \\
+ \quad\quad 100 \\
\hline
01000101
\end{array}
$$

结论：正确答案为 C。

问题 2：在标准 ASCII 码表中，已知英文字母 D 的 ASCII 码是 68，英文字母 A 的 ASCII 码是（   ）。

A. 64   B. 65   C. 96   D. 97

分析：因为英文字母 D 与 A 在英文字母数制下的位置差值为十进制的 3，英文字母 D 的 ASCII 码是 68，没有特别说明，出现的 ASCII 码数字一般都是十进制，所有只需要用 68 减去 3 就可以得到英文字母 A 对应的 ASCII 码值。

解题:68−3＝65

结论:正确答案为 B。

问题 3:在标准 ASCII 码表中,已知英文字母 K 的十六进制码值是 4B,则二进制 ASCII 码 1001000 对应的字符是(　　)。

　　A. G　　　　　　　　B. H　　　　　　　　C. I　　　　　　　　D. J

分析:这道题是根据已知字母所对应的其他进制值反推字母,需要把其他进制统一为同一种进制比较大小,最简单的就是都转换为十进制,然后用十进制下的差值去推理得到对应的字母。首先需要将字母 K 的十六进制码值 4B 转换为十进制数,二进制 ASCII 码 1001000 也转化为十进制数,将二者比较得到差值,从而推理出二进制 ASCII 码 1001000 对应的字符。

解题:$(4B)_{16}=4\times16^1+11\times16^0=64+11=(75)_{10}$

$(1001000)_2=2^6+2^3=(72)_{10}$

$75-72=3$

字母 K 的十进制数为 75,二进制 ASCII 码 1001000 对应的十进制数为 72,二者差值为 3,H、I、J、K 四个字母中,与 K 位置差值为 3 的是 H。

结论:正确答案为 B。

问题 4:已知英文字母 m 的 ASCII 码值为 6DH,那么 ASCII 码值为 71H 的英文字母是(　　)。

　　A. M　　　　　　　　B. j　　　　　　　　C. P　　　　　　　　D. q

分析:在进制表示中,通常使用大写字母 B 表示二进制,O 表示八进制,D 表示十进制,H 表示十六进制。根据题目,已知两个字母对应的是十六进制数,我们只需要将这两个十六进制数转换为十进制数,计算出它们的差值,就可以推理出另一个字母。

解题:$(6D)_{16}=6\times16^1+13\times16^0=96+13=(109)_{10}$

$(71)_{16}=7\times16^1+1\times16^0=112+1=(113)_{10}$

$113-109=4$

字母 m 的十进制数为 109,与 ASCII 码值为 71H 的英文字母二者位置差值为 4,m、n、o、p、q 五个字母中,与 m 位置差值为 4 的是 q。

结论:正确答案为 D。

问题 5:已知三个字符为:a、Z 和 8,按它们的 ASCII 码值升序排序,结果是(　　)。

　　A. 8,a,Z　　　　　　B. a,8,Z　　　　　　C. a,Z,8　　　　　　D. 8,Z,a

分析:根据 ASCII 码表的排列规律,数字的 ASCII 值小于大写字母,大写字母的 ASCII 值小于小写字母。因此,字符 a、Z 和 8 按 ASCII 码值升序排序的结果是 8、Z、a。

结论:正确答案为 D。

5. 国标码转换为机内码的运算实例

问题 1:若已知一汉字的国标码是 5E38H,则其机内码是(　　)。

　　A. DEB8H　　　　　　B. DE38H　　　　　　C. 5EB8H　　　　　　D. 7E58H

分析:国标码转换为机内码的过程是将每两个字节的国标码分别加上 80H。

解题:5EH＋80H＝DEH(5 加 8 等于 13,对应字母 D;E 加 0 等于 E)

38H＋80H＝B8H(3 加 8 等于 11,对应字母 B;8 加 0 等于 8)

转换为机内码后,结果为 DEB8H。

结论:正确答案为 A。

问题 2:存储一个 48×48 点阵的汉字字形码需要的字节数是(   )。

A. 384   B. 144   C. 256   D. 288

分析:一个 48×48 点阵的汉字字形码意味着每个汉字由 48 行 48 列的点阵组成,每个点阵点用 1 位二进制数来表示,48×48 点阵共有 2304 个点,所以总共需要 2304 位二进制数来存储整个点阵。

由于 1 字节等于 8 位二进制数,所以 2304 位二进制数转换为字节数就是 2304/8＝288。

因此,存储一个 48×48 点阵的汉字字形码需要 288 字节。

结论:正确答案为 D。

二、小组学习与讨论

(1)学生在小组内完成一系列计算练习题,互相讨论和解答疑惑。

(2)教师提出问题,小组成员抢答,加深对各种运算规则的理解。

(3)每个小组选取一名代表展示他们的练习题答案,并解释解题过程。

三、教师点评与总结

(1)教师对各小组的展示结果进行点评,肯定优点,指出不足,并提出改进建议。

(2)教师对整个学习过程进行总结,强调掌握计算机各种运算规则的重要性,以及团队合作和自主学习的意义。

一级真题
解析

任务四 选购个人计算机

📺 任务导入

在数字化时代,计算机已成为人们生活和工作中不可或缺的工具。无论是日常办公、学习研究,还是娱乐休闲,计算机都发挥着重要作用。而计算机硬件作为计算机系统的物理基础,其性能的优劣直接决定了计算机的整体表现。对于想要选购个人计算机的用户来说,深入了解计算机硬件知识是做出明智决策的关键。

📖 学习目标

1. 知识目标

(1)描述计算机硬件系统的组成。

(2)解释常见计算机硬件的作用及其衡量参数。

(3)列举常见的输入设备和输出设备。

2. 能力目标

(1)能够识别计算机的各种硬件设备。

（2）具备将主机和外设正确连接并安装的能力。

（3）学会使用工具软件对计算机的性能进行监测和优化,提高计算机的运行效率。

3. 素养目标

（1）培养学生的科学精神和探索精神,让学生对计算机技术的发展保持好奇心和求知欲,能不断学习和掌握新的知识和技能。

（2）增强信息素养,让学生能够正确、高效地获取、处理和利用信息,具备辨别信息真伪和价值的能力。

（3）强化团队合作精神,让学生认识到在计算机领域中,很多项目需要团队协作才能完成,学会与他人合作、交流和分享。

📋 任务描述

本任务首先将详细介绍计算机硬件的各个组成部分,包括主机箱和电源、主板、CPU、内存、显卡、硬盘、光盘和光驱、键盘和鼠标、显示器、打印机等,从定义、功能、接口、分类、选购参数、生产厂商等角度进行全面剖析,帮助大家掌握最新的计算机硬件知识,以便在选购计算机时能够根据自己的需求和预算,挑选到最适合自己的硬件配置,打造出性能卓越的个人计算机。

⏱ 知识准备

计算机硬件(Computer Hardware)是指计算机系统中由电子、机械和光电元件等组成的各种物理装置的总称。这些物理装置按系统结构的要求构成一个有机整体,为计算机软件运行提供物质基础。简言之,计算机硬件的功能是输入并存储程序和数据,以及执行程序把数据加工成可以利用的形式。在用户需要的情况下,以用户要求的方式进行数据的输出。

一、计算机硬件概述

（一）主机箱

主机箱是计算机硬件的物理载体,如图 1-12 所示,它能为内部组件提供安全稳定的工作环境、抵御外界损伤、辅助散热、延长硬件使用寿命。其按外形可分为塔式、迷你塔式、机架式、HTPC 等类型,适用于不同场景。

选购主机箱时,需关注多方面要点:材质上,优选 1mm 以上厚度镀锌钢板;结构适配主板尺寸,按需选择 ATX 或 Micro-ATX 等;尺寸要适配显卡、散热器;散热设计与空间关乎硬件性能;可扩展性关注冷排、硬盘位等扩展接口;同时注意机箱边角做工。市场上,酷冷至尊、航嘉、先马等品牌各有优势。综合考量,才能选到适配主机箱,保障计算机硬件稳定运行。

教学视频:
认识计算机的主机箱

（二）电源

电源是计算机的“心脏”,如图 1-13 所示,它负责将交流电转换为稳定直流电,为各硬件持续供能,其稳定性关乎计算机正常运行,故障易致硬件损坏。

教学视频:
快速认识主机箱后面的接口

图 1-12　主机箱 　　　　　　　　　图 1-13　电源

电源接口类型多样,24Pin、4Pin/8Pin、SATA 等接口分别为主板、CPU、存储设备等供电,新 12VHPWR 接口适配新型显卡。按功能、稳压类型、功率输出,电源有不同分类,满足多样配置需求。

选购电源需关注功率,额定功率应超电脑总功耗并预留 30% 余量;效率以 80PLUS 铜牌认证以上为佳;须具备多重电路保护功能;接口类型与数量要适配硬件。海韵、振华、全汉等主流品牌各有优势,综合考虑各因素,才能选到适配电源,保障计算机稳定运行。

(三) 主板

主板作为计算机硬件系统的核心,是主机箱内面积最大的印刷电路板。它凭借复杂电路与多样接口,如图 1-14 所示,将 CPU、内存、显卡等硬件紧密相连,实现物理安装、电力分配、数据传输与信号协调,保障各硬件协同处理数据。

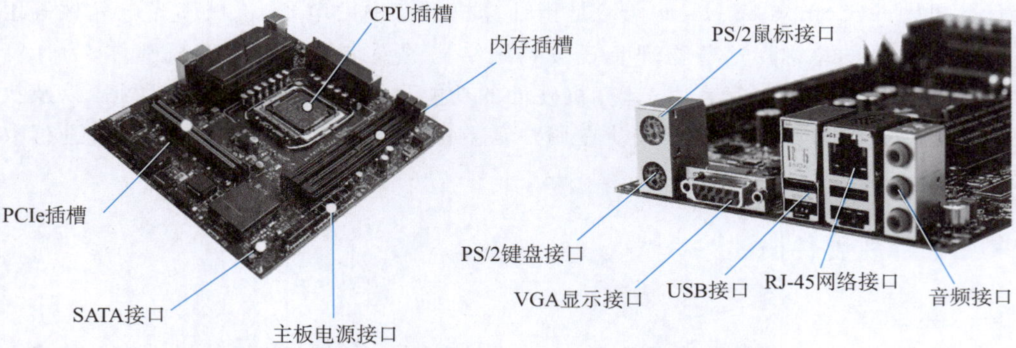

图 1-14　主板主要插槽及接口

主板接口丰富,CPU 插槽、内存插槽、PCIe 插槽等分别用于安装 CPU、插入内存条、适配扩展卡等,实现硬件连接与数据传输。主板板型主要有 ATX、Micro-ATX、Mini-ITX 三种,ATX 扩展性强,适合高阶用户;Micro-ATX 小巧实用,适用于日常场景;Mini-ITX 超小但扩展有限,多用于特定设备。

选购主板需综合考量多种因素。芯片组是核心,英特尔和 AMD 旗下不同系列各有定位,需与 CPU 匹配;兼容性确保硬件协同稳定;扩展性依使用需求,如游戏、存储场景需关注对应接口;华硕等知名品牌品质与售后更优;预算也影响决策,普通办公选中端,专业应用选高端,在预算内平衡性能与价格,才能选到适配主板。

（四）CPU

CPU 是计算机的运算和控制核心,如图 1-15 所示,它如同系统"大脑",负责指令执行、运算处理及资源调配,其性能直接影响计算机运行速度与处理能力。

图 1-15　CPU

CPU 分类多样。按用途分为桌面、服务器、移动端和嵌入式 CPU;按指令集分为 CISC 和 RISC,前者指令丰富,后者能效比高;按字长主要有 32 位和 64 位。主流 CPU 接口有 LGA、PGA 和 BGA 三种,AMD 多采用 PGA 接口,英特尔为 LGA 接口,BGA 常用于小型设备。

选购 CPU 需关注核心参数。核心参数影响多任务处理,主流桌面 CPU 为 4~16 核;主频影响运算速度,睿频可应对高负载;缓存越大,数据访问效率越高;新架构能提升性能、降低功耗。市场上,英特尔酷睿系列在桌面和服务器领域优势明显,AMD 锐龙系列凭借高性价比和多核性能崛起。用户可综合预算、使用需求和品牌偏好,选择适配的 CPU。

（五）内存

内存是计算机重要部件,像高速数据临时仓库,程序运行时数据在内存、CPU 和硬盘间流转。它由内存颗粒、PCB、金手指等构成。内存接口类型多样,台式机常用 DIMM,笔记本常用 SO-DIMM 等。内存分类丰富,按机型分 PC 内存和服务器内存,按工作原理分为 SRAM 和 DRAM,按存取方式分为 ROM 和 RAM。

静态随机存储器(SRAM)和动态随机存储器(DRAM)都是随机存取存储器(RAM),用于临时存储计算机正在使用的数据和程序,但它们在多个方面存在明显区别。SRAM 和 DRAM 最主要的区别在于存储原理和性能方面。SRAM 用触发器存储数据,速度快、成本高、集成度低,常用于高速缓存;DRAM 靠电容存储数据,速度慢、成本低、集成度高,是计算机主存的主要类型。

ROM 是只读存储器,数据一般在生产时写入,断电后数据不丢失,用于存储固定程序和数据,如 BIOS 芯片。RAM 是随机存取存储器,可读可写,用于临时存储正在运行的程序和数据,断电后数据丢失。ROM 和 RAM 如图 1-16 所示。

图 1-16　ROM 和 RAM

选购内存要关注多个参数。容量按需选择,日常办公用户选择 8GB 容量即可,专业用户建议选择 16GB 及以上容量。内存频率影响传输速度,DDR5 更高但需硬件支持。内存时序数值低、响应快,高频率内存时序通常较高。品牌方面,各个品牌各有优势。选购时可参考评价和评测,按需选择。

（六）显卡

显卡作为显示接口卡,负责图形运算与图像信号输出,如图 1-17 所示。在图形处理和视频解码中,显卡发挥着关键作用,其输出接口也影响数据传输质量。

图 1-17　显卡

显卡接口类型多样,VGA 逐渐被淘汰,DVI 图像质量较好,HDMI 应用广泛,DP 接口在高端设备中应用价值高。从集成方式看,显卡分为集成显卡和独立显卡,前者适合日常办公,后者适用于高负载场景;按用途可分为专业显卡、游戏显卡和移动显卡,它们各有侧重。

选购显卡需关注核心参数。GPU 型号决定性能基础,显存大小、类型及带宽影响运行表现,核心频率与显存频率关乎性能但会影响显卡的功耗。散热设计也很重要,风冷设计比较常见,高端显卡多使用水冷散热。市场上,显卡以 NVIDIA 和 AMD 两大生产厂商为主导,前者在游戏与专业领域表现出色,后者性价比高。华硕、技嘉等品牌都是基于这两大厂商芯片生产显卡。选购时需结合需求、预算,综合考量参数、接口和厂商,才能选到适配显卡。

提示:显存(显示存储器)的容量与显示器的分辨率及颜色数量存在着密切的关系,显存容量与分辨率和颜色数量的关系可以用以下公式来表示:显存容量=分辨率×颜色深度/8。其中,分辨率是指显示器水平和垂直方向上的像素数量;颜色深度是指表示每个像素颜色所需要的位数,比如常见的 8 位、16 位、24 位、32 位等。公式中的"/8"是因为计算机存储容量通常以字节(Byte)为单位,而 1 字节等于 8 位(Bit)。

具体举例:如对于一个分辨率为 1920×1080 的显示器,如果要显示 24 位真彩色,那么所需的显存容量的计算过程为:1920×1080×24/8=6220800(B),6220800/1024=6075(KB),6075/1024=5.9(MB),约为 6MB。

(七) 硬盘

图 1-18　机械硬盘

硬盘是计算机存储数据的关键设备,承担着存储操作系统、应用程序和各类文件的重任,为计算机运行提供数据支持。计算机启动、文件操作和程序运行都离不开硬盘。硬盘主要分为机械硬盘(HDD)和固态硬盘(SSD)。

机械硬盘依靠磁性碟片存储数据,内部由盘片、磁头、电机等多个部件构成。数据存储在涂有磁性材料的盘片上,工作时,高速旋转的盘片配合来回移动的磁头进行数据读写。多个盘片可提升容量,数据读写以扇区为单位,如今多采用 ZBR 技术增加存储空间,且按柱面读取数据。机械硬盘、内部结构及盘面分别如图 1-18~图 1-20 所示。

图 1-19　机械硬盘内部结构

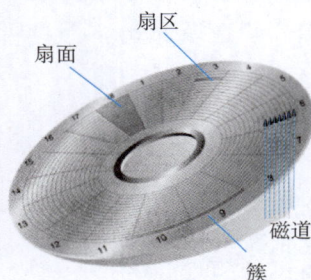

图 1-20　盘面

固态硬盘主要由闪存芯片、主控芯片和部分缓存芯片组成,如图 1-21 所示。闪存芯片存储数据,主控芯片管理传输,缓存芯片提升读写性能。其基于闪存电子存储技术,通过改变存储单元电荷状态读写、擦除数据,存储介质有闪存 FLASH 芯片和 DRAM 两种。

图 1-21　固态硬盘

硬盘接口类型丰富且各有特点。机械硬盘中,IDE 接口因速度慢已遭淘汰,SATA 接口是主流,SATA 3.0 总线最大传输带宽达 6Gbps,支持热插拔;SCSI 接口常用于服务器,其新一代技术 SAS 接口性能更优。固态硬盘方面,SATA 接口应用广泛,SATA 3.0 是未来趋势;mSATA 接口小巧适配轻薄本;NGFF 接口专为超极本设计,比 mSATA 更小巧且读写更快,采用 PCI-E X2 的 NGFF 接口 SSD 读取最高速度达 700MB/s。

挑选硬盘需综合考虑多种因素。容量上,日常办公可选 512GB 或 1TB,数据存储需求大则选 2TB 及以上。读写速度方面,固态硬盘显著优于机械硬盘,M.2 接口且采用 NVMe 协议的固态硬盘速度更快。缓存越大,硬盘传输性能越好,还能延长其使用寿命。品牌售后同样关键,希捷容量与稳定性出色;西部数据产品线丰富;三星固态硬盘性能可靠,购买时可参考用户评价和专业评测。

(八) 光盘和光驱

1. 光盘

光盘是利用激光原理读写的存储设备,如图 1-22 所示,在计算机存储和多媒体领域曾占据重要地位。按读写类型,光盘分为只读型、一次写入型和可擦写型。从容量上看,CD 光盘约 700MB,常用于存储音乐、小型软件;DVD 光盘容量更大,单面单层的 DVD-5 约为 4.7GB,能存储电影、大型游戏等;新一代蓝光光盘容量更是领先,普通 BD-25 为 25GB,BD-50 可达 50GB,满足高清视频存储和下一代游戏发行需求。

2. 光驱

光驱是通过激光头读取或写入光盘数据的设备,如图 1-23 所示,工作时发射激光束,依反射光变化读取信息,写入时控制激光在光盘记录层形成凹坑或平面。其接口类型多样,IDE 接口因传输慢、连接复杂已逐渐被淘汰;SATA 接口凭借高速、小巧、简便的优势成为主流,外置光驱常用的 USB 接口则支持即插即用与热插拔。

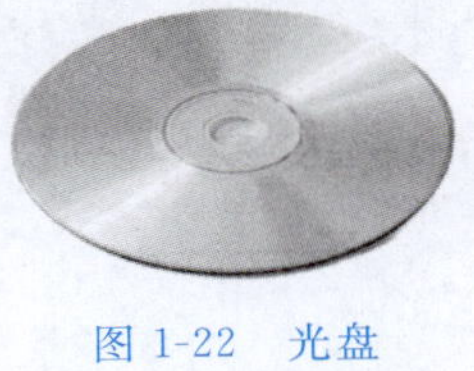

图 1-22　光盘　　　　　　　　图 1-23　光驱

光盘与光驱曾是数据存储和读取的重要工具。光盘以其便携、容量适中等特点,多用于存储多媒体、软件等数据。光驱则负责读取光盘内容。但随着 U 盘、云存储兴起,它们的应用范围逐渐减小,不过在特定场景如复古游戏、旧资料读取中仍有一定价值。

(九) 键盘和鼠标

在计算机的使用过程中,键盘和鼠标是极为重要的输入设备,它们直接影响着用户与计算机之间的交互体验。键盘和鼠标分别如图 1-24 和图 1-25 所示。

图 1-24　键盘

图 1-25　鼠标

1. 键盘

键盘作为核心输入设备,用于文字、数字、符号输入及指令操作,在办公、编程等场景不可或缺。因接口丰富,PS/2 接口曾为主流,但不支持热插拔;USB 接口以即插即用、传输快、兼容性强成为当下首选;蓝牙和 2.4G 无线接口则带来便捷的无线体验。从工作原理分,机械键盘以多样轴体(青轴、茶轴等)提供独特手感;薄膜键盘价格亲民,适合日常办公;静电容键盘手感轻盈、寿命长,适合专业用户。按按键布局,全尺寸、TKL 及 60% 键盘适配不同功能与便携需求。选购时,轴体类型决定打字与游戏体验,可按需选择;键帽材质中,PBT 耐磨,双色注塑字符耐用;根据场景选布局,关注无线键盘续航;推荐 Cherry、罗技等知名品牌,以保障品质与售后。

2. 鼠标

鼠标作为计算机图形交互核心设备,用于精准控制光标、执行操作,在日常与游戏场景中不可或缺。其接口类型多样,COM 接口已淘汰,PS/2 不支持热插拔,USB 接口成主流,蓝牙与 2.4G 无线接口则带来便捷使用体验。按工作原理,机械鼠标已少见;光电鼠标因高精度和稳定性成为主流;激光鼠标作为升级版,分辨率与灵敏度更高,可适应复杂表面,但价格偏高。按接收方式分,有线鼠标信号稳定,2.4G 无线鼠标传输远、响应快,蓝牙鼠标则适合移动设备。

(十) 显示器

显示器是计算机的重要输出设备,如图 1-26 所示,主要有 LCD、OLED 和 QLED 三种类型。LCD 含 TN、VA、IPS 面板,各有特点;OLED 像素独立发光但有寿命问题,QLED 色彩表现出色,受高端市场青睐。

选购显示器需关注关键参数,分辨率、刷新率、色域、色深等影响使用体验,不同场景需求各异,尺寸、面板类型和亮度也需要考虑。品牌方面,戴尔色彩与售后好,三星技术优,LG 的 OLED 出色,华硕电竞性能强,AOC 性价比高,用户可按需选择适配产品。

图 1-26　LCD 显示器

（十一）打印机

打印机作为计算机的重要输出设备，能把计算机中的信息打印在纸张等介质上，方便人们阅读、保存和分享。在办公和家庭场景中，都有着广泛的应用。

从工作原理划分，常见打印机有喷墨打印机（图1-27）、激光打印机（图1-28）和针式打印机（图1-29）。喷墨打印机通过喷头喷墨水打印，打印效果细腻、色彩鲜艳，适合打印彩色照片和对色彩要求高的文档，但它打印速度慢、耗材成本高、喷头还易堵塞。激光打印机利用激光束成像，具有打印速度快、质量高、耗材耐用的优点，在打印大量黑白文档时优势明显，不过彩色打印成本高、设备价格也较贵。针式打印机靠钢针击打色带打印，打印成本低、能打印多联复写纸，在银行、财务等领域不可或缺，但其打印质量低、噪声大、速度慢。

图 1-27　喷墨打印机　　　　　图 1-28　激光打印机　　　　　图 1-29　针式打印机

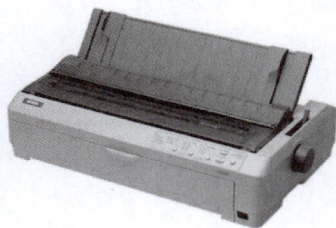

除常见类型外，还有特殊用途打印机。热敏打印机（图1-30）加热热敏纸打印，不需要墨水，常用于打印账单、收据，但容易褪色。多功能一体机（图1-31）集打印、复印、扫描、传真等功能于一体，节省空间和成本，适合小型企业和家庭。绘图仪（图1-32）用于在特殊介质上打印高质量图形，3D打印机能打印立体实物，为设计制造领域带来变革。

图 1-30　热敏打印机　　　　　图 1-31　多功能一体机　　　　　图 1-32　绘图仪

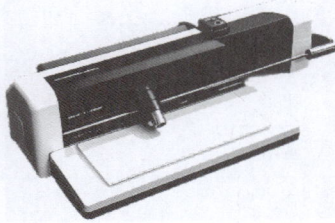

选购打印机需考量多要点。打印速度以 ppm 衡量，大量打印者选快的；打印分辨率用 dpi 表示，打印图像照片关注此参数，越高越清晰。耗材成本要综合设备与耗材价，喷墨墨盒贵、量有限；激光硒鼓单页成本低。连接方式关乎便利，Wi-Fi、蓝牙连接方便共享与移动打印。品牌售后也重要，惠普速度、质量、稳定性好；爱普生喷墨领先，墨仓式耗材成本低；佳能产品线丰富。家庭可选喷墨或一体机，企业处理大量黑白文档可选激光打印机。

二、个人计算机选购注意事项

选购个人计算机硬件时，需多方面综合考量。首先要明确使用需求，普通办公用户主要进行文字处理等基础任务，选择四核或六核 CPU、8～16GB 内存、512GB～1TB 固态硬盘及入门级显卡的中等配置,便能兼顾需求与性价比;游戏玩家为流畅运行大型 3D 游戏,需配备八核以上高性能 CPU、16GB 以上高频内存、高性能独立显卡和高刷新率电竞显示器;专业设计师和视频编辑人员因处理大量图像视频数据,对性能要求极高,需顶级 CPU、32GB 以上内存、高速固态硬盘和专业显示器。预算也是关键因素,需合理分配到核心硬件。同时,硬件的兼容性和可扩展性不容忽视,要确保各硬件相互兼容,关注扩展插槽数量以便未来升级。此外,优先选择知名品牌,其产品质量和售后更有保障。综合需求、预算、性能、兼容性等因素,合理搭配硬件,才能打造出满足不同使用场景的高性能、高性价比的个人计算机。

任务实施

一、硬件采购模拟配置个人计算机

学生 4~5 人为一组,根据各组的专业需求以及老师提供的硬件资料,通过网络商务平台为团队选配一台计算机,并列出表 1-4 中计算机硬件配置清单。

表 1-4　计算机硬件配置清单

配件名称	品牌、型号及规格	价格	选择理由	备注
主机箱				
电源				
主板				
CPU				
内存				
硬盘				
显卡				
显示器				
键盘				
鼠标				
金额合计				

二、计算机组装及测试

根据老师提供的计算机实验硬件设备及工具,学生按照硬件安装规范,依次将 CPU、内存、显卡等硬件安装到主板上,再将主板安装进机箱,连接好电源线、数据线及相关外设等。安装过程中,要求学生严格遵循操作步骤,注意静电防护和硬件安装方向,避免损坏硬件,并进行开机测试。

三、小组展示

每个小组指定一名成员作为代表,负责向大家呈现他们团队所采用的计算机配置清单。该代表需要详细说明包括计算机配置清单中的所有硬件组件,并对这些配置的选择提供合理的解释。同时,展示过程中,代表还需展示团队计算机组装的成果。

四、教师点评与总结

（1）教师对各小组的展示结果进行点评,肯定优点,指出不足,并提出改进建议。

（2）教师对整个学习过程进行总结,强调掌握计算机硬件知识的重要性,以及团队合作和自主学习的意义。

一级真题
解析

任务五　探索计算机软件世界

任务导入

如今,计算机是我们生活中不可或缺的工具。早上,我们用智能手机天气软件规划出行;工作学习时,借助办公软件处理事务;休闲时,通过音乐、游戏软件放松身心。大家有没有想过,是什么让计算机能实现这些功能? 答案是:计算机软件。

接下来,我们将走进计算机软件的世界,了解软件的分类,探究操作系统管理资源的方式,以及应用软件如何满足我们的多样需求。完成后续学习任务,你将掌握计算机软件核心知识,学会用软件解决实际问题,为探索信息技术领域筑牢根基。

学习目标

1. 知识目标

（1）了解计算机软件系统的组成。

（2）理解计算机操作系统的功能。

（3）了解软件系统的分类及其作用。

2. 能力目标

能够正确分辨计算机软件的类型。

3. 素养目标

（1）提高学生的信息素养。

（2）提升学生的自主学习能力。

（3）培养学生对科学技术的热爱之情。

（4）培养学生践行刻苦钻研、积极探索的工匠精神。

📋 任务描述

本次学习任务是了解计算机软件的相关知识,了解计算机软件是如何作用于计算机硬件的。

⏱ 知识准备

一、软件的定义

计算机软件是计算机系统中与硬件相互依存的另一部分,它是一系列按照特定顺序组织的计算机数据和指令的集合,是在计算机上运行的各种程序、要处理的各类数据以及有关文档的总称。

(一)程序

程序是为实现特定目标或解决特定问题,使用计算机能够理解和执行的编程语言编写的一系列有序指令的集合。这些指令精确地描述了计算机需要完成的操作步骤,计算机按照程序中指令的顺序依次执行,从而完成相应的任务。程序具有目的性、有序性、可执行性的特点。

(二)数据

数据是对客观事物的符号表示,在计算机科学中,数据是指所有能输入计算机并被计算机程序处理的符号的介质的总称。它是各种形式的信息,包括数值、文本、图像、音频、视频等,可以存储,是程序处理的对象和结果。

(三)文档

文档是对程序开发、使用和维护过程中涉及的各种信息进行描述、解释和说明的资料。它是软件开发过程中的重要组成部分,用于记录软件的需求、设计、实现、测试等各个阶段的情况,具有完整性、可读性、可维护性的特点,如一份软件用户手册。

二、计算机软件的分类

在数字化浪潮的席卷下,计算机软件作为现代信息技术的核心驱动力,其分类体系越发精细且复杂,不同类型的软件协同运作,共同构建起功能强大的计算机生态系统。从应用角度出发,软件可清晰地划分为操作系统、支撑软件和应用软件三大类别,它们在计算机世界中各司其职,推动着科技不断向前发展。

(一)操作系统

操作系统(Operating System,OS)作为计算机系统的灵魂所在,是直接运行于"裸机"之上的基础系统软件,犹如计算机的智慧大脑,掌控着硬件与软件资源的调配与管理。它不仅是用户与计算机交互的桥梁,也是计算机硬件与其他软件之间沟通的枢纽。操作系统通过一系列复杂而高效的机制,实现对计算机系统的硬件、软件及数据资源的精细化管理,确保程序稳定运行,优化人机交互体验,为其他应用软件提供坚实的运行基础,让计算机系统的所有资源得以充分利用,并提供多样化、人性化的用户界面。

1. 操作系统的五大核心功能

操作系统具备多种管理功能,重要的五大核心功能分别是:处理器管理能精准处理中断事件,还依据负载、优先级等智能调度,合理分配资源;存储器管理负责内存储器的空间分配,保障程序稳定运行;设备管理统一调配外围设备,实现设备资源高效利用;文件管理通过文件系统,像智能管理员一样支持文件存储、检索等,保护用户数据;作业管理涵盖作业的输入输出、调度控制,能根据用户需求调整作业运行节奏,实现有效控制。

2. 操作系统的分类

操作系统的种类丰富多样,不同设备所适配的操作系统复杂度差异较大。从功能特性和应用场景来看,可分为智能卡操作系统、实时操作系统、传感器节点操作系统、嵌入式操作系统、个人计算机操作系统、多处理器操作系统、网络操作系统和大型机操作系统。

若按照应用领域细分,主要包括桌面操作系统、服务器操作系统和嵌入式操作系统这三大类型。桌面操作系统运行于个人计算机,提供日常操作环境,常见的有 UNIX、macOS、Linux、Windows 等。服务器操作系统安装于大型计算机,为各类服务器提供稳定环境,主要包括 UNIX、Linux、Windows 系列,满足企业级应用需求。嵌入式操作系统用于嵌入式系统,应用广泛,常见的有嵌入式 Linux、Windows Embedded 等。在消费电子产品中,Android、iOS、鸿蒙操作系统(HarmonyOS)应用普遍,其中鸿蒙操作系统是华为推出的全场景微内核操作系统,自 2019 年发布后发展迅速,生态设备超 7 亿,开发者超 220 万,已成为全球第三大手机操作系统。

图 1-33 为 Windows 11 操作系统、图 1-34 为 Linux 操作系统、图 1-35 为鸿蒙操作系统。

图 1-33　Windows 11 操作系统

图 1-34　Linux 操作系统

图 1-35　鸿蒙操作系统

若把操作系统按用户和任务数量分类,又可以划分为下面三类。

1) 单用户单任务操作系统

单用户单任务操作系统一次只能支持一个用户使用,且用户一次只能执行一个任务。比如早期的 CP/M 系统和 MS-DOS 的基本模式,用户在同一时间内只能进行一项操作,如编辑一个文本文件,在操作完成前不能进行其他操作。

2) 单用户多任务操作系统

单用户多任务操作系统允许一个用户在同一时间内使用计算机系统,并能同时运行多个任务。像 Windows 10、macOS 等个人计算机操作系统,用户可以同时打开多个应用程序并在其间自由切换。

3）多用户多任务操作系统

多用户多任务操作系统允许多个用户通过不同的终端同时使用一台计算机系统,且每个用户都能同时运行多个任务。如 UNIX、Linux 系统,多个用户可同时登录服务器,各自进行不同的工作,系统会合理分配资源,保证任务顺利进行。

3. 操作系统运行中的进程与线程的区别

进程和线程是操作系统中两个极为重要且紧密关联的概念,它们共同协作,确保了计算机系统的高效运行。

1）进程

进程是操作系统进行资源分配和调度的基本单位,它包含了程序执行的上下文环境,如程序计数器、寄存器值、内存空间等。一个进程可以看作正在运行的程序的一个实例,不同进程之间相互独立,有各自独立的地址空间,它们通过系统调用等方式来请求操作系统提供服务和访问系统资源。

2）线程

线程是进程中的一个执行单元,是 CPU 调度的基本单位。一个进程可以包含多个线程,这些线程共享进程的资源,如内存空间、打开的文件等,但每个线程有自己独立的栈空间和程序计数器等,线程之间可以并发执行,这提高了程序的执行效率和响应性。线程依赖于进程,进程的结束通常会导致其内部所有线程的终止。

（二）支撑软件

支撑软件处于系统软件和应用软件之间,常以中间件等形式存在,为应用软件的全生命周期提供关键的辅助功能,包括设计、开发、测试、评估以及运行检测等环节。它主要包含数据库管理软件、语言处理程序以及丰富的工具组。例如,IBM 公司的 WebSphere 和微软公司的 Visual Studio. NET 等,都是业内知名的软件开发环境。支撑软件还集成了一系列基础且重要的工具,如编译器、数据库管理工具、存储器格式化工具、文件系统管理工具、用户身份验证工具、驱动管理工具和网络连接工具等,是软件开发过程中不可或缺的重要组成部分。

（三）应用软件

应用软件与系统软件相互配合,是用户可使用的各种程序设计语言以及用这些语言编制的应用程序的集合,常见的应用软件涵盖办公应用、管理软件、图形图像类、音视频类等多个领域,满足了人们多样化的使用需求,让计算机更好地服务于人们的生活和工作。常用的办公应用如 WPS Office（图 1-36）,对中文排版支持良好,还有云存储功能;图形图像软件如 Adobe Photoshop（图 1-37）用于图像精修、合成等;视频编辑软件如 Adobe Premiere Pro（图 1-38）则用于专业影视后期制作。

图 1-36　WPS Office　　　图 1-37　Adobe Photoshop　　　图 1-38　Adobe Premiere Pro

三、程序设计语言

程序设计语言是编写计算机程序的关键工具,它以一组特定的记号和规则为基础,依据这些规则组合而成的记号串构成了完整的语言体系。随着计算机技术的不断革新,程序设计语言历经多代演变,在功能、易用性等方面持续进化,深刻影响着软件开发的各个领域。

(一)程序设计语言的分类

1. 第一代机器语言

机器语言是计算机语言的起点,由二进制代码指令组成,能被硬件直接执行,因此速度最快。但因 CPU 指令系统不同,编写和维护机器语言程序困难,且编程效率低。尽管现代高级语言更易用且功能强大,但最终仍需转换为机器语言执行,显示了其基础性地位。

2. 第二代汇编语言

第二代汇编语言是机器指令的符号化版本,与机器指令直接对应。它提高了编程的可读性,但学习和使用仍具挑战,维护也较困难。然而,汇编语言能直接操作底层系统,生成的机器语言执行效率高。在性能要求极高的场合,如操作系统内核和嵌入式系统开发中,汇编语言仍然至关重要。如:

```
MOV AL,num1 ;将 num1 加载到 AL 寄存器
ADD AL,num2 ;将 num2 加到 AL 中
MOV result,AL ;将结果存储到 result 变量
```

3. 第三代高级语言

第三代高级语言面向大众,减少了对特定计算机和硬件的依赖。其优势在于接近算术和自然语言,符合日常思维。一条高级语言命令可替代多条汇编语言指令,提高编程效率。高级语言包括基础、结构化和专用语言。

1)基础语言

基础语言也被称作通用语言,这类语言历史悠久,在编程领域广泛流传。它们拥有丰富的已开发软件库,积累了大量的用户群体,为人们所熟知和广泛应用,例如 FORTRAN、COBOL、BASIC、ALGOL 等。

2)结构化语言

这类语言直接支持结构化的控制结构,具备强大的过程构建和数据处理能力。PASCAL、C、Ada 语言是结构化语言的典型代表,它们在软件开发中有助于构建清晰、易于理解和维护的程序结构,被广泛应用于各类大型软件项目的开发。

如下面的 C 语言片段:

```
# include<stdio. h>
int main() {
    int num1 = 5;
    int num2 = 3;
    int sum = num1 + num2;
    printf("两数之和为:% d\n",sum);
    return 0;}
```

3）专用语言

为满足特定领域的特殊需求而专门设计,通常具有独特的语法形式。虽然专用语言的应用范围相对狭窄,在移植性和可维护性方面不如结构化语言,但在其特定的应用场景中却能发挥出独特的优势。随着行业的发展,已涌现出数百种专用语言,其中 APL 语言、Forth 语言、Lisp 语言等应用较为广泛。

4. 第四代语言

第四代语言(4GL)属于非过程化语言,在使用 4GL 进行编码时,用户只需明确"做什么",而无须详细描述具体的算法实现细节。数据库查询和应用程序生成器是 4GL 的两个典型应用场景。以数据库查询语言(SQL)为例,用户在使用时,只需向 SQL 提供查找内容的相关信息,如查找的位置、依据的条件等,SQL 便能自动完成复杂的查找操作。例如,要查询每位学生的学号、姓名和年龄,只需使用"SELECT sno,sname,YEAR(CURDATE())-YEAR(sbirthday)FROM student;"这样的语句即可实现。

(二)程序设计语言的发展趋势

程序设计语言作为软件领域的核心要素,始终处于不断发展和演进的过程中,其发展趋势主要体现在模块化、简明性和形式化三个方面。

1. 模块化

在现代程序设计语言的发展中,模块化不仅体现在语言自身具备模块化的语法成分,使得程序可以由多个独立的模块组成,便于代码的组织、管理和复用;同时,语言的整体结构也朝着模块化的方向发展,各模块之间功能明确、接口清晰,提高了语言的可扩展性和维护性。

2. 简明性

随着技术的进步,程序设计语言越来越注重简明性。这意味着语言所涉及的基本概念更加精简,语法成分简单易懂,程序结构清晰明了,从而降低了学习和使用的难度,让更多人能够轻松掌握编程技能,提高软件开发的效率。

3. 形式化

为了更精确地描述语言的语法、语义和语用,发展合适的形式体系成为程序设计语言的重要发展方向。通过形式化的描述,能够提高语言的规范性和准确性,减少因理解差异导致的编程错误,为程序的正确性验证和自动化处理提供了有力支持。

(三)程序文件的执行过程详解

在计算机程序的世界里,从编写代码到程序能够在计算机上顺利运行,需要经历多个关键步骤。下面将详细介绍程序文件的执行过程,包括源程序、目标程序以及可执行程序的形成等重要环节。

1. 源程序

源程序,即源代码,是程序员用高级编程语言编写的文本文件,遵循特定语言规范,易于人类理解。它是软件开发的起点,可使用多种语言如 C、C++、Java、Python 等,它们各有特点来适应不同编程需求。但源程序不能直接执行,需处理后计算机才能运行。

2. 目标程序

计算机能够直接运行的程序被称为目标程序。目标程序是源程序经过特定处理后生成的机器码集合,其文件扩展名为.obj。这个处理过程由语言处理程序完成,语言处理程序包括汇编程序、编译程序和解释程序,它们负责将源程序翻译成与之等价的二进制代码,也就是计算机能够识别和执行的指令。目标程序中的机器码对于普通用户来说是不可读的(专业的计算机专家除外),例如"11010010 00111011"这样的二进制序列,它们是计算机硬件能够理解的指令形式。

将源程序翻译成目标程序主要有编译和解释两种方式,这两种方式各有优劣,适用于不同的编程场景,表 1-5 是两种翻译方式的比较。

表 1-5　编译方式和解释方式的比较

比较项目	编译方式	解释方式
概念差异	一次性把源程序整体翻译成目标程序	逐句读取并翻译执行源程序代码
资源消耗对比	翻译时需处理整个源程序,占用内存、CPU 资源多	运行时持续翻译,每次翻译少量代码,但整体资源占用时间长
执行效率分析	目标程序由编译器优化,执行时无须翻译,速度快	每次执行都需实时翻译,翻译过程影响速度,执行慢
应用场景区别	对性能要求高的场景,如操作系统、大型游戏开发	快速开发迭代的 Web 前端脚本、跨平台脚本工具开发

3. 可执行程序

目标代码是计算机可识别的指令,但不能独立运行,因为它缺少函数调用的相关信息或链接。链接程序将目标程序与库函数链接,形成完整的可执行程序。库函数是预编写的代码模块,链接程序匹配目标程序中的函数调用和库函数代码,最终生成扩展名为 .exe 的可执行程序。这个程序整合了所有必要代码和资源,用户可以直接双击运行。

源程序到目标程序的翻译过程如图 1-39 所示。

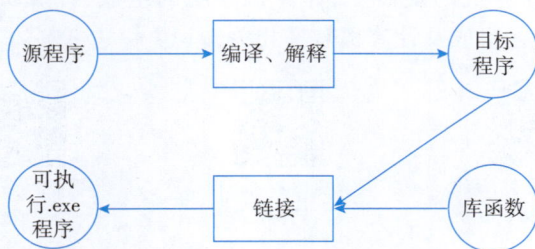

图 1-39　源程序到目标程序的翻译过程

了解程序文件的执行过程,对于程序员编写高效、可靠的代码,以及解决程序运行过程中出现的问题都具有重要意义。不同的编程语言和开发场景会选择不同的翻译方式和处理流程,合理运用这些知识能够提升软件开发的质量和效率。

👥➕ 任务实施

一、应用软件安装与使用

(1) 安装 WPS Office,要求安装到 D 盘的自定义目录下,并将安装过程截图到 WPS 演示文稿报告中。

（2）安装 Adobe Photoshop，要求安装到 D 盘的自定义目录下，并将安装过程截图并添加到 WPS 演示文稿报告中。

二、系统维护与优化

教师介绍系统维护的重要性，演示使用系统自带工具（如磁盘清理、磁盘碎片整理）和第三方软件（如 360 安全卫士）进行系统优化。学生进行实践操作，清理磁盘空间、优化系统性能，对比优化前后计算机的运行速度，并将操作过程截图到 WPS 演示文稿报告中。

三、小组展示

每个小组指定一名成员作为代表，负责向大家呈现他们团队计算机软件系统学习成果的 WPS 演示文稿，同时该代表还需要和大家分享本团队在软件系统操作过程中的心得体会。

四、教师点评与总结

一级真题
解析

（1）教师对各小组的展示结果进行点评，肯定优点，指出不足，并提出改进建议。

（2）教师对整个学习过程进行总结，强调掌握计算机软件知识和技能的重要性，以及团队合作和自主学习的意义。

项目小结

本项目主要讲解了计算机的发展史、计算机系统的组成、计算机内部数据的表示与运算、计算机硬件的物理装置组成及计算机软件相关知识。

计算机国考一级
模拟特训题目

计算机国考一级模拟
特训答案解析

数字强国
阅读材料

认识与使用 Windows 操作系统

项目概述

目前，Microsoft Windows 操作系统在全球计算机市场占比超 80%。其名称源于桌面的矩形工作区，各窗口能独立展示不同文档或程序，为多任务处理提供可视化模型，提升了用户操作的便捷性。

操作系统是计算机系统的核心，它为用户提供易用的交互界面，降低使用门槛；同时，统筹管理计算机软硬件资源，保障系统稳定高效运行。没有操作系统，硬件只是零散组件，无法执行任务。

Windows 11 是当下主流操作系统，由微软打造，具备全平台兼容性，可适配各类硬件。它融入先进技术，优化功能，为用户带来流畅、稳定、个性化的使用体验，巩固了在操作系统领域的优势。

本项目设有五个任务，助力学习者掌握输入设备及操作方法，熟练运用 Windows 基础操作，学会高效管理文件和文件夹，根据需求个性化设置系统环境，以及熟练使用系统小工具。完成这些任务，学习者能全面掌握相关知识，提升操作技能，为数字化环境下的工作和学习筑牢基础。

思维导图

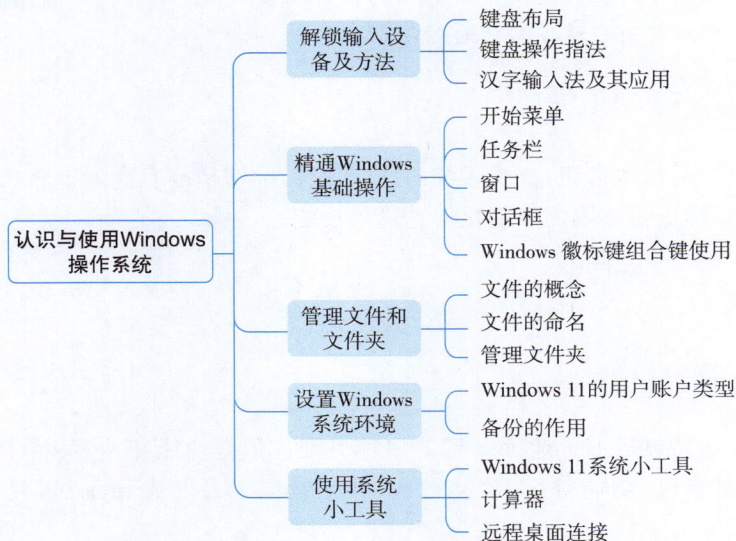

任务一　解锁输入设备及方法

🖥 任务导入

孙莉担任传媒艺术学院辅导员助理一职。今日,辅导员起草了一份"学生安全承诺书",并安排孙莉将其录入计算机。鉴于自身计算机操作经验尚浅,孙莉深知完成承诺书录入工作需先熟悉计算机键盘并熟练掌握输入法。为此,她在网上搜索并选用了金山打字通进行打字练习。经过练习,她的打字速度显著提升,随后高效完成了辅导员交办的任务。

接下来,让我们跟随孙莉的脚步,一同学习如何运用键盘进行文字录入工作。

📖 学习目标

1. 知识目标

(1)了解键盘键位。

(2)掌握正确的键盘操作指法。

(3)会安装和选用汉字输入法。

(4)熟练掌握汉字输入法。

2. 能力目标

能快速并正确利用键盘输入指定的内容到计算机中。

3. 素养目标

(1)提高学生的信息素养。

(2)提高学生的安全意识。

(3)培养学生的自主学习意识。

(4)培养学生践行对操作技能不断探索的工匠精神。

(5)培养学生对我国科技发展的自信心。

📋 任务描述

通过学习打字的基本常识,接受系统的技能训练,能够精准且高效地将所需信息录入计算机,从而熟练掌握这一重要的数字化信息输入技能。

⏱ 知识准备

一、键盘布局

常见的键盘布局包括 101 键、104 键等多种类型。依据功能特性,可将 101 键键盘划分为五个区域:主键盘区、功能键区、控制键区、数字键区以及状态指示区,具体分区详情如图 2-1 所示。

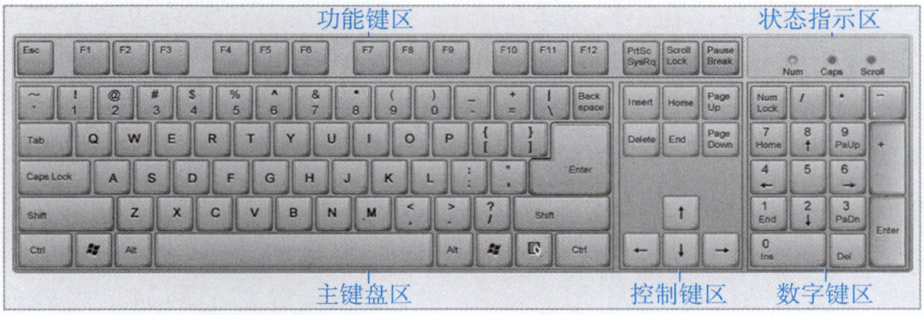

图 2-1　键盘布局

（一）主键盘区

主键盘区位于键盘中央，是使用最频繁的区域，按键分为字母键、数字（符号）键和功能键三类，分别用于输入字母、数字及符号、执行特定指令，为用户带来高效便捷的输入体验，是键盘核心组成部分。

1. 字母键

在主键盘区的核心位置，分布着 26 个字母键，键帽上清晰地标有大写字母。通过 Shift 等组合键，用户能轻松切换大小写输入模式，满足各类文本编辑需求。

2. 数字（符号）键

计算机键盘上，字母键旁是由 21 个按键组成的数字（符号）键区。这些按键为双字符键，印有上下两行符号，按下 Shift 键配合对应按键，可切换上下行符号，满足文本输入与数据处理对数字、运算、标点等常用符号的需求。

3. 功能键

功能键共计 14 个，其中 Alt、Shift、Ctrl、Windows 键各有 2 个，对称分布在键盘两侧，方便左右手操作。具体功能如下。

1）Caps Lock（大写字母锁定键）

Caps Lock 键在主键盘区最左第三排，用于切换英文大小写。初始状态为小写，按下该键后"Caps"指示灯亮为大写，再按一次灯灭恢复小写。

2）Shift（上档键，也叫换档键）

Shift 键主键盘区左右各有一个，可输入双字符键上方字符，也能临时切换字母大小写。

3）Ctrl（控制键）

Ctrl 是 control 的缩写，主键盘区左下角和右下角各有一个，需与其他键组合使用，在不同系统和软件中，组合功能不同。

4）Alt（转换键）

Alt 是 alternative 的缩写，位于空格键两侧，同样需与其他键配合使用，在不同操作系统和软件中，组合实现的功能各异。

（二）功能键区

功能键区位于键盘最上方区域，主要包含 Esc 键以及 F1～F12 功能键。这些按键各自承担特定功能，在计算机操作中发挥着重要的作用，能够有效提升用户操作效率，优化使用体验。

1. Esc 键

Esc 键即取消键，位于键盘左上角，是"escape"的缩写。它在多数软件中充当退出键，可快速结束当前操作或关闭软件。在不同场景下有特殊功能：在 Windows 文件资源管理器中按此键可返回上一级目录；Linux 命令行里能取消未执行命令；游戏中常用来暂停或呼出菜单。

2. F1～F12 功能键

F1～F12 功能键在不同软件和系统中有不同快捷指令，如 F1 常用来调用帮助文档。这些功能键对提升计算机操作效率很有帮助。

3. PrtScSysRq(屏幕硬拷贝键)

打印机处于联机状态时，按下 PrtScSysRq 键，计算机屏幕上的显示内容便能通过打印机输出。此外，按下此键还能将当前屏幕内容复制到剪贴板，方便后续粘贴使用。

4. Pause 或 Break(暂停键)

Pause/Break 键用于临时暂停任务，Ctrl＋Break 用于紧急终止进程，两者在命令行环境中尤为实用，但需注意系统和设备的兼容性差异。

(三) 控制键区

控制键区在主键盘区右侧，共 10 个按键，包含光标操作和部分页面操作功能键，主要用于文字处理时控制光标位置。部分按键的具体功能如表 2-1 所示。

表 2-1　控制键功能列表

按键	功能
Page Up(向上翻页键)	屏幕显示内容将向前翻一页，常用于浏览文档、网页或其他具有多页内容的场景中，方便用户快速返回上一页面查看信息
Page Down(向下翻页键)	屏幕显示内容将向后翻一页，与 Page Up 键的功能相反。在浏览长文档、网页或电子表格等多页内容时，用户可通过此键便捷地查看后续页面的信息
Home 键	光标快速定位至当前行的起始位置
End 键	光标快速移动到本行的末尾
Insert 键	可改变文本的插入与改写状态
Delete 键	删除光标所在位置上的字符

(四) 数字键区

数字键区又称为"小键盘区"，位于键盘右侧。此区域共有 17 个按键，其中多数为双字符键，涵盖了 0～9 的数字键，以及常用的加、减、乘、除运算符号键。这些按键在数据录入、数学计算等场景中发挥着重要作用，能够高效地输入数字和运算符号，大幅提高工作效率。

1. Num Lock (数字锁定键)

Num Lock 键位于小键盘左上角，它控制着数字键区功能切换。当 Num Lock 指示灯亮起，数字键区可输入数字；指示灯熄灭时，数字键区变为编辑键，用于控制光标移动，其指示灯在键盘右上角最左侧。

2. 插入键

插入键实际上是一个双字符键，其键帽上标有数字 0，下方则是插入和改写的切换功能标识。该键的具体功能取决于用户的操作，按下此键可在插入模式和改写模式之间进行切换。

3. 运算符号键

运算符号键包含加(＋)、减(－)、乘(＊)、除(/)运算符。这些按键主要用于进行数学计算或涉及公式编辑等场景时,输入相应的运算符号,以便准确表达运算关系,帮助用户快速完成各类数学运算操作。

4. Enter 键

数字键区的 Enter 键也叫小 Enter 键,与主键盘上的 Enter 键功能完全相同。

(五)状态指示区

状态指示区位于数字键区的上方,包括 3 个状态指示灯,用于提示键盘的工作状态。这些指示灯能直观地向用户展示键盘当前的工作模式,方便用户在操作时及时了解并做出相应调整。

二、键盘操作指法

键盘操作指法基于人体工程学与高效输入原则,明确划分打字键区键位至双手各手指。其中,主键盘区第 3 排的 A、S、D、F、J、K、L、;8 个键为基准键位,击键时手指从基准键位伸出,击键后需迅速返回,如图 2-2 所示。

正确指法既能大幅提升输入速度,又能提高准确性、降低错误率、提升工作效率。

图 2-2　基准键位区图

键盘键位与手指的对应关系如图 2-3 所示,建议使用者参照练习,掌握规范指法。

图 2-3　键盘指法分区图

教学视频:
键盘操作
指法

三、汉字输入法及其应用

(一)汉字输入法类型

1. 音码类

依据读音编码,通过读音与字符映射实现快速输入,如搜狗拼音、QQ 拼音等输入法应用广泛,手心拼音等新型输入法也丰富了选择。

2. 形码类

按字形编码,拆解汉字部件赋予代码,重视结构笔画。五笔是常见形码输入法,输入快、重码少;郑码、仓颉等输入法较小众。极点输入法专注形码,搜狗、QQ 等集成五笔输入法。

3. 音形码类及其他

双拼是拼音提速方式,可加辅助码的双拼优势明显。搜狗、QQ 等拼音输入法需按 Tab 键加辅助码,能直接加辅助码且支持词组辅助码的双拼输入更高效。早期自然码等及现在的手心输入法,在辅助码功能上还有提升空间。目前还有语音输入法和手写输入法被广泛使用。

(二)安装与删除中文输入法

1. 安装内置中文输入法

右击语言栏,在弹出的快捷菜单中选择"设置",在弹出的"语言和区域"窗口中,可以看出系统默认已经添加了中文输入法。如果要添加其他内置的中文输入法,方法如下:

(1)单击"简体中文"后面的"语言选项",如图 2-4 所示。

(2)在弹出的"语言选项"窗口中,可以看到在"输入法"下列出了已经安装的输入法。

(3)单击"添加键盘",将弹出"输入法"窗口,内置有微软拼音、微软五笔两种输入法,如单击微软五笔,如图 2-4 所示,即完成内置输入法添加。

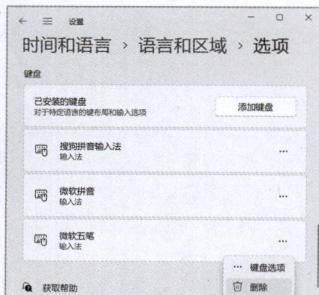

2. 安装其他中文输入法

Windows 11 系统内置微软拼音和微软五笔两种中文输入法。若无法满足需求,用户可安装搜狗输入法、QQ 输入法、谷歌输入法等第三方输入法,这些输入法需下载安装后使用。其中,搜狗拼音输入法用户群体较为庞大。

3. 删除中文输入法

在 Windows 11 系统中,用户可以对已安装的输入法进行删除。具体操作步骤如下:

(1)在"语言和区域"窗口中,单击"简体中文(中国大陆)"右侧的"选项"将弹出"语言选项"窗口。

(2)在"语言选项"窗口中,单击要删除的输入法(如微软五笔)右侧的…,单击"删除"即完成,如图 2-5 所示。

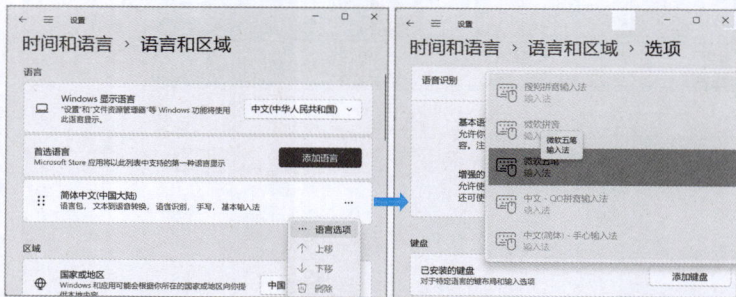

图 2-4　添加内置输入法　　　　　　　　　图 2-5　删除中文输入法

4. 汉字输入法基本操作

(1)启动或关闭中文输入法:按下 Ctrl+Space 组合键,即可实现中文输入法的启动与关闭。

(2)输入法的切换:按下 Ctrl+Shift 组合键,用户能够在已安装的输入法之间进行便捷切换,满足不同输入场景的需求。

(3)中/英文切换:按下 Ctrl+Space 组合键,便可轻松实现同一个输入法内中文输入法和英文输入法之间的切换。

（4）全角/半角切换：若需进行全角和半角的切换，按下 Shift＋Space 组合键即可完成操作。

👥 任务实施

一、打字常识学习

启动金山打字通 2016，依次单击界面中的"新手入门"→"打字常识"进入打字常识相关知识（如认识键盘、打字姿势、基准键位、手指分工等）学习，通过单击"下一页"切换知识点并完成对应练习。

教学视频：
正确坐姿

二、键盘练习

启动金山打字通 2016，分别单击"字母键位""数字键位""符号键位"及"键位纠错"，进入对应的练习界面，放好手指位置，根据提示进行指法练习，不断提高自己的打字速度和正确率。

三、练习英文打字和拼音打字

在金山打字通 2016 初始界面中分别选择英文打字和拼音打字，按照提示选择相应的音节、词组或者文章进行打字练习。

四、"学生安全承诺书"的录入

学会文字录入的方法后，请按以下步骤，完成汉字录入任务：

（1）单击"开始"菜单→"Windows 附件"→"记事本"项打开记事本。

（2）选择一种汉字输入方法。

（3）输入图 2-6 所示"学生安全承诺书"的内容。

学生安全承诺书

　　安全是学习与生活的基本保障，为维护自身和他人的安全，营造良好的校园氛围，我郑重承诺：

　　一、校园活动安全

　　（1）参加校园组织的各类活动，无论是学术讲座、文艺汇演还是体育赛事，都严格遵守活动秩序，听从现场工作人员指挥，不擅自行动。

　　（2）使用校园内的运动器材、实验室设备等，提前了解使用方法和注意事项，不违规操作。实验课程中，按照老师指导使用化学试剂、仪器设备，不随意混合药品，避免发生安全事故。

　　（3）上下楼梯靠右行，不奔跑、不推搡，遇到紧急情况，保持冷静，按照学校制定的疏散路线有序撤离。

　　二、网络安全

　　（1）合理使用网络，不沉迷网络游戏、网络直播等，控制上网时间，避免影响学习和生活。

　　（2）保护个人隐私，不随意在网络上透露姓名、身份证号、家庭住址、银行卡号等重要信息，防止个人信息泄露导致的诈骗风险。

图 2-6　学生安全承诺书

一级真题题目

一级真题素材

一级真题操作演示视频

（3）不信谣、不传谣，不浏览传播不良信息如暴力、色情、恐怖等内容，不参与网络赌博、非法集资等违法活动。

三、社交安全

（1）在校园内外与他人交往，秉持真诚友善原则，不参与校园欺凌、打架斗殴等暴力行为。遇到矛盾纠纷，通过老师、家长或相关部门解决，不私下报复。

（2）谨慎对待陌生人的搭讪和邀请，不轻易接受陌生人的礼物、食品和饮料等，避免陷入危险或遭受侵害。

（3）参加校外社交活动，提前告知家长活动时间、地点、参与人员等信息，保持通信畅通，按时回家。

四、日常生活安全

（1）注意饮食卫生，在学校食堂或正规餐饮场所就餐，不购买和食用“三无”食品、过期变质食品，不喝生水。

（2）保持宿舍整洁卫生，遵守宿舍管理制度，不使用违规电器，如电炉、热得快等，不私拉乱接电线，离开宿舍时关闭电器、门窗，确保用电和财产安全。

（3）积极参加学校组织的安全教育课程和应急演练，学习掌握基本的安全知识和急救技能，如火灾逃生、地震避险、心肺复苏等。

我深知安全责任重大，以上承诺我将严格遵守，如有违反，愿意承担相应责任。

图 2-6（续）

任务二　精通 Windows 基础操作

任务导入

小张是刚入学的大学生，自恃中学接触过计算机知识，对“信息技术”课程不以为意。但看到课程作业要求对 Windows 11 桌面进行系统设置，涵盖“开始”菜单、任务栏调整、桌面项目定制等复杂内容，他从未学过这些知识，只好向王老师求助。

来到办公室，小张看到王老师桌面图标左右分列，左侧为系统默认，右侧为自建文件，布局清晰。反观自己杂乱无章的桌面，连将图标排列到右侧都做不到。王老师见状，告诉他只需右击桌面空白处，取消“排列图标”中的“自动排列”选项即可。王老师还提到，Windows 11 默认“开始”菜单使用不便，其实简单设置就能符合个人习惯。下面就来学习如何定制桌面，让其兼具实用与美观。

学习目标

1. 知识目标

（1）熟悉“开始”菜单的布局内容。

（2）掌握任务栏的基本设置。

（3）熟悉并掌握窗口的相关知识及操作。

（4）熟练掌握对话框的使用。

2. 能力目标

（1）能完成"开始"菜单的设置。

（2）能完成任务栏的基本设置。

（3）熟悉窗口的各种基本操作并熟练应用。

（4）能用所学到的知识完成个性桌面定制。

3. 素养目标

（1）提高学生的信息素养。

（2）培养学生的自主学习意识。

（3）培养学生对科学技术的热爱之情。

（4）培养学生的知识应用能力及动手操作能力。

任务描述

在 Windows 操作系统环境下，进行一系列基础操作，涵盖"开始"菜单的个性化定制、任务栏的参数配置、桌面背景的选择与设定、主题的切换与应用，以及桌面图标排列方式的调整。

知识准备

一、开始菜单

在 Windows 11 操作系统中，"开始"菜单呈现出清晰且有序的布局，如图 2-7 所示，自上至下可明确划分为三个主要部分，各部分承担着独立且关键的系统功能，协同为用户提供高效便捷的操作体验。

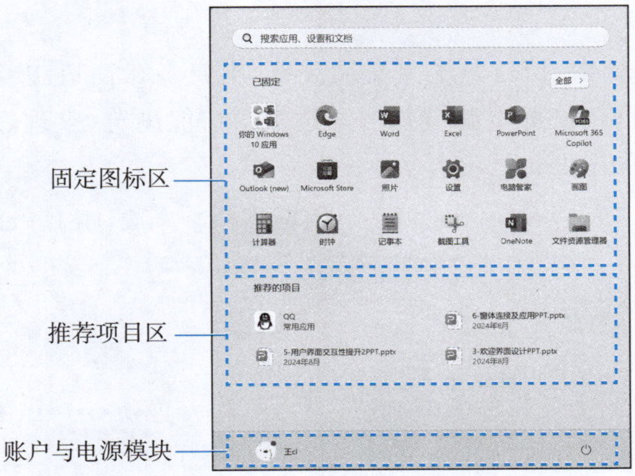

图 2-7　"开始"菜单结构

顶部固定图标区：显示用户固定的常用应用快捷方式，可快速启动；支持查看所有已安装应用列表，便于检索调用。

中间推荐项目区：通过智能算法，展示高频使用或近期新增/访问的项目，贴合使用习惯,减少查找时间。

底部账户与电源模块:集成账户管理(信息查看、安全设置、多账户切换)和电源控制(关机、重启、睡眠等模式),满足个性化与场景化需求。

在图2-7所示窗口中,右击最上方区域应用程序图标处,可实现多项功能:取消该应用程序在开始屏幕的显示;可对其位置进行调整;卸载该应用程序。

二、任务栏

开机后,首先映入眼帘的便是 Windows 系统的任务栏,如图2-8所示。深入了解任务栏的组成结构与各项功能,并熟练应用,不仅能提升操作效率,还能优化使用体验。

图 2-8　Windows 11 任务栏

(一)开始菜单

任务栏的最左侧是 Windows 徽标键,单击该图标即可打开开始菜单。徽标键支持右键操作,右击后会弹出一些快捷方式,使用起来十分便捷。

(二)搜索框

紧挨着 Windows 徽标键的是任务栏搜索框。在搜索框中输入相应关键词,系统会迅速筛选并展示与之匹配的结果,这大大提高了用户获取所需内容的效率。

(三)系统托盘

系统托盘在任务栏右侧,显示系统时钟、音量等系统状态图标及部分后台应用图标,方便用户查看和调整系统状态,还能自定义显示图标。

三、窗口

(一)窗口构成

在 Windows 11 系统中,窗口是重要交互对象,用户多在窗口中与计算机交互。比如双击桌面"此电脑"图标可打开"此电脑"窗口,通过该窗口能浏览、整理、编辑、删除计算机内的资料,其具体组成部分如图2-9所示。

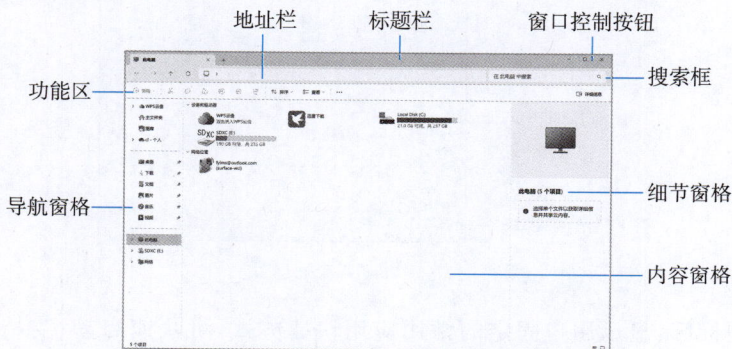

图 2-9　"此电脑"窗口

1. 标题栏

标题栏位于窗口的最顶端,其左侧显示着当前打开对象的名称,方便用户快速识别当前所处的操作界面。

2. 窗口控制按钮

标题栏右侧有 3 个窗口控制按钮,可实现窗口最小化、最大化和关闭操作。"最小化"按钮 ▬ 能使窗口缩至任务栏后台运行;"最大化"按钮 ▢ 让窗口占满屏幕,最大化后该按钮变为"还原"按钮 ◳ ,单击可恢复窗口原大小;"关闭"按钮 ✕ 用于直接关闭窗口,释放系统资源。

3. "后退"和"前进"按钮

操作界面中的"后退"和"前进"按钮用于快速切换位置,"后退"返回上一浏览处,"前进"前往下一位置,单击"前进"按钮右侧箭头可弹出浏览列表,便于快速定位,提升操作效率。

4. 地址栏

地址栏是输入文件地址的重要区域,支持多种访问方式。用户可从下拉菜单选取历史地址,访问本地或网络文件夹,也能直接输入网址上网。输入"桌面""视频"等系统位置关键词或常用文件分类,可快速跳转至对应位置,简化操作,提高计算机使用效率。

5. 功能区

地址栏下方的功能区集成常用操作按钮,是文件操作的好帮手。用户通过它能新建或打开文件、共享文件,还能调整视图,无论是办公还是管理文件都更便捷高效。

(二) 窗口的操作

1. 移动窗口

使用鼠标左键单击窗口标题栏,按住鼠标左键不松开,同时拖动窗口标题栏到合适的位置,最后松开鼠标左键,窗口即可完成移动。

2. 最大/最小化窗口

双击窗口标题栏空白处,可实现窗口最大化与原始大小的切换;单击"最小化"按钮能将窗口缩小到任务栏,单击任务栏对应按钮可还原窗口;按 Win+D 组合键,能快速最小化所有窗口,显示桌面。

3. 改变窗口大小

将鼠标指针移至窗口的四条边或四个角,当鼠标指针变为双向箭头时,按住鼠标左键并拖动,就能根据需求改变窗口的宽度或高度。

4. 切换窗口

在程序按钮区,直接单击想要切换的程序按钮,即可快速切换到对应的程序窗口。也可以通过按住 Alt 键不松手,反复按 Tab 键或者按住 Alt 键不松开,反复按 Esc 键来进行窗口的切换。

5. 关闭窗口

直接单击窗口右上角的"关闭"按钮,或者在任务栏中,找到该窗口对应的按钮,右击,在弹出的快捷菜单中选择"关闭"命令都可以关闭窗口。也可以通过 Alt+F4 组合键来关闭窗口。

四、对话框

对话框是一种特殊的窗口，专门用于执行特定任务。当用户执行特定操作，或者选择了右侧带有"…"标识的菜单命令时，系统就会弹出对话框。在对话框中，用户可以输入必要信息，也能进行各类选择和设置，以此与系统进行交互，完成相应的任务流程。

五、Windows 徽标键组合键使用

Windows 徽标键有许多实用的组合键，表 2-2 为一些常见组合键的功能介绍。

表 2-2　常用 Windows 徽标键组合键及功能

组合键	功　能	组合键	功　能
Windows 徽标键+←	将当前窗口移到左侧	Windows 键+X	打开"开始"按钮右键菜单
Windows 徽标键+→	将当前窗口移到右侧	Windows 键+,	暂时隐藏窗口以显示桌面
Windows 徽标键+↓	将当前窗口移到底部	Windows 键+L	锁定 PC 并转到锁定屏幕
Windows 徽标键+↑	将当前窗口移到顶部	Windows 键+I	打开 Windows 11 设置
Windows 徽标键+A	打开 Windows 11 通知中心	Windows 键+E	打开文件资源管理器
Windows 徽标键+Tab	打开一个新的任务视图界面，显示此虚拟桌面上的所有当前窗口	Windows 键+D	最小化所有窗口并转到桌面，重按恢复
Windows 徽标键+S	打开 Cortana（搜索）输入文字后进行搜索	Windows 键+T	循环访问任务栏上的程序，按下 Enter 键启动该应用程序

任务实施

一、系统软硬件性能查看

（一）系统属性

操作步骤：

（1）打开"设置"界面。可以通过单击"开始"菜单中的"设置"齿轮图标，或者直接按下 Windows+I 组合键来实现。

（2）进入"系统信息"页面。在"设置"界面中，选择"系统"选项，随后在右侧菜单中单击"系统信息"，可以在打开的"系统信息"页面中看到设备规格及 Windows 规格等相关信息。

（二）设备管理器

操作步骤：

（1）打开设备管理器有三种方式：一是按 Win+X 组合键，在弹出菜单选"设备管理器"；二是单击"开始"菜单，在搜索框输入"设备管理器"，然后单击搜索结果；三是按 Win+R 组合键，在运行对话框输入"devmgmt.msc"，按 Enter 键启动。

（2）打开设备管理器后，窗口按类别罗列计算机的硬件设备，如处理器、显示适配器等。展开感兴趣的设备类别，可查看该类别下具体设备。

（3）在设备列表中选中设备，右击，在弹出菜单中选择"属性"选项，弹出设备属性窗口，可查看基本信息。单击"驱动程序详细信息"按钮，能了解驱动程序依赖的文件及路径。

二、自定义开始菜单

操作：打开 Windows"设置"界面，开启开始菜单中的所有设置，将最近添加的程序和最常用的应用显示在推荐项目中。

操作步骤：

（1）单击"开始"菜单，找到形似齿轮的"设置"图标并单击，即可打开设置界面。

（2）在设置菜单中，单击"个性化"选项，进入个性化设置界面。在该界面菜单中，单击"开始"选项，跳转至"开始"设置页面，仔细查找并勾选其中所有可设置项，确保开启全部设置。完成上述设置后，返回左下角的"开始"菜单，即可查看设置生效后的效果。

三、任务栏设置

（一）打开任务栏设置界面

将鼠标指针移至桌面任务栏的空白区域，右击弹出快捷菜单，找到名为"任务栏设置"的选项并单击，即可成功进入任务栏设置页面。

（二）显示/隐藏任务栏上的图标

在"任务栏项"板块，可设置任务栏图标显示与否。比如"任务视图"，在任务栏设置页面中，打开其右侧开关，图标就会显示在任务栏；关闭开关，图标即被隐藏。

（三）自动隐藏任务栏设置

进入设置页面后，在"任务栏行为"板块中，找到"自动隐藏任务栏"选项，单击勾选，便可成功开启桌面模式下自动隐藏任务栏功能，取消勾选则可使任务栏重现。

（四）托盘图标的显示与隐藏

在图 2-10 所示的"系统托盘图标"和"其他系统托盘图标"模块中，用户可对托盘中的图标执行显示与隐藏设置操作。具体方式为：若需显示某一图标，仅需打开该图标右侧的开关按钮；若要隐藏，则将此开关按钮关闭即可。

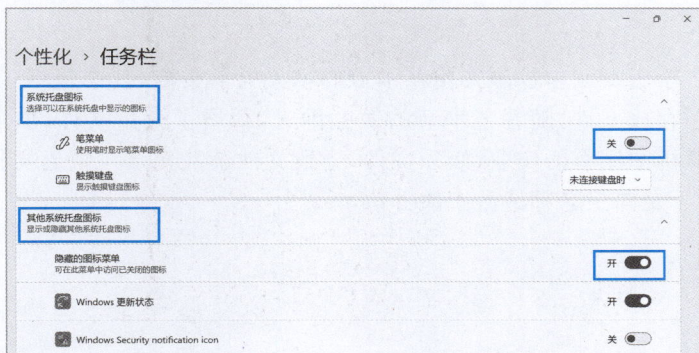

图 2-10　托盘图标的显示与隐藏

（五）将应用/程序,固定到任务栏

选中"应用/程序"的图标,按住鼠标左键,拖动图标到任务栏,即完成固定到任务栏。

四、更改桌面背景及主题

操作:更改桌面背景为图片轮流显示,并个性化设置主题。

操作步骤:

（1）单击桌面左下角图标▓▓,在弹出的菜单中,找到并单击齿轮形状的"设置"图标。

（2）进入设置界面后,选择"个性化"选项。

（3）进入"背景"选项后,即可选择"幻灯片放映模式",单击"浏览"找到自己想要作为桌面背景的图片,设置图片切换频率及图片顺序,关闭窗口即可。

（4）重复步骤（1）～（2）,单击"主题"选项。

（5）在右侧页面中,按照需求设置当前主题的"背景、颜色、声音、鼠标及光标"。

（6）设置完成,关闭窗口即可。

五、个性化摆放桌面图标

一级真题
题目

一级真题
素材

一级真题
操作演示
视频

操作步骤:

（1）右击桌面空白处,单击图 2-11 所示最上方的"查看"选项。

（2）在图 2-11 所示,"查看"的下拉菜单窗口中,可看到"自动排列图标"等功能选项。

（3）若不勾选"自动排列图标",即可按照个人需求自由摆放桌面图标。

虽然这些选项可以全部选择,但全部选择可能无法展示个性化的桌面布局。

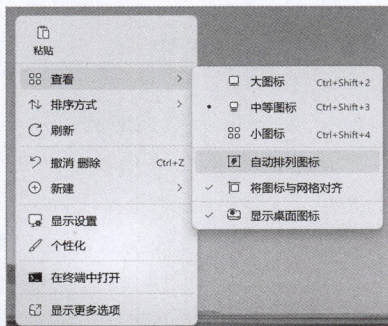

图 2-11　桌面图标排列选项卡

任务三　管理文件和文件夹

🖥 任务导入

学生会秘书小李负责制作校园文化艺术节的相关电子文档,其中包括工作计划、宣传海报等。起初他随意存放文件,随着艺术节的筹办推进,新增了大量文件,加上其他学生会干部的文件以及计算机中原有的作业、娱乐文件,导致文件杂乱无章。缺乏文件管理经验的小李不知如何处理,于是向王老师请教解决办法。

📖 学习目标

1. 知识目标

（1）熟悉文件及文件夹的定义、属性及特点。

（2）熟悉并掌握文件夹的命名规则。

（3）掌握文件和文件夹的基本操作方法。

（4）熟悉并掌握计算机系统中文件的管理方式。

（5）熟悉文件的查找与查看方法。

2. 能力目标

（1）能完成文件夹的"新建""重命名""复制""粘贴""删除""移动到"等操作。

（2）能应用文件及文件夹命名规则区分文件类型。

（3）能应用计算机系统中文件的管理方式进行文件管理。

（4）能应用文件的查找与查看功能,寻找文件、查看文件信息等。

3. 素养目标

（1）提高学生的信息素养能力。

（2）提高学生的信息处理能力。

（3）培养学生的管理分类及整理能力。

（4）培养学生对科学技术的热爱之情。

（5）培养学生对我国科技发展的自信心。

📋 任务描述

　　熟练掌握文件及文件夹的基础操作,能够根据具体要求创建指定文件,并对其属性进行个性化设置,同时能够高效地完成文件夹的搜索与查看工作。

⏱ 知识准备

一、文件的概念

　　在 Windows 系统中,文件是系统管理的最小单位。计算机里的文档、照片、音乐、电影、应用程序等各类数据,都以文件形式存储于磁盘、光盘、U 盘等存储介质中。文件的内容丰富多样,包括记录、文档、照片、音视频、电子邮件等,但计算机不属于文件范畴。

二、文件的命名

一个完整的文件通常涵盖主文件名、文件扩展名以及文件图标三个要素。

（一）主文件名

主文件名与扩展名以小数点分隔,用户可自定义。Windows 系统中,文件名由英文字母、数字、汉字和特定符号组成,总字符数（含盘符和路径）不超过 255 个,汉字占两个字符长度,除开头外可含空格,禁用?、"、/、\、<、>、*、|、：等符号,不区分大小写,显示时保留原格式。

（二）文件扩展名

文件扩展名是识别文件类型的标识,决定文件格式和打开程序。Windows 对部分扩展名有规定,修改不当会导致系统无法识别或无法打开文件,常见的扩展名如表 2-3 所示。

表 2-3　常用文件扩展名

扩展名	定义	扩展名	定义
.exe	可执行文件	.avi、.mp4 等	视频文件
.png、.bmp、.jpg 等	图像文件	.doc、.docx 等	WPS 文档文件
.rar、.zip	压缩包文件	.wav、.mp3 等	音频文件
.txt	文本文件	.htm、.html	网页文件

（三）文件图标

文件图标在"文件资源管理器"中直观展示文件类型，与扩展名相关，相同扩展名文件通常对应相同图标，便于用户快速区分和管理文件。

三、管理文件夹

（一）文件夹

文件夹是存储程序、文档、快捷方式及其他文件夹的容器，通过分类存放文件来实现高效管理，就像在文件柜中整理纸质文件。文件夹可包含子文件夹，由文件夹名和图标组成，通过图标可预览内容，如图 2-12 所示。

（二）文件的管理方式

计算机系统采用树状管理方式管理文件，如同仓库按类别分区存放货物。用户按文件特征或属性分类存储，形成文件与文件夹的隶属关系。树状目录形似倒置的树，根目录为树根，子目录是分支，分支可延伸新分支或承载文件（叶片），如图 2-13 所示。这种层级化目录结构，能高效组织磁盘文件，便于文件保存与提取。

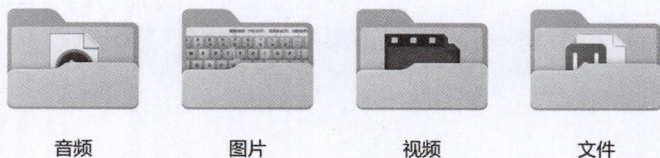

音频　　图片　　视频　　文件

图 2-12　文件夹外观及预览

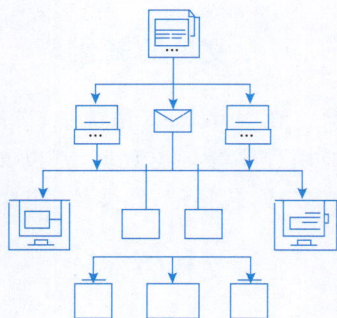

图 2-13　文件的树状管理

（三）桌面快捷方式

在 Windows 系统中，左下角带箭头的图标是快捷方式，用于快速启动应用、打开文件或文件夹。它是指向原始项目的链接，并非项目本身，删除快捷方式不会影响其链接的应用程序、文件或文件夹。

任务实施

一、磁盘属性的查看与设置

（一）查看磁盘属性

操作：查看磁盘属性和容量可管理空间、维护性能、助力数据备份、排查故障及确定软件安装空间。

操作步骤：双击桌面上的"此电脑"图标，将其打开；找到并选中需要优化的磁盘，右击，在弹出的快捷菜单中选择"属性"选项，打开属性对话框，就可以查看磁盘属性和磁盘容量。

（二）优化磁盘驱动器，进行碎片化整理

操作：磁盘驱动器碎片化整理可提升读写速度、提高系统性能、延长磁盘寿命并节省存储空间。

操作步骤：找到并选中需要优化的磁盘，右击，在弹出的快捷菜单中选择"属性"选项，打开属性对话框；对照图 2-14，在打开的"属性"对话框中，单击"工具"选项卡。随后，在"工具"属性框里单击"优化"按钮，即可开始优化磁盘。

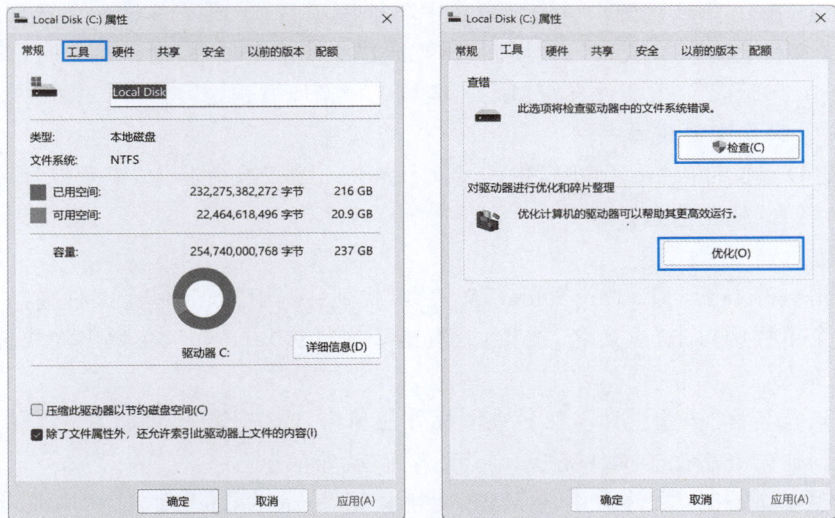

图 2-14　对驱动器进行优化和碎片化整理

（三）检查驱动器中的文件系统错误

操作：检查驱动器文件系统错误，提升系统稳定、保证软件运行、维护硬件健康。

操作步骤：找到并选中需要优化的磁盘，打开"属性"对话框。对照图 2-14，在"工具"属性框里单击"检查"按钮，即可开始检查驱动器中的文件系统错误。

二、文件和文件夹的基本操作

（一）文件夹和文件的新建

操作：在 D 盘根目录下创建一个名为"myfolder"的文件夹，该文件夹用于存放用户工作

教学视频：
文件夹和
文件的新建

相关的各类文件。完成创建后,进入"myfolder"文件夹,在其中再分别建立两个子文件夹,一个命名为"article",用于存储文章类文件;另一个命名为"work",用于存放工作相关的其他文件。

操作方法:

(1) 双击打开"此电脑",进入 D 盘目录。

(2) 在 D 盘界面中,选择"新建"选项,并单击其中的"文件夹"命令。

(3) 出现一个新建的文件夹,将其命名为"myfolder"。

(4) 在新建文件夹外部单击,或者按"Enter"键,以确认文件夹名称的修改。

(5) 打开已创建的 D 盘"myfolder"文件夹,再次重复(2)~(4),在"myfolder"文件夹内创建新的子文件夹,并分别将其命名为"article"和"work"。

练习:在 D 盘"myfolder"文件夹的"article"子文件夹里,新建名为"article. doc"的 WPS 文字 文档;在"myfolder"文件夹中新建名为"spark"的子文件夹,新建名为"introduce. doc"的 WPS 文字文档。

(二) 选定文件或文件夹

选定文件或文件夹的方法多样:单击可选中单个;在文件夹窗口按住左键拖动,框选目标后松开能实现拖动选定;多选时,先单击首个项目,按住 Shift 键,再单击最后一个项目可选定连续内容,按住 Ctrl 键依次单击则可选中不连续项目;单击菜单栏相关选项选择"全部选定"可选中文件夹内所有文件,选"反向选择"能选中未选定项目;撤销选定时,按住 Ctrl 键单击可取消单个选定,单击文件夹窗口空白区域可撤销所有选定。

(三) 文件夹和文件重命名

操作:把 D 盘文件夹"myfolder"中的子文件夹"article"重命名为"毕业设计"、子文件夹"work"重命名为"就业信息"。

操作方法:

(1) 双击打开 D 盘,进入"myfolder"文件夹,找到并选中"article"子文件夹。

(2) 在菜单栏中单击"重命名"按钮,或右击子文件夹"article",在弹出的快捷菜单中单击"重命名"命令。

(3) 输入新名称"毕业设计",然后在图标外面单击,或按 Enter 键。

(4) 用同样的方法把子文件夹"work"改名为"就业信息"。

练习:把"毕业设计"文件夹中的 WPS 文字文档"article. doc"改名为"毕业设计 . doc",把"就业信息"文件夹中的 WPS 文字文档"introduce. doc"改名为"求职简历 . doc"。

(四) 文件和文件夹复制移动

操作 1:将 D 盘文件夹"myfolder"中的所有内容复制到可移动磁盘(闪存、U 盘)的"毕业资料"文件夹中。

操作方法:

(1) 打开 D 盘"myfolder"文件夹,选定其中所有对象。

(2) 在菜单栏中选择"编辑"→"复制";或按键盘的 Ctrl+C 组合键。

(3) 打开可移动磁盘(闪存、U 盘)中的"毕业资料"文件夹。

(4) 在菜单栏中选择"编辑"→"粘贴";或按 Ctrl+V 组合键。

操作 2:将 C 盘"我的文档"文件夹中的"论文提纲 . doc"文件移动到 D 盘"myfolder"文

教学视频:
文件夹和
文件的
重命名

件夹"毕业论文"文件夹中。

操作方法：

（1）打开"我的文档"，选择文件"论文提纲.doc"。

（2）在菜单栏中选择"编辑"→"剪切"；或单击工具栏的"剪切"按钮。

（3）打开 D 盘的"myfolder"文件夹，再打开"毕业论文"文件夹。

（4）选择"编辑"→"粘贴"；或右击"毕业论文"文件夹空白处，在弹出的快捷菜单中选择"粘贴"；或单击工具栏的"粘贴"按钮；或按"Ctrl＋V"快捷键。

（五）文件和文件夹的删除

操作：删除"D：\myfolder"文件夹中的子文件夹"spark"。

操作方法：

（1）打开 D 盘的"myfolder"文件夹，再选定"spark"子文件夹。

（2）在菜单栏中选择"文件"→"删除"，或单击窗口工具栏的"删除"按钮。

（3）在弹出"确认文件（夹）删除"提示框中，单击"是"按钮，即可删除选定对象。

三、文件及文件夹的属性设置

（一）隐藏文件夹的设置与显示

操作 1：如图 2-15 所示，对新建文件夹中"文件"文件夹进行隐藏属性设置及取消。

操作方法：选定"文件"文件夹，右击调出快捷菜单，从中找到并单击"属性"选项。在弹出的文件属性窗口中，勾选"隐藏"选项，即设置隐藏属性，取消勾选则取消设置。具体操作步骤如图 2-16 所示。

选定的文件夹设置为隐藏状态后文件夹呈现灰色状态，但是还可以看到该文件夹，并未真正隐藏，效果如图 2-17 所示。

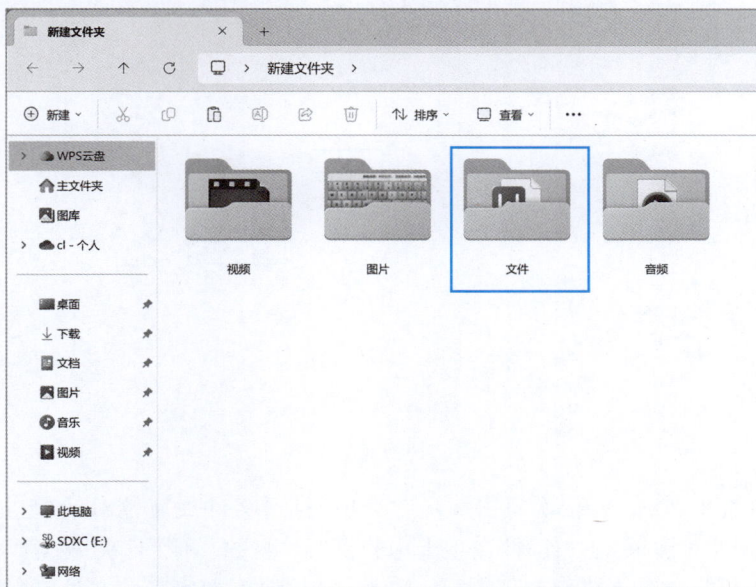

图 2-15　文件夹示意图

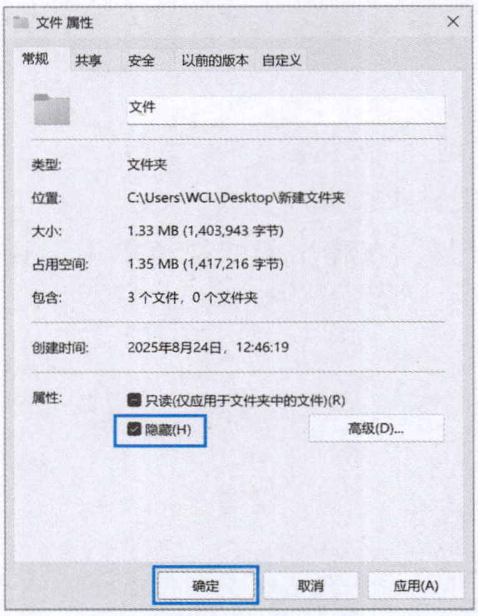

图 2-16　文件夹属性窗口

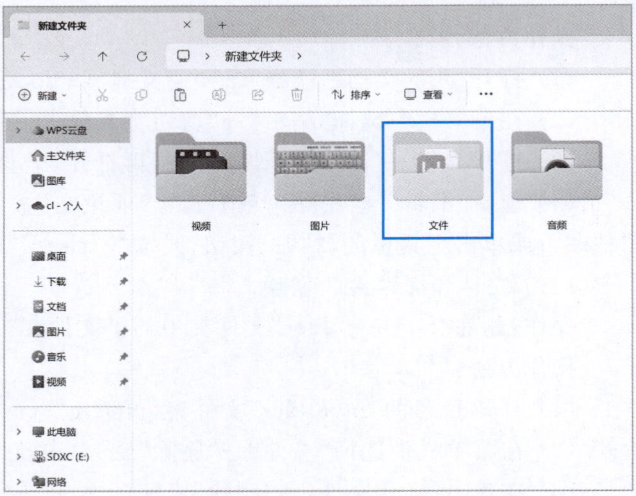

图 2-17　隐藏文件夹示意图

操作 2：设置隐藏文件及文件夹的可见性。

操作方法：

方法一：在图 2-18 所示界面单击"查看"，在其菜单中单击"显示"，在下拉菜单中取消勾选"隐藏的项目"，隐藏文件及文件夹不可见，勾选则再次显示。

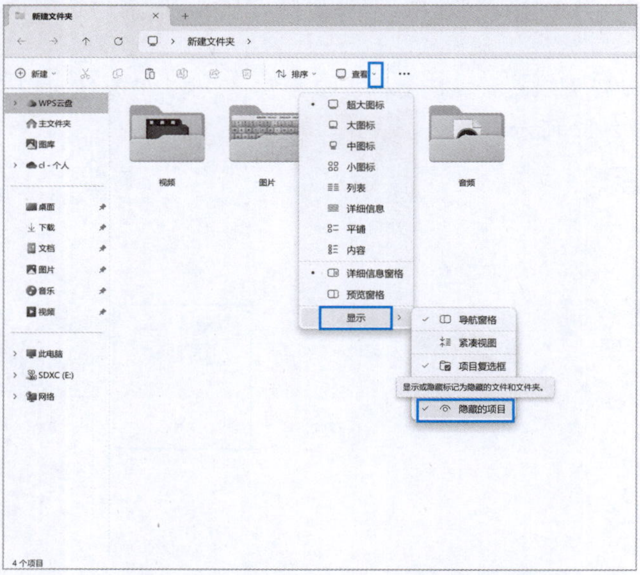

图 2-18　显示窗口

方法二：如图 2-19 所示，依次单击"…""选项"打开文件夹属性对话框，进入图 2-20 所示的"文件夹选项"对话框，在"查看"选项卡中找到"隐藏文件和文件夹"选项（图 2-21），勾选"不显示隐藏的文件、文件夹或驱动器"并单击"确定"按钮可彻底隐藏文件，勾选"显示隐藏的文件、文件夹和驱动器"并单击"确定"按钮可让已隐藏文件及文件夹再次显示。

图 2-19　查看窗口

(二) 只读文件夹的设置与取消

设置只读以后该文件夹中的数据就只能查看，即使修改数据也无法保存在原文件中，只能进行另存为，因此只读模式并不能保障重要数据的安全。

操作步骤：

(1) 右击文件夹，在弹出的快捷菜单中单击"属性"，打开文件夹属性窗口。

(2) 在图 2-22 所示"常规"界面中勾选"只读(仅应用于文件夹中的文件)"复选框，单击"确定"按钮。在"确认属性更改"弹窗中单击"确定"按钮即可。取消只读只需在"常规"界面取消勾选"只读(仅应用于文件夹中的文件)"复选框即可。

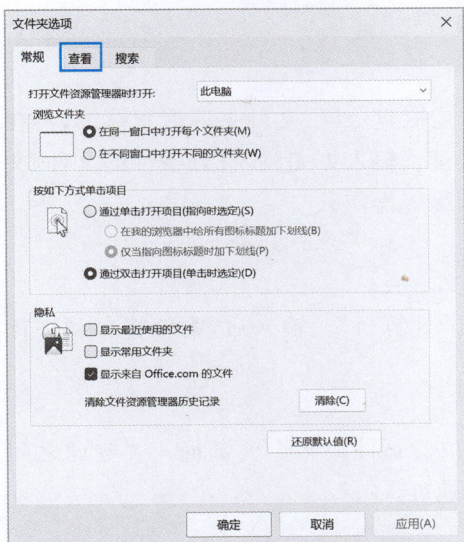

图 2-20　文件夹选项 1

图 2-21　文件夹选项 2

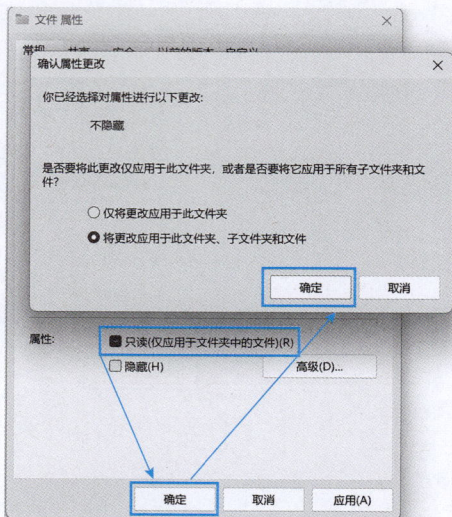

图 2-22　文件夹只读属性设置

四、创建桌面快捷方式

操作：在桌面上新建"音乐"快捷方式。

操作步骤：

（1）右击桌面的空白区域，在弹出的快捷菜单中，依次选择"新建"→"快捷方式"。

（2）在弹出的窗口中，单击"浏览"，找到"音乐"程序，确认无误后，单击"下一步"。

（3）在新弹出的窗口中，将快捷方式名称填写为"音乐"，单击"完成"按钮，即可在桌面上创建带有箭头的快捷图标。

五、文件的查找与查看

在 Windows 系统搜索文件，先在导航窗格选定磁盘分区、文件夹等搜索范围，再在搜索框输入关键词，系统会动态筛选匹配字符，随着关键词输入更完整，符合条件的文件/文件夹数量减少，找到所需文件后，可进行打开、复制、删除等操作。

（一）简单搜索

操作：在 D 盘中查找含有"计算机"的文件和文件夹。

操作方法：在图 2-23 界面中的搜索框中输入"计算机"。输入后，系统将自动进行筛选并显示符合搜索信息的文件及文件夹。

（二）多关键词搜索

当使用一个关键词查找到的文件较多时，可以尝试使用多个关键词。关键词之间用空格隔开，如图 2-24 所示。这样可以大大加快查找速度。

1. 搜索指定类型的文件

基于一个或多个属性（如文件类型）搜索文件，可以在输入文本后，再通过"搜索选项"选项卡中的某一属性来缩小搜索范围。

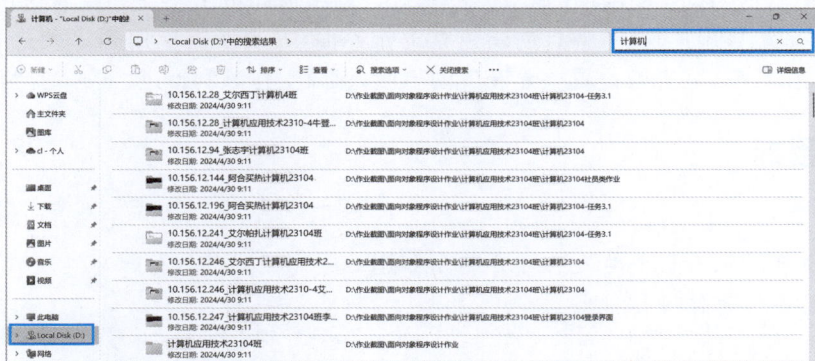

图 2-23　搜索窗口

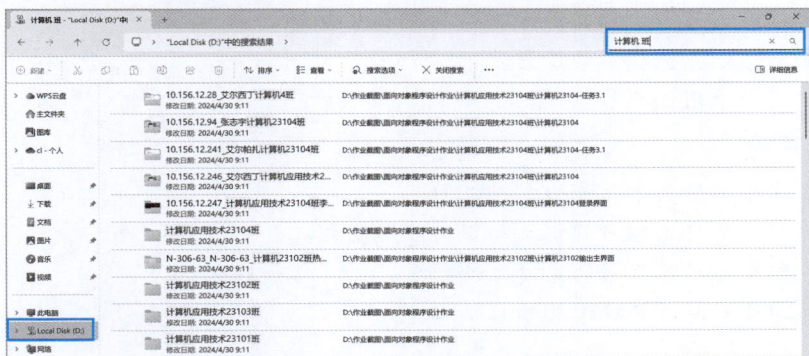

图 2-24　多关键词搜索

操作：在 D 盘中搜索"WPS 文字文档 doc"文件。

操作方法：

如图 2-23 所示界面中，单击"搜索选项"里的"类型"，在子菜单中选"文档"，这时搜索框出现"种类"，在其后输入"doc"，即可搜索到目标文件。

2. 按照修改日期搜索

在搜索框中输入"计算机"后，单击"搜索选项"选项卡中的"修改日期"，在弹出的子菜单中选择"上月"，可以大大提高搜索效率。

3. 按照文件大小搜索

在搜索框中输入"计算机"后，单击"搜索选项"选项卡中的"大小"，在弹出的子菜单中选择"中等"，可以进一步缩小搜索结果的范围。

任务四　设置 Windows 系统环境

🖳 任务导入

近期班级学习委员和孙红需共用辅导员老师的计算机来收集整理教学信息，因两人使

一级真题
题目

一级真题
素材

一级真题
操作演示
视频

用习惯和常用软件不同,轮换使用后对方的系统设置给彼此带来不便。经商议,他们决定利用 Windows 系统多用户功能,各自创建独立工作界面,安装所需应用程序并进行个性化设置,以提升工作效率,减少因设置差异产生的不便,保障工作顺利推进。

📖 学习目标

1. 知识目标

（1）了解计算机用户分类及不同用户的控制权。

（2）熟悉备份的作用。

2. 能力目标

（1）能应用 Windows 支持多用户的功能设置多用户共用一台计算机。

（2）能根据自己的需要对计算机中的程序进行添加和删除。

（3）能根据使用习惯设置显示分辨率及文本大小。

（4）能对网络配置做基本的设置。

（5）会启动并使用任务管理器。

3. 素养目标

（1）提高学生的信息素养能力。

（2）培养学生的自主学习意识及知识的应用能力。

（3）培养学生对科学技术的热爱之情。

（4）培养学生对我国科技发展的自信心。

📋 任务描述

系统学习 Windows 各类设置知识,如账户、显示、网络等,熟练完成创建账户、调整分辨率等操作。针对办公、娱乐、学习、设计等不同场景,深入探究并掌握适配的 Windows 系统配置方案。

⏱ 知识准备

一、Windows 11 的用户账户类型

Windows 系统支持多用户模式,允许多人共用一台计算机,每位用户仅能读写自己创建的文件和共享文件,无权访问其他用户文件。在 Windows 11 系统中,用户可选的账户类型主要有本地账户和 Microsoft 账户两种。

（一）本地账户

本地账户分为管理员账户和标准账户。管理员账户可对计算机进行任意更改,拥有完全控制权;标准账户是系统默认常用账户,无法更改部分可能影响其他用户体验或系统安全的设置。

（二）Microsoft 账户

Microsoft 账户支持在 Windows PC、平板、手机、Xbox 主机、Mac 等多种设备上登录,并可使用 Windows Office、Outlook 等所有 Microsoft 的应用程序和服务。在 Windows 11

中,许多内置应用需 Microsoft 账户登录才能使用。用 Microsoft 账户登录 Windows 11 后,登录其他依赖该账户的微软网站或应用时,系统会自动完成登录,无须重复输入账户密码,这样简化了操作流程,带来了便捷体验。

二、备份的作用

备份主要涵盖系统备份和文件(数据)备份两个方面。

(一) 系统备份

系统备份是指将操作系统文件进行备份并生成文件予以保存。当系统出现故障时,可将此备份文件恢复至备份时的状态,从而使系统恢复正常运行。

(二) 文件(数据)备份

文件(数据)备份是将重要数据资料(例如文档、数据库、记录、进度等)进行备份,生成备份文件并存储于安全的存储空间。一旦发生数据破坏或丢失的情况,可将原备份文件恢复至备份时的状态,以保障数据的完整性和可用性。

通常,备份工作借助备份软件来完成。优秀的系统备份软件有 Ghost 等,国内知名的数据备份软件有爱数备份软件等。

任务实施

一、添加用户

(一) 添加本地账户

通过控制面板添加本地账户:

(1) 在"搜索框"中输入"控制面板",单击打开"控制面板"窗口。

(2) 在"用户账户"组中,单击"更改账户类型"链接。

(3) 在弹出的"选择要更改的用户"窗口中,单击"在电脑设置中添加新用户",窗口样式如图 2-25 所示。

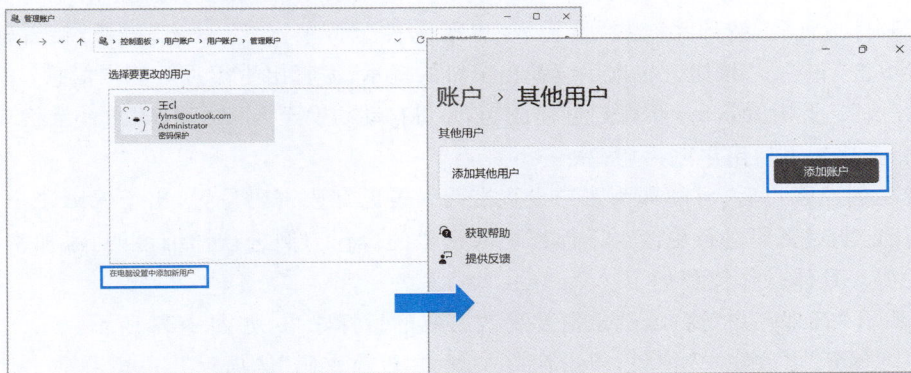

图 2-25　"选择要更改的用户"窗口

(4) 在"其他账户"模块下,单击"添加账户",切换至"此人将如何登录"页面。在此页面的文本框中输入对方的电子邮件或电话号码；若没有对方的电子邮件或电话号码，可单击"我没有这个人的登录信息"。

（5）进入"创建账户"界面，单击"添加一个没有 Microsoft 账户的用户"链接。

（6）在"为这台电脑创建一个账户"界面中，依次输入用户名、密码和密码提示，然后单击"下一步"按钮。完成上述操作后，即可在"账户"窗口的"其他用户"选项卡中看到新添加的本地账户。

（二）添加 Microsoft 账户

（1）注册 Microsoft 账户有两种方式。其一，可通过浏览器访问微软官方注册网站进行注册；其二，可在 Windows 11 系统中，通过 Microsoft 账户注册链接完成注册。

（2）如图 2-26 所示，依次单击"开始"按钮→"账户"按钮→"管理我的账户"链接。在弹出的"账户"对话框中的 Microsoft 账户区域，单击"登录"选项。随后，在弹出的"Microsoft 账户"对话框中，单击"创建一个"链接。

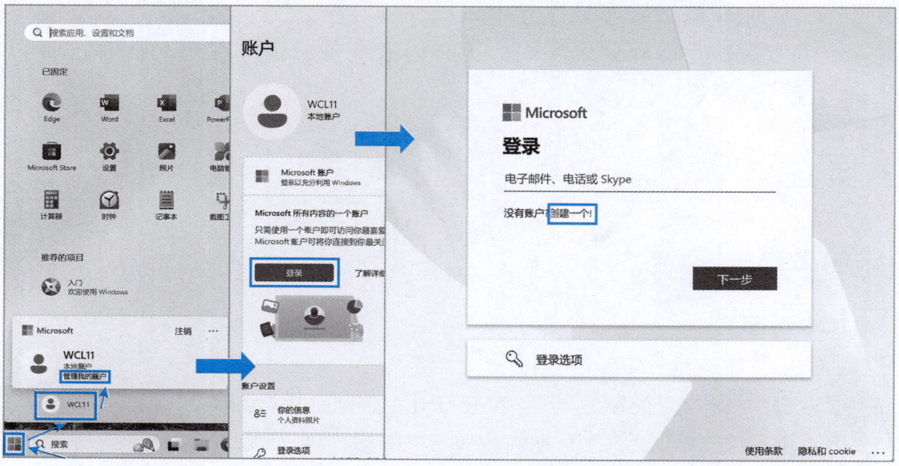

图 2-26 "设置"的账户区域

（3）在"创建账户"对话框中，若需创建 Outlook 邮箱账户，可在邮件地址框下方单击"获取新的电子邮件地址"。按照系统提示，输入"电子邮件"后，单击"下一步"按钮，接着输入"密码"，再次单击"下一步"按钮。根据后续弹出窗口的提示，完善出生年月等基本信息，填写完毕后单击"完成"。此时，Microsoft 账户创建成功，并将自动切换至 Microsoft 账户登录状态。

（三）更改和添加用户账户密码

在成功创建账户后，可随即为账户设置密码。若已完成密码设置，出于保障账户安全的考量，建议定期对密码进行更改。下面以更改密码的操作为例进行详细说明，添加密码的步骤与之类似。具体操作流程如下：

（1）打开"管理账户"窗口，选定需要更改密码的目标账户，如图 2-27 所示。

（2）切换至"更改账户"窗口，单击窗口左侧的"更改密码"选项。

（3）进入"更改密码"窗口后，在对应的文本框内为该账户设定新密码，接着在下方文本框中输入密码提示信息，完成后，单击"更改密码"按钮，系统将提示密码更改成功，即完成密码修改。

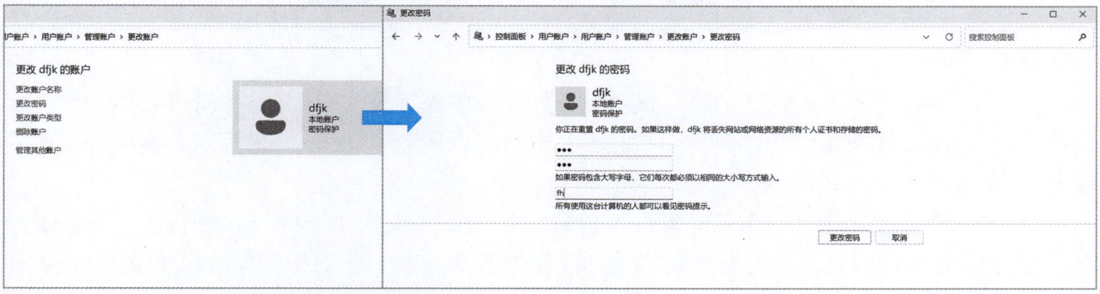

图 2-27　更改密码

二、卸载和更改程序

方法一：

打开"开始"菜单，依次选择"全部"，找到需要卸载的程序，右击该程序，在弹出的快捷菜单中选择"卸载"选项。

方法二：

（1）打开"设置"窗口，单击其中的"应用"选项，再单击"安装的应用"。

（2）在"安装的应用"右侧窗口中，会显示当前已安装的所有程序。选中特定程序后，单击程序名称旁的"…"图标，在弹出的操作菜单中，选择"卸载"即可；若选择"修改"，则可对程序进行相应更改。

三、设置显示分辨率、文本大小

（1）在"设置"窗口中，单击"系统"选项，再单击"屏幕"选项，即可打开如图 2-28 所示的"屏幕"窗口。此外，在桌面空白处右击，在弹出的快捷菜单中选择"显示设置"，同样能够打开"屏幕"窗口。

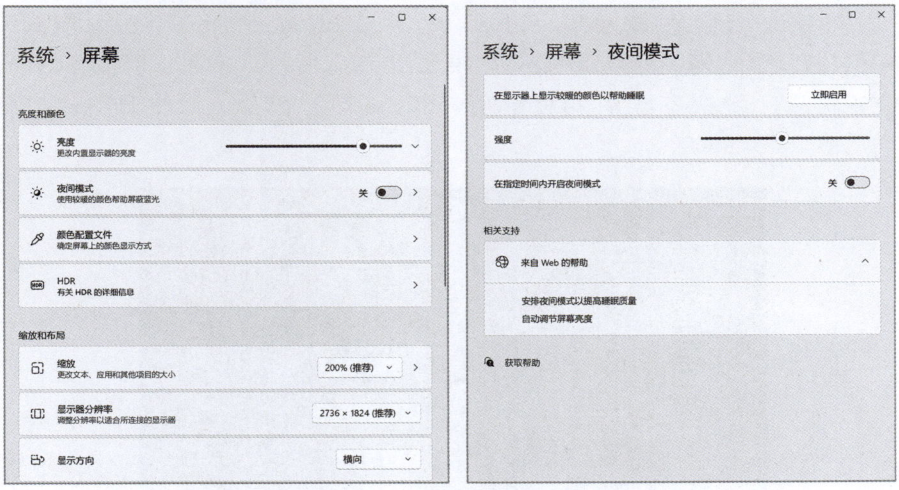

图 2-28　设置显示分辨率、文本大小

（2）进入"屏幕"窗口后，单击"夜间模式"，通过拖动"强度"右侧的滑块，可对屏幕亮度进行调整。

（3）在"缩放"下拉菜单中，用户可根据实际需求调整文字大小。一般而言，大屏幕显示器可设置较小比例；笔记本电脑等小尺寸显示器则应设置较大比例。在相同分辨率下，文字越大，屏幕显示的内容相对越少。

（4）单击"显示器分辨率"下拉箭头，在弹出的下拉菜单中，用户可选择所需的屏幕分辨率。屏幕分辨率是指屏幕上显示的像素数量，以像素为单位，通常表示为横向像素数×纵向像素数，分为最高设计分辨率和设置分辨率。

（5）在"显示方向"下拉菜单中，用户可以更改显示器的方向。默认设置通常为"横向"，若显示器竖放，则应选择"纵向"。

四、网络配置的基本设置

（一）查看计算机网络配置

（1）单击任务栏上的搜索框，输入"命令提示符"，打开图 2-29 所示的"命令提示符"窗口。

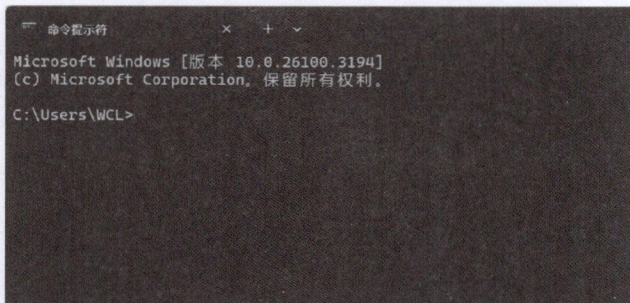

图 2-29　"命令提示符"窗口

（2）在"命令提示符"窗口中，输入相应命令以查看不同的网络配置信息。

查看基本网络连接信息：输入"ipconfig"命令并按 Enter 键，此时将显示当前计算机的 IP 地址、子网掩码、默认网关等基本信息，效果如图 2-30 所示。若需查看更详细的信息，例如 DNS 服务器、DHCP 服务器等，可使用"ipconfig/all"命令，输入后按 Enter 键确认，结果如图 2-31 所示。

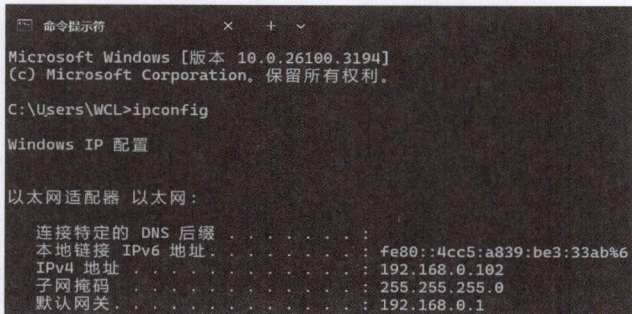

图 2-30　"ipconfig"命令查询结果

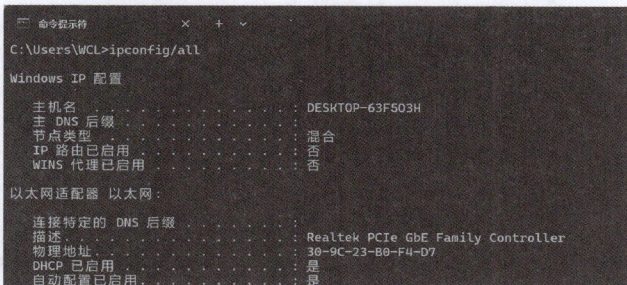

图 2-31　"ipconfig/all"命令查询结果

查看网络接口详细信息：输入"netsh interface show interface"命令，执行后可显示所有网络接口的状态、连接类型等信息，效果如图 2-32 所示。

图 2-32　网络接口详细信息查询结果

（二）设置与修改网络配置参数

（1）打开"控制面板"，依次单击"网络和 Internet"→"网络共享中心"，随后单击"更改适配器设置"。

（2）在网络连接列表中，选择需要更改的"以太网"连接，右击，在弹出的快捷菜单中选择"属性"选项。

（3）在弹出的"以太网属性"对话框中，找到并双击"Internet 协议版本 4(TCP/IPv4)"选项。

（4）在弹出的"Internet 协议版本 4(TCP/IPv4)属性"窗口中，可对 IP 地址、子网掩码、默认网关、DNS 服务器地址等网络参数进行设置和修改。

五、任务管理器的使用

（一）"任务管理器"启动方法

在 Windows 操作系统中，打开任务管理器主要有以下四种方法。

（1）按 Ctrl＋Shift＋Esc 组合键。

（2）按 Ctrl＋Alt＋Del 组合键，在弹出的界面中，单击"任务管理器"选项。

（3）将所有窗口最小化，在任务栏的空白处右击，在弹出的快捷菜单中选择"任务管理器"选项并单击。

（4）将鼠标光标移至"开始"菜单处，右击，在弹出的备选项中，选择"任务管理器"并单击。

（二）任务管理器的功能

1. 管理应用程序和进程

在图 2-33 所示的"任务管理器"窗口中，单击"查看"选项，用户可选择按照分类显示应用程序的进程，以此对应用程序和后台进程进行有效管理。

图 2-33　任务管理器

2. 查看系统性能

在"任务管理器"窗口中,单击"性能"选项,将会弹出图 2-34 所示的窗口。在此窗口中,用户能够直观地查看 CPU、内存、磁盘等性能的动态指标,以便实时了解系统性能状态。

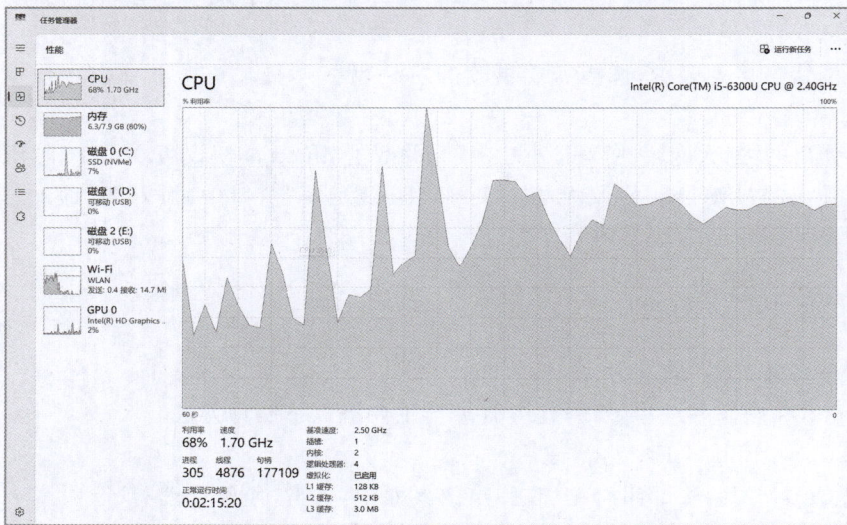

图 2-34　性能窗口

3. 终止程序和进程

在任务管理器窗口中,选定需要终止的应用程序或后台进程,单击"结束任务"按钮,可终止选定的程序或进程。这一操作常被用于关闭无响应的程序,即通常所说的"死亡程序"。

任务五　使用系统小工具

任务导入

孙红担任辅导员助理一职,日常工作中需协助辅导员处理大量信息。与此同时,孙红还需完成计算机课程作业,在此过程中,时常会涉及数据、图形、文字等各类信息的处理工作。鉴于此,熟练掌握 Windows 11 的系统小工具显得尤为必要。这些操作能够助力孙红更便捷地处理各类信息,进而有效提升问题处理的效率,无论是在工作还是学业方面,都能发挥积极作用,促进任务的高效完成。

学习目标

1. 知识目标

(1) 了解 Windows 11 系统小工具的基本功能。
(2) 熟悉并掌握计算器的使用。
(3) 熟悉并掌握画图工具的使用。
(4) 熟悉并掌握截图工具的使用。

2. 能力目标

(1) 能使用计算器快速进行数制转换。
(2) 能使用画图工具完成"一颗红心献祖国"的图文绘制。
(3) 会使用截图工具截取需要的区域。
(4) 能进行远程连接到另一台计算机。

3. 素养目标

(1) 提高学生的信息素养能力。
(2) 培养学生的爱国情怀。
(3) 培养学生的自主学习意识和对新知识的探索兴趣。
(4) 培养学生对科学技术的热爱之情。
(5) 培养学生对我国科技发展的自信心。

任务描述

学习 Windows 系统小工具的基本功能,并掌握"计算器""截图工具""画图工具"及"远程桌面"等几个常用小工具的使用。

知识准备

一、Windows 11 系统小工具

在 Windows 操作系统的开始菜单"全部程序"中有许多实用的系统自带小软件。例如

"计算器"可进行基础运算,切换科学模式能处理复杂函数、统计计算;"画图"软件可用画笔等工具完成简单图像创作与编辑;"截图工具"支持多种截图方式并能编辑;"远程桌面"可远程操控计算机,方便办公、文件访问及协助。

这些系统自带的小软件,普遍具备占用系统资源少、功能针对性强的特点,它们紧密贴合用户的日常使用需求,从多个维度提升了用户的操作系统体验,成为 Windows 操作系统生态中不可或缺的组成部分。

二、计算器

Windows 11 的"计算器"有多种功能模式,通过单击左上角"打开导航"按钮切换。

标准模式:默认模式,用于加减乘除、平方开方、百分比和分数等基本运算。

科学模式:在标准模式基础上,增加 log、三角函数等科学计算功能。

程序员模式:支持二进制、十进制等不同进制切换,提供专属运算,还可切换数据位宽。

日期计算模式:能计算两个日期间隔,或根据间隔天数推算日期。

数值单位转换:支持 13 种类型转换,可处理汇率、重量等常见单位换算,按选类型、输值、选输出单位操作即可。

三、远程桌面连接

远程桌面连接,指用户能够借助网络,在本地设备上对远程计算机展开操作,其操作体验与现场操作毫无二致,可实时浏览远程计算机的屏幕画面并与之交互。

(一) 主要功能

(1)远程操作:能够在远程计算机上执行打开文件、运行程序以及配置系统等各类操作。

(2)文件传输:可实现本地计算机与远程计算机之间的文件传输。

(3)多用户连接:部分工具支持多个用户同时连接,为团队协作提供便利。

(4)屏幕共享:可进行屏幕共享,便于开展远程演示与提供技术支持。

(二) 应用场景

(1)远程办公:员工在家中或者外出时,可通过远程桌面连接公司计算机,开展办公活动。

(2)远程技术支持:技术人员能够远程连接用户计算机,协助解决各类计算机问题。

(3)远程教学:教师可远程连接学生计算机,开展授课等教学活动。

(4)服务器管理:管理员可远程管理服务器,进行配置和维护工作。

(三) 注意事项

远程桌面连接存在数据泄露、遭受恶意攻击等安全风险。为保障安全,可采取设置强密码、加密传输、限制访问权限、及时更新系统补丁以及安装安全软件等措施。

任务实施

一、计算器的使用

操作:利用计算器计算十进制数 256 对应的二进制数。

操作步骤:

(1) 在计算机的"开始"菜单中,找到并单击"计算器"选项,即可启动计算器工具。

(2) 单击"打开导航"按钮,在弹出的下拉菜单中选择进入"程序员"模式,如图 2-35 所示。

(3) 进入程序员计算器界面后,选择"DEC"选项,即选定十进制。然后在数字输入区域,通过鼠标选取输入"256"。最后,读取"BIN"(二进制)对应的数值,此数值即为十进制数 256 转换后的二进制数,详情如图 2-36 所示。

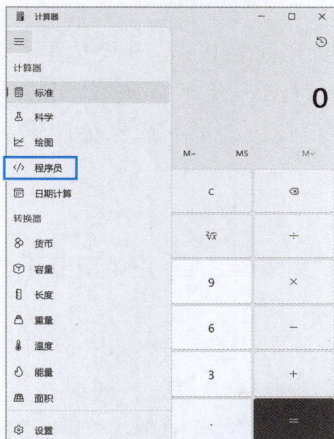

图 2-35　计算器"打开导航"窗口　　　　图 2-36　数制转换

> 提高练习:
> (1)使用计算器计算八进制数 76 转换后的十六进制数。
> (2)使用计算器计算十六进制数 5E 转换后的十进制数。

二、截图工具的使用

Windows 11 系统配备了全新的"截图工具",该工具功能丰富,支持框选截图、任意形状截图,并且提供了截图修改功能,涵盖裁剪、涂画等操作,具体使用方法如下。

(1) 启动截图工具:可在"开始"菜单中,单击"全部",然后找到"截图工具"并单击;也可以按下 Win+S 组合键启动搜索功能,在搜索框中输入"截图工具",随后即可打开"截图工具",界面如图 2-37 所示。

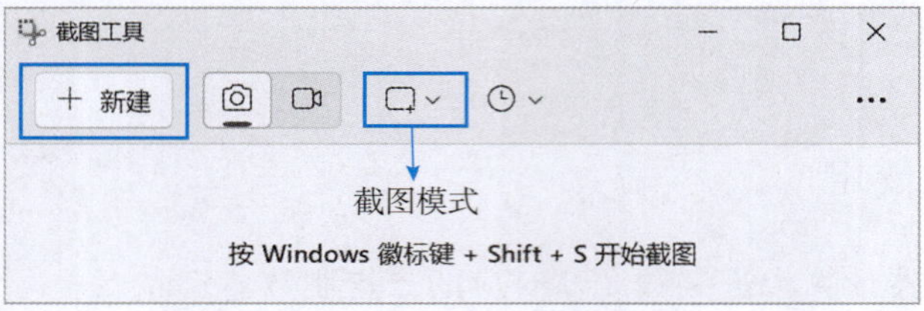

图 2-37 "截图工具"窗口

（2）选择截图类型并进行截图：打开"截图工具"后，单击"截图模式"按钮旁的下拉箭头，在弹出的下拉菜单中，根据实际需求选择所需的截图类型。接着单击"新建"按钮，此时屏幕会暂时冻结，通过拖动鼠标即可选定需要捕获的屏幕区域。

（3）查看与初步处理截图：完成捕获区域的选择后，该区域的截图会自动复制到剪贴板，同时在"截图工具"中显示所截取的图像，并提供画笔工具，方便用户对截图进行修改。

（4）使用画笔工具修改截图：用户可根据需要选择"笔"或"荧光笔"按钮，在截图上或截图周围进行书写、绘画操作；若需删除已绘制的线条，选择"橡皮擦"工具即可。

（5）保存或复制截图：若要将修改后的截图复制到剪贴板，可直接单击工具栏上的"复制"按钮；若需将截图保存为文件，可单击"保存截图"按钮，此时会弹出"另存为"对话框，在对话框中选择保存位置，输入文件名，最后单击"保存"按钮即可完成保存操作。

三、画图工具的使用

教学视频：画图工具的使用

操作：使用画图工具绘制带有"一颗红心献祖国"文案的红心，并保存至计算机桌面。

操作步骤：

（1）启动画图工具：可以通过两种常见方式打开画图工具。其一，在计算机的"开始"菜单中，依次单击"全部"选项，随后找到"画图"应用并单击启动；其二，同时按下"Win＋S"快捷键，调出搜索框，在其中输入"画图"或"mspaint"，在搜索结果中单击"画图"程序即可成功启动。

（2）绘制红心：画图工具启动后，系统会自动创建一个新的画板。在界面上方的"形状"菜单中，找到爱心形状图标并单击，之后将鼠标指针移至画板区域，按住鼠标左键不放，通过拖拽操作绘制出符合需求大小的爱心形状。

（3）填充红心颜色：在界面的颜色选择区域中，选中红色作为填充颜色。接着在"工具"菜单中，单击"填充"工具，然后将鼠标指针移动至已绘制的爱心内部并单击，即可完成爱心的红色填充。

（4）添加文字：单击"工具"菜单中的"文本"工具，单击需要输入文字的位置，此时在画板上会出现一个文本框，在文本框中输入"一颗红心献祖国"。输入完成后，根据个人喜好和展示需求，选中文字，对文字的字体、字号、颜色（同样选择红色）等格式进行设置。

（5）保存图片：完成上述绘制与文字添加操作后，单击画图工具界面中的"保存"按钮，在弹出的保存路径选择窗口中，选择"桌面"作为保存位置，单击"保存"即可。之后，可通过双击桌面上保存的图片文件进行查看。

四、远程桌面连接的使用

　　远程桌面技术是可远程访问其他计算机的便捷工具，它能突破地域限制，提升工作与生活管理效率。使用时，需先获取目标计算机 IP 地址与远程桌面凭据，在 Windows 系统"全部"程序列表中打开"远程桌面连接"，如图 2-38 所示，在弹出窗口输入信息并单击"连接"，按照提示输入凭证即可访问文件，其流畅度取决于网速，操作近似本地。该技术常用于局域网事务处理与技术支持。使用时要严守国家信息安全法规，重视网络安全，对他人远程访问请求保持警惕，必要时监督操作并及时取消凭证，避免信息泄露。

一级真题
题目

一级真题
素材

一级真题
操作演示
视频

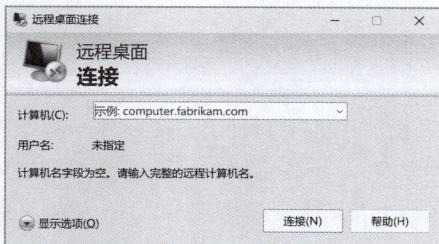

图 2-38　远程桌面连接

📝 项目小结

　　本项目通过 5 个任务的实施，介绍了打字基础知识及 Windows 11 操作系统的应用，主要包括键盘的布局、基准键位、键盘指法应用、Windows 操作系统基本设置（包括开始菜单、任务栏、窗口等设置）、文件和文件夹的管理、Windows 系统环境设置及系统小工具的使用。

计算机国考一级
模拟特训题目

计算机国考一级
模拟特训素材

计算机国考一级模拟
特训操作演示视频

数字强国
阅读材料

认识与使用 WPS 文字

项目概述

　　在日常办公中，经常需要用计算机撰写通知、输入领导报告、编排学术论文等。要解决这类问题，就要用到文字处理软件。文字处理软件是办公软件的一种，一般用于文字的格式化和排版。文字处理软件的发展和文字处理的电子化是信息社会发展的标志之一。

　　现有的中文文字处理软件主要有微软公司的 Word、金山公司的 WPS 文字等。其中，金山公司的 WPS 文字集文字录入、存储、编辑、浏览、排版、打印等功能于一体，可以轻松地制作信函、表格、海报、简历、论文等文档，是常用的办公软件。本项目将通过四个任务，来学习 WPS 文字处理软件的使用方法和技巧。

思维导图

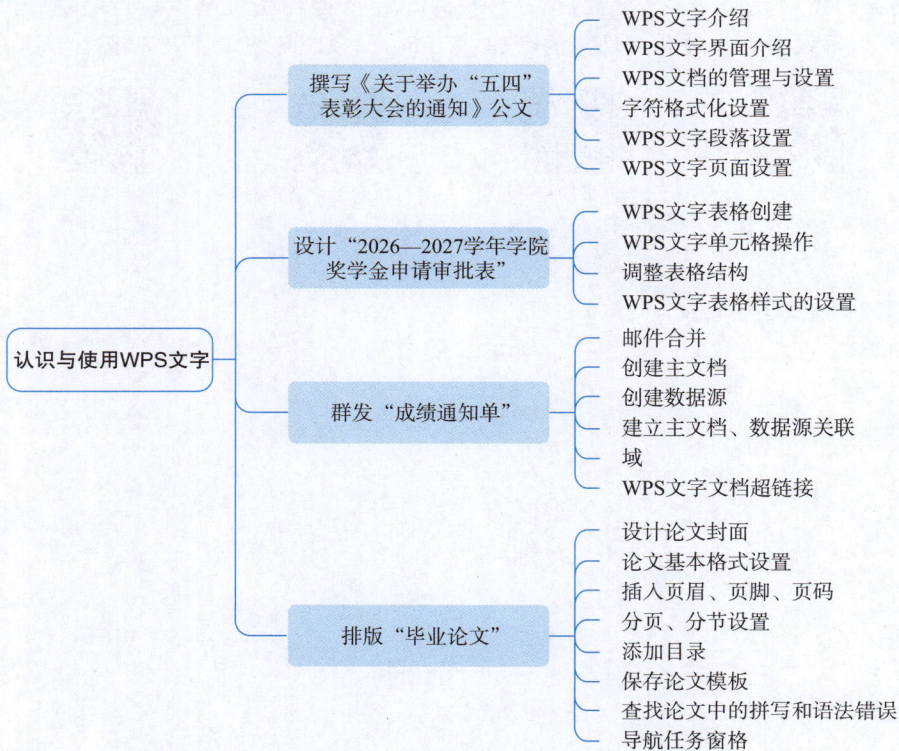

任务一　撰写《关于举办"五四"表彰大会的通知》公文

任务导入

张亮同学作为"三支一扶"返乡大学生，被安排在家乡团委工作。为弘扬五四精神，树立榜样示范，领导安排其撰写一篇《关于举办"五四"表彰大会的通知》公文进行发布，张亮想到了自己学习的 WPS 文字知识，想要通过 WPS 文字编辑《关于举办"五四"表彰大会的通知》。图 3-1 所示是张亮在网上搜索的文档，下面将根据文档开始编辑。

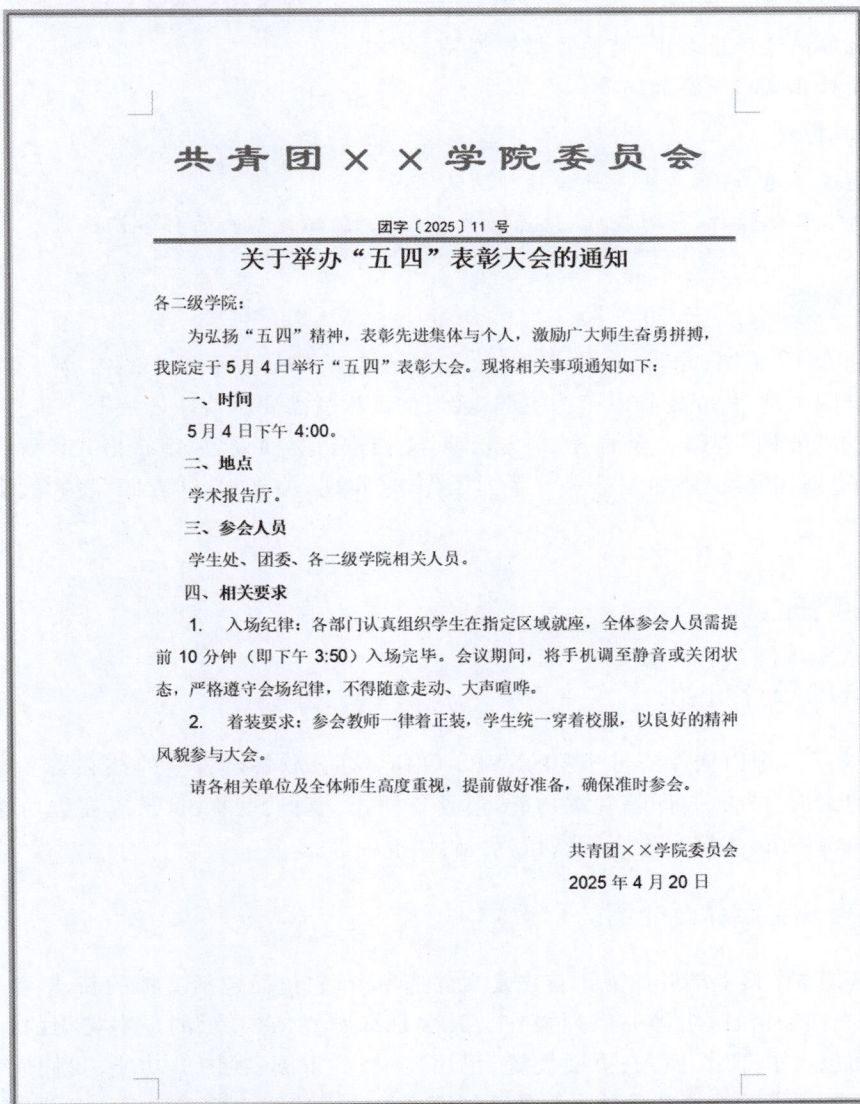

图 3-1　任务文档

📖 学习目标

1. 知识目标

（1）认识 WPS 文字的操作界面，熟悉界面的结构及名称。

（2）理解 WPS 文字字符格式化设置、段落格式化设置及页面格式化设置。

（3）理解 WPS 文字文章编辑的基本操作。

2. 能力目标

（1）熟练掌握 WPS 文字字符格式化设置：字体格式、字符间距、格式刷、插入特殊符号、数学公式的输入与编辑。

（2）能灵活运用 WPS 文字段落缩进、行距、段间距、特殊格式等相关段落设置。

（3）能够通过纸张大小、页面边框等设置美化文档。

（4）能够在文档中添加编号。

3. 素养目标

（1）通过主题，培养学生对五四精神的认同感。

（2）通过具体操作，学习探索，培养学生勇于探索、积极创新的科学精神。

📋 任务描述

会议通知中，主题、时间、地点、参会人员、开会要求都是必不可少的内容。本次会议通知以弘扬五四精神，树立榜样示范为主题，会议的议程就需要围绕主题展开。本任务通过新建《关于举办"五四"表彰大会的通知》文档，对文档进行页面设置、字符格式设置、段落格式设置、添加边框和底纹、添加编号等一系列操作，来实现《关于举办"五四"表彰大会的通知》的制作。

⏱ 知识准备

一、WPS 文字介绍

WPS 文字是金山软件公司开发的 WPS Office 办公软件套件中的核心文字处理组件。支持文档的编辑、排版、打印等基本功能，还具备样式、模板、书签、目录等高级功能，能满足各种文档编辑需求，如撰写论文、策划方案、制作报告等。

二、WPS 文字界面介绍

我们从图 3-2 最上端开始看。首先是文件选项卡，它里面包括文档的新建、打开、保存、打印、设置文档加密、退出等一系列操作。其次是标题栏，它显示的是本文档的标题内容。功能区里面包含了开始、插入、页面设置、引用、文档的审阅、视图等功能，我们所说的单击"插入"功能选项卡功能区就是单击此处功能区中的插入功能。快速访问工具栏对应的是某项功能下的快捷设置按钮。中间空白的区域为编辑窗口，我们可以在这里进行文本的插入、文本编辑等一系列操作。最右边的是滚动条,我们通过单击拖住不放,上下移动鼠标或者鼠标放在滚动条位置上,通过滑动鼠标滑轮来上下移动文档内容。状态栏向我们显示的是页面总共有几页,当前是第几页,包括字数的统计、拼写检查的状态等。单击视图工具栏,可以快速地改变当前视图的方式。最后一个是比例控制栏,可以在此处改变文档的比例大小,方便查看文档内容。

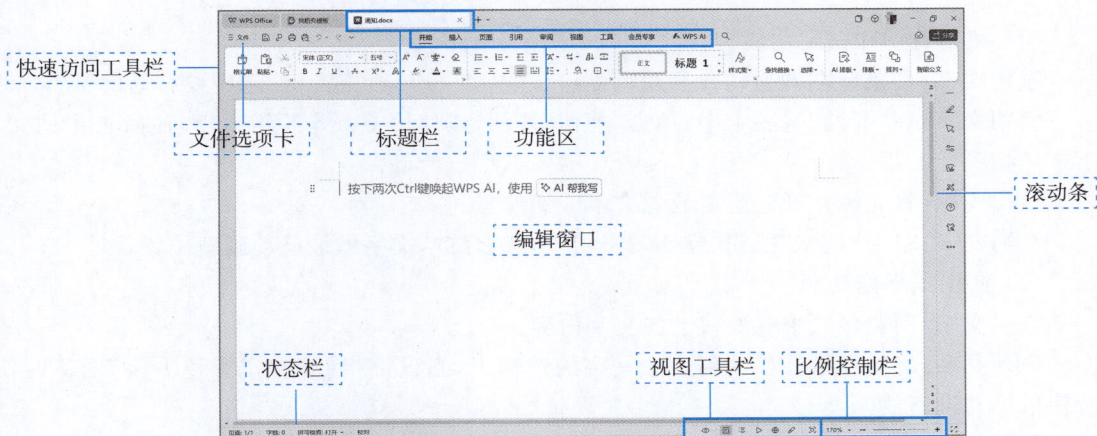

图 3-2　WPS 文档界面介绍

三、WPS 文档的管理与设置

(一) 新建文档

(1) 单击"新建"按钮:打开 WPS 文档软件,在弹出的界面中单击"新建",在"新建"窗口中选择"文字"。

(2) 单击"+"号:单击文档标签右侧的"+"来新建空白文档。

(3) 使用"文件"菜单:单击软件左上角的"文件",从下拉菜单中选择"新建"。

(4) 使用快捷键:按下 Ctrl+N 组合键(Windows 系统)或 Command+N 组合键(Mac 系统)可快速新建文档。

(5) 选择并使用模板:从模板库中选择符合自身需求的模板后,单击"使用"按钮,便可基于该模板创建一个新文档。

(二) 编辑文档

1. 选定文本

(1) 选中单个字词:将鼠标光标定位在字词的开始位置,单击并按住鼠标左键拖至字词的结束位置,释放左键即可。

(2) 选中连续文本:将鼠标光标定位到要选择的文本起始位置,按住鼠标左键并拖动,直到覆盖所需的文本范围。

(3) 选中单行文本:将光标移动到文档左侧的空白区域,当光标变为向右倾斜的箭头时,单击可选中一行文本。

(4) 选中整段文本:将鼠标置于段落左侧的空白处,双击可选中整个段落;或者在段落内任意位置三击也可选中整段。

（5）选中整篇文档：在文档左侧空白处连续三次快速单击可选中整篇文档。

（6）选中不连续文本：先选中一段文本，然后按住 Ctrl 键，再用鼠标左键拖动选择其他需要的文本区域。

（7）选中矩形区域文本：按住 Alt＋鼠标左键拖动，可选中一个矩形区域内的文本。

2．移动文本

（1）使用剪切和粘贴功能。

选中文字：用鼠标左键拖动或利用键盘组合键（如 Shift＋方向键）选中要移动的文本。

剪切文字：在"开始"选项卡中，单击"剪切"按钮，或使用 Ctrl＋X 组合键，此时选中的文字被剪切到剪贴板。

定位光标：将光标移动到想要放置文本的新位置。

粘贴文字：单击"粘贴"按钮，或使用 Ctrl＋V 组合键，文字即被移动到新位置。

（2）使用鼠标拖动。

选中文字：用鼠标选中想要移动的文字内容。

拖动文字：将鼠标指针移动到选中文字的边框上，当鼠标指针变为"黑色十字"图标时，按住鼠标左键不放。

移动位置：拖动鼠标，将文字移动到目标位置。

释放鼠标：松开鼠标左键，完成文字移动。

3．复制文本

（1）使用鼠标和右键菜单。

选中：打开 WPS 文档，单击并拖动，选中要复制的文本。

复制：选中后，右击，在弹出的快捷菜单中选择"复制"。

粘贴：将光标移动到想要粘贴的位置，再次右击，选择"粘贴"。

（2）使用快捷键。

选中：同样用鼠标或按住 Shift 键配合方向键选中要复制的文本。

复制：按 Ctrl＋C 组合键（Mac 系统中使用 Command＋C）。

粘贴：将光标移至目标位置，按下 Ctrl＋V 组合键（Mac 系统中使用 Command＋V）。

4．删除文本

（1）选中删除：将鼠标光标移至需要删除的文本处，按住鼠标左键拖动以选中要删除的文字，然后按 Delete 键即可删除选中的文字。

（2）逐字删除：把光标定位至需要删除的字符前，逐个按 Delete 键可向后逐个字符删除；将光标定位至要删除文字后，逐个按 Backspace 键则可向前删除字符。

（3）剪切功能删除：选中需要删除的文字后，右击选择"剪切"，或者使用快捷键"Ctrl＋X"，即可将选中的文字剪切至剪贴板中，实现删除效果。

5．撤销与重复

（1）撤销。

撤销就是返回到上一步，常见的撤销的方式有以下几种。

① 使用快捷键。

Windows 系统：按 Ctrl＋Z 组合键可以撤销上一步操作。若需要撤销多步操作，可连续多次按 Ctrl＋Z 组合键。

Mac 系统：使用 Command＋Z 组合键来撤销上一步操作，同样，多次按可撤销多步。

② 通过工具栏操作。

找到 WPS 文档工具栏中的"撤销"按钮，其图标通常是一个向左的箭头。单击该按钮可撤销上一步操作，多次单击能撤销多步操作。

（2）重复。

重复与撤销相反，它是指再次执行上一步所做的操作，所对应的组合键是 Ctrl＋Y。WPS 文档版本在工具栏中也提供了"重复"按钮，其图标通常类似于一个向右的箭头或"重做"字样。单击该按钮也可以实现重复上一步操作的功能。

（三）保存文档

1．使用快捷键

"Ctrl＋S"：在 Windows 系统中，按下 Ctrl＋S 组合键可快速保存文档。

"Command＋S"：在 Mac 系统中，按下 Command＋S 组合键即可保存文档。

2．通过菜单命令

保存：单击"文件"选项卡，选择"保存"。若文档已保存过，会直接覆盖原文件；若是新建文档，首次保存会弹出"另存为"对话框来设置保存路径和文件名。

另存为：单击"文件"选项卡，选择"另存为"，可将当前文档以新的文件名、文件格式或保存位置进行存储，原文档保持不变。

3．利用快速访问工具栏

若已将"保存"按钮添加到快速访问工具栏，直接单击该按钮即可保存。若为新建文档，首次单击会弹出"另存为"对话框。

4．自动保存

打开 WPS 软件，单击"文件"选项卡，选择"选项"。在弹出的"选项"对话框中，选择"保存"选项卡。勾选"启用自动保存"选项，并设置保存时间间隔，建议设置为 5 分钟或 10 分钟，同时还可以自定义自动保存文件的路径。

（四）关闭文档

（1）单击关闭按钮：在 WPS 文档窗口右上角，有一个带有"×"符号的按钮，单击此按钮即可关闭当前文档。

（2）使用快捷键：按下 Ctrl＋W 组合键可快速关闭当前文档。

（3）关闭所有文档：若要关闭所有打开的文档，可单击"文件"菜单，选择"退出"。

（4）结束进程：若 WPS 程序无响应或卡死，可按下 Ctrl＋Shift＋Delete 组合键打开任务管理器，在"进程"选项卡中找到与 WPS 相关的进程（如 wps．exe），选中后单击"结束进程"。

（五）打开文档

在"快速访问工具栏"上，单击"打开"。弹出"打开"对话框，在"查找范围"列表中，单击本地驱动器，在文件夹列表中，找到所需要的文件，选取文件，单击"打开"，或按 Ctel＋O 快捷键。

（六）查找与替换

（1）通过组合键：按下 Ctrl＋F 可快速调出查找框；按下 Ctrl＋H 则可打开查找和替换的对话框。

（2）通过命令按钮：在"开始"选项卡中，单击"查找替换"下拉菜单中的"查找"或"替换"；也可直接单击"查找替换"按钮。

（七）打印预览及输出

1. 打印预览

常用的打印预览方式有以下几种：

方法一：单击软件左上角的"文件"菜单，在下拉菜单中选择"打印"，再单击"打印预览"。

方法二：直接在常用工具栏上找到并单击"打印预览"按钮。如果工具栏上没有显示该按钮，可单击右侧的下拉箭头，在弹出的菜单中勾选"打印预览"来将其添加到工具栏。

方法三：使用 Ctrl＋Alt＋P 组合键快速进入打印预览界面。

进入打印预览界面后，可以进行查看整体效果和单页效果、选择预览模式、调整打印参数等操作。

2. 打印输出

在完成打印预览，确认设置无误后，可进行打印输出操作。

（1）选择打印机：在打印预览或打印设置界面的打印机列表中，选择要使用的打印机。

（2）设置打印范围：可选择打印全部页面、当前页或指定的页码范围。若只需打印文档中的某几页，可在"页码范围"文本框中输入起始页码和结束页码，中间用短横线分隔。

（3）调整打印份数：在"副本"框中输入要打印的份数。

（4）设置其他参数：根据需求设置打印方式为单面打印、双面打印、反片打印等；还可在"纸张信息"处修改纸张大小、纸张方向。

（5）开始打印：单击"打印"按钮，打印机将开始执行打印任务。

四、字符格式化设置

（一）基本字符格式设置

1. 设置字体

单击"字体"下拉框，选择所需的字体，如"宋体""黑体""楷体"等。

2. 设置字号

在"字号"下拉框中选择合适的字号，也可以直接输入数字来指定字号大小。

3. 设置字形

通过单击"加粗""倾斜""下画线"等按钮，为文字设置相应的字形效果。还可以单击"字符边框""字符底纹"按钮为文字添加边框和底纹。

4. 设置字符详细格式

选中要设置格式的文字后，右击，在弹出的菜单中选择"字体"选项，会弹出字体对话框。在该对话框中，可以进行更详细的字符格式设置，包括字体、字号、字形、颜色、下画线线型、着重号等。设置完成后，单击"确定"按钮即可应用设置。

（二）高级字符格式设置

1. 设置字符间距

在"字体"对话框中，切换到"字符间距"选项卡。在这里，可以设置字符的缩放比例、间距和位置。例如，将字符间距加宽或紧缩，使文字排列更美观；调整字符位置的提升或降低，以实现特殊的排版效果。

2. 设置文本效果

WPS 文字还提供了一些文本效果设置。在"字体"对话框的"文本效果"选项卡中,可以选择各种预设的文字效果,为文字增添独特的视觉效果。

3. 格式刷的使用

当需要将某段文字的字符格式快速应用到其他文字上时,可以使用格式刷。选中已经设置好格式的文字,单击"开始"选项卡中的"格式刷"按钮,此时鼠标指针会变成刷子形状。然后用刷子刷过需要应用相同格式的文字,即可快速复制字符格式。"格式刷"按钮单击使用一次,双击可多次使用,按 ESC 键取消。

4. 插入特殊字符

单击顶部功能选项卡中的"插入"选项。在下拉菜单中,选择"符号"选项,会弹出符号选择框。若在弹出的符号选择框中没有找到需要的特殊字符,可单击"其他符号",在弹出的窗口中有更多种类的符号和字符,选择所需的特殊字符,单击"插入"即可。

五、WPS 文字段落设置

(一) 段落对齐方式

1. 左对齐

将段落中的文本沿页面左侧边缘对齐,是正文内容最常用的对齐方式,便于阅读和编辑,能使文本排列整齐,如大多数书籍、文章的正文。

2. 右对齐

使段落中的文本沿页面右侧边缘对齐,一般用于特殊格式的文档或需要突出右侧内容的情况,如文档中的页码、落款等。

3. 居中对齐

把段落中的文本在页面中间位置对齐,常用于标题、副标题或需要突出显示的短文本内容,能使其在页面中更加醒目。

4. 两端对齐

段落中的文本同时向页面左右两侧边缘对齐,能使文本看起来更加整齐、规范,在正式的文档格式如论文、商务报告中较为常见。

(二) 行距设置

1. 单倍行距

每行文字之间的距离为一个标准行距,适用于文字内容较多、对空间利用要求较高的情况,如报纸、杂志等。

2. 1.5 倍行距

每行文字之间的距离为单倍行距的 1.5 倍,是一种比较常用的行距设置,能在保证文档内容紧凑的同时,提高阅读的舒适度,适合大多数文档类型。

3. 双倍行距

每行文字之间的距离为单倍行距的 2 倍,行距较大,使文本看起来更加宽松,便于阅读和批注,常用于学术论文、法律文件等对阅读体验要求较高的文档。

4. 固定行距

用户可以自行设置一个固定的行距值,以满足特殊的排版需求。

（三）段间距设置

1. 段前间距

段前间距指段落与上一段落之间的垂直距离,适当增加段前间距可以使段落之间的区分更加明显,增强文档的层次感。

2. 段后间距

段后间距是段落与下一段落之间的垂直距离,与段前间距的作用类似,通常根据文档的整体风格和排版要求来设置。

（四）缩进设置

1. 首行缩进

首行缩进是将段落的第一行向右缩进一定的距离,一般中文文档中首行缩进 2 个字符,是中文写作的传统格式,能清晰地标识段落的开始。

2. 左缩进

左缩进可以使段落的左侧整体向右缩进一定的距离,可用于突出显示某些段落或使文档内容与页面边缘保持一定的距离。

3. 右缩进

右缩进可以让段落的右侧整体向左缩进一定的距离,与左缩进相对,可根据具体排版需求进行设置。

4. 悬挂缩进

悬挂缩进可以让段落首行的左边界不变,其余行的左边界向右缩进一定的距离。

（五）项目符号和编号设置

1. 项目符号

项目符号功能用于在段落前添加特定的符号,如圆点、方块、箭头等,以突出显示段落内容的重要性或相关性,使文档内容更加清晰、有条理,便于读者快速浏览和理解。

2. 编号

编号是在段落前添加数字或字母编号,按照一定的顺序对段落进行排列,适用于需要列出步骤、要点或顺序的文档,如操作指南、会议纪要等。

（六）边框和底纹设置

1. 边框

边框功能可以为段落添加上下左右四条边框中的任意一条或多条,边框的样式、粗细、颜色等都可以进行自定义设置,用于突出显示特定的段落内容。

2. 底纹

底纹功能能为段落添加背景颜色或图案,使段落与其他内容区分开来,增强文档的视觉效果。

六、WPS 文字页面设置

（一）纸张大小与方向

1. 纸张大小

单击"页面布局"选项卡中的"纸张大小"下拉菜单,可选择 A4、A3、B5 等常见纸张尺寸。若默认选项无法满足需求,可通过"更多纸张大小"自定义尺寸。

2. 纸张方向

在"页面布局"选项卡的"纸张方向"下拉菜单中,可选择纵向或横向。若要在同一文档中设置不同纸张方向,可通过插入分节符实现。

(二)页边距调整

1. 使用预设选项

单击"页面布局"选项卡中的"页边距"按钮,有"普通""窄""宽"等预设选项可供选择。

2. 自定义页边距

若预设选项不合适,可选择"自定义页边距",在弹出的页面设置对话框"页边距"选项卡中,精确调整上、下、左、右的页边距值。

(三)页眉页脚设置

1. 添加内容

在"插入"选项卡中单击"页眉页脚"按钮,可在文档顶部和底部添加内容,如文档标题、作者、页码、日期等。可选择预设样式,也可自行编辑。

2. 格式设置

添加完页眉页脚后,可对字体、字号、颜色、对齐方式等进行格式设置,还可设置其位置、高度等参数。

(四)分节和分页设置

1. 分节设置

单击"插入"选项卡中的"分页",可选择不同类型的分节符进行分节。分节可实现在同一文档中设置不同的页面格式,如不同的页边距、纸张方向等。

2. 分页设置

若希望在特定位置开始新的一页,可将光标定位到需要分页的位置,单击"页面布局"选项卡中的"分隔符",选择"分页符"插入。

任务实施

一、新建 WPS 文档

在计算机桌面找到 WPS 快捷图标,双击启动软件。进入主界面后,单击"新建"按钮,在弹出的"新建"选项中选择"空白文档",即可成功新建。之后便能在空白文档中进行文字输入、格式设置等各类编辑操作。新建文档的操作过程如图 3-3 所示。

图 3-3　WPS 新建文档的操作过程

二、编辑 WPS 文档

（一）页面设置

根据通知排版要求，将这个文档设置为 A4 纸张、纵向，左右边距分别为 3 厘米，上下边距均为 2.5 厘米，左侧装订，装订宽度为 0.5 厘米。

（1）单击"页面"选项卡的对话框启动器，打开"页面设置"对话框，如图 3-4 所示。

图 3-4　打开"页面设置"对话框

（2）在"页面设置"对话框中，在左侧的页边距功能区域中，在上、下边距的文本框中输入"2.5"厘米，左、右边距的文本框中输入"3"厘米，装订线位置选择"左"、装订线宽输入"0.5"厘米，方向选择"纵向"，如图 3-5 所示。然后切换到"纸张"选项卡，在纸张大小下拉列表中选择"A4"，单击"确定"按钮完成设置，如图 3-6 所示。

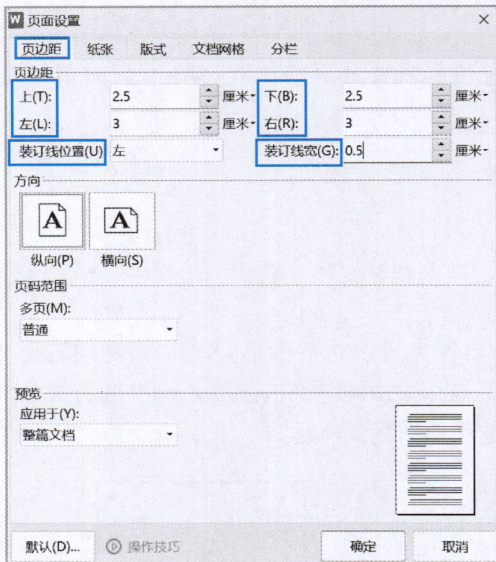

图 3-5　页边距设置

图 3-6　纸张选择

（二）文字录入

通过 Ctrl＋Shift 组合键，快速切换至常用输入法进行文字录入。若出现错字，可使用 Backspace 键删除光标前字符，或用 Delete 键删除光标后内容。

　　录入过程中,应该先专注文字内容,无须提前设置格式,也不要随意插入空行和段落。当文字到达行尾时会自动换行,若按 Enter 键则另起新段落。如需合并段落,将光标置于段落结尾,按下 Delete 键删除段落标记符即可完成操作。

　　录入的文字内容如图 3-7 所示。

(三) 字符格式设置和内容修改

　　(1) 将文档中的第 1 行文字设置为:隶书、加粗、红色、49 磅,字符间距加宽至 8 磅。

　　鼠标左键拖动选中首行"共青团××学院委员会"文字内容,随后单击"开始"选项卡功能区中"字体"组右下角的对话框启动器,如图 3-8 所示,即可弹出"字体"对话框。

　　打开"字体"对话框后,切换至"字体"选项卡,依次在"中文字体"选"隶书","字形"选"加粗","字号"选"小初","字体颜色"选标准红色,如图 3-9 所示。接着切换到"字符间距"选项卡,在"间距"处选"加宽",在"值"文本框输入"8"并确认单位为"磅",如图 3-10 所示,单击"确定"按钮完成设置。

　　(2) 将文档中的第 2 行文字"团字〔2025〕11 号"设置为:黑体、11 磅。

　　选中第 2 行文字"团字〔2025〕11 号",在"开始"选项卡功能区中,单击"字体"命令,选择"黑体",单击"字号"命令,选择"11",单击"B"加粗按钮,如图 3-11 所示。

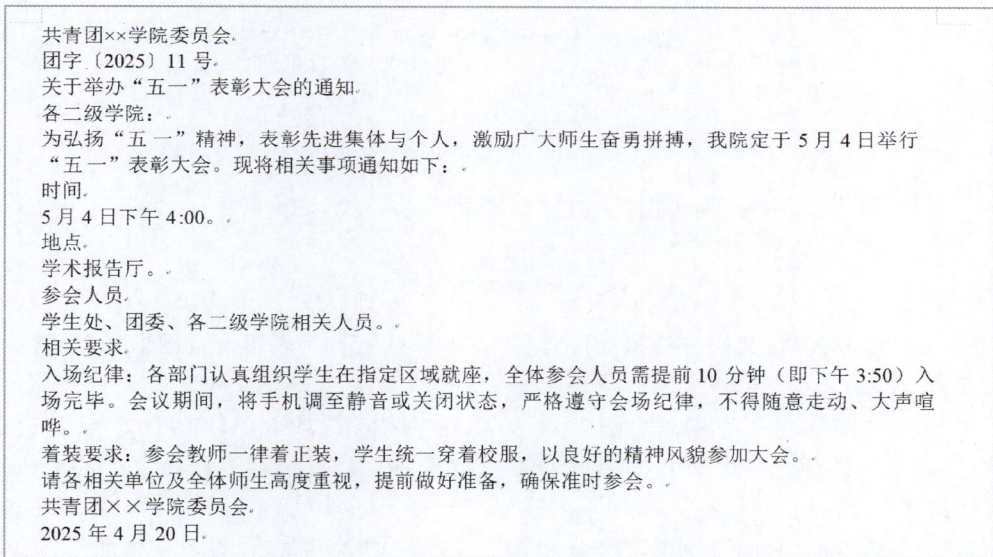

> 共青团××学院委员会
> 团字〔2025〕11 号
> 关于举办"五一"表彰大会的通知
> 各二级学院:
> 为弘扬"五一"精神,表彰先进集体与个人,激励广大师生奋勇拼搏,我院定于 5 月 4 日举行"五一"表彰大会。现将相关事项通知如下:
> 时间
> 5 月 4 日下午 4:00。
> 地点
> 学术报告厅。
> 参会人员
> 学生处、团委、各二级学院相关人员。
> 相关要求。
> 入场纪律:各部门认真组织学生在指定区域就座,全体参会人员需提前 10 分钟(即下午 3:50)入场完毕。会议期间,将手机调至静音或关闭状态,严格遵守会场纪律,不得随意走动、大声喧哗。
> 着装要求:参会教师一律着正装,学生统一穿着校服,以良好的精神风貌参加大会。
> 请各相关单位及全体师生高度重视,提前做好准备,确保准时参会。
> 共青团××学院委员会
> 2025 年 4 月 20 日

图 3-7　录入文字材料

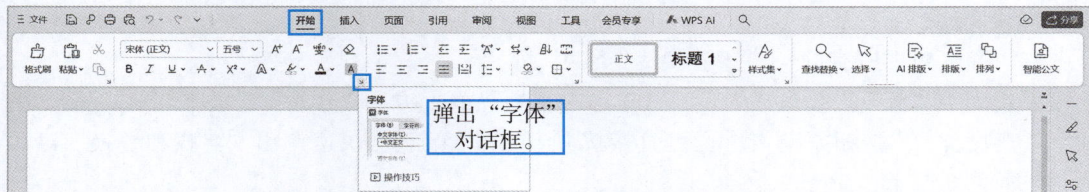

图 3-8　打开"字体"对话框

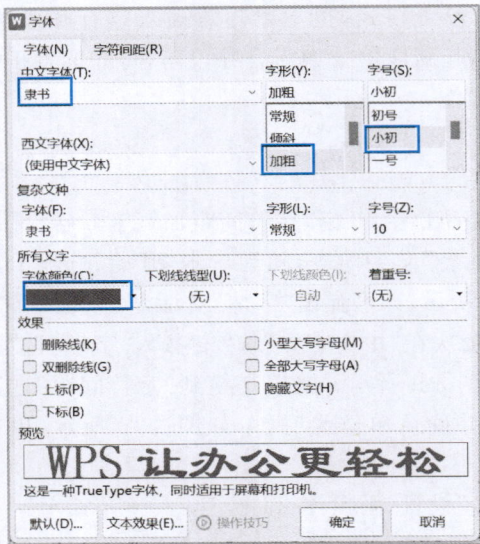

图 3-9　字体设置

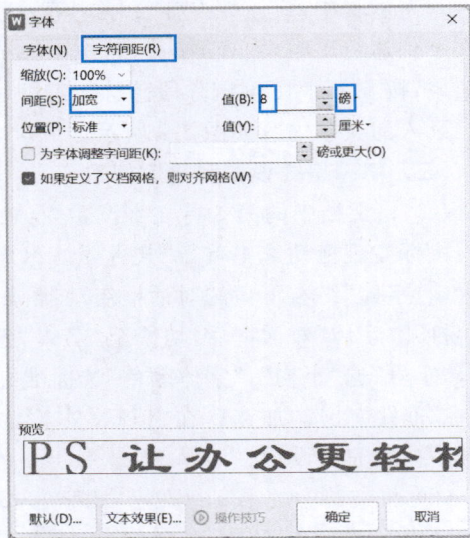

图 3-10　字符间距设置

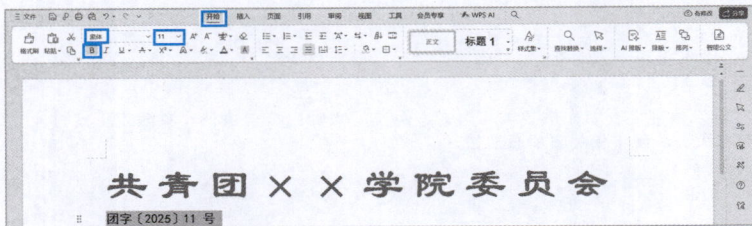

图 3-11　字体、字号设置

（3）用以上方法，将文档中的第 3 行文字"关于举办'五一'表彰大会的通知"设置为：宋体、小二号、加粗。

（4）选中文档剩余内容，打开"字体"对话框，在"字体"选项卡中，将"中文字体"设置为"宋体"，"西文字体"调整为"Arial"，"字号"设定为"小四"，以此完成剩余行文字的字体格式设置，如图 3-12 所示。

（5）对文档中的"时间""地点""参会人员""相关要求"这些文字，设置字体加粗。

先选择文档中的"时间"，再按住 Ctrl 键，分别选择"地点""参会人员""相关要求"，单击"开始"选项卡功能区中的"B"加粗按钮进行加粗设置。也可以设置好一项，其余项用格式刷进行格式复制。

（6）将文档中所有的"五一"替换为"五四"。

要把所有"五一"替换成"五四"，先单击文档界面上方的"开始"选项卡，在"编辑"组找到"查找替换"按钮并单击。也可直接按 Ctrl＋H 组合键，快速调出"查找和替换"对话框，如图 3-13 所示。

在弹出的对话框里，"查找内容"处输入"五一"，"替换为"处输入"五四"，最后点"全部替换"，WPS 文字会瞬间将文档里所有"五一"替换为"五四"，即可高效完成替换工作。

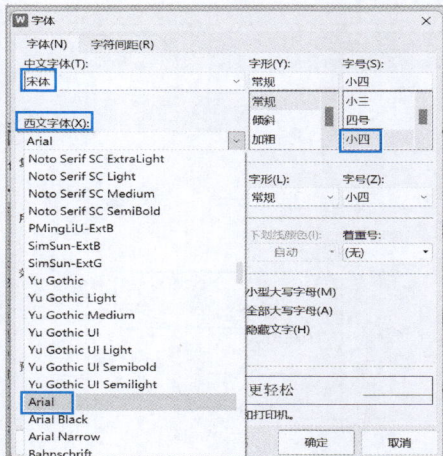

图 3-12　中文和西文字体设置

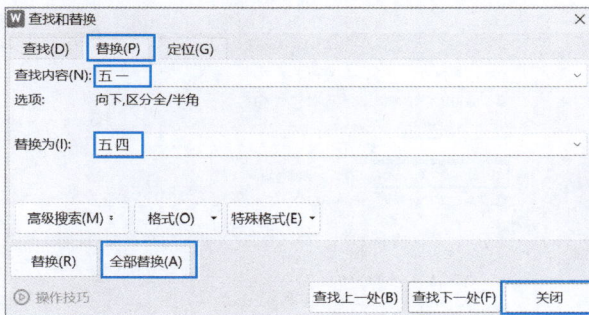

图 3-13　查找和替换

教学视频：
查找替换

（四）设置段落格式

（1）将文档中的第 1～3 段段落格式设置为"居中"。

选定第 1～3 段，单击"开始"选项卡，在段落功能区选中"居中对齐"按钮，操作如图 3-14 所示。

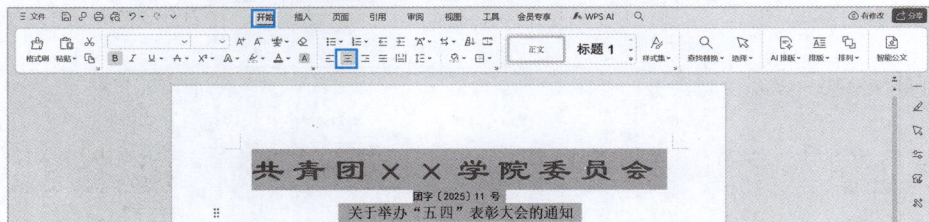

图 3-14　段落居中

教学视频：
设置段落
格式

（2）将文档中的第 1 段段落格式设置为：段前间距"1"行、段后间距"2"行。

将光标定位到第 1 段的任意位置，单击"开始"选项卡功能区中的"段落"对话框启动器打开"段落"对话框。

在"段落"对话框中，单击"缩进和间距"选项卡，在"间距"区域中的"段前"文本框中将数字改写为"1"行、"段后"文本框中将数字改写为"2"行，如图 3-15 所示。

（3）用以上方法，将文档中的第 3 段落格式设置为：段后间距"1 行"。

（4）将正文第四段之后的全部段落选中，设为"1.5 倍行距"。

选中包含第四段之后的所有段落，右击，在快捷菜单中选择"段落"命令，单击"行距"的下拉菜单框，选择"1.5 倍行距"，如图 3-16 所示。

（5）将第五段之后的段落，设置为：首行缩进 2 字符。

将正文内容从"为弘扬'五四'精神，表彰先进集体与个人……"至"请各相关单位及全体师生高度重视，提前做好准备，确保准时参会。"全部选中，在"段落"功能区中打开"段落"对话框，在对话框中的"缩进和间距"选项卡中，在"特殊格式"的下拉菜单中选择"首行缩进"，度量值会自动显示为"2"字符，如图 3-17 所示。

图 3-15　段前段后设置

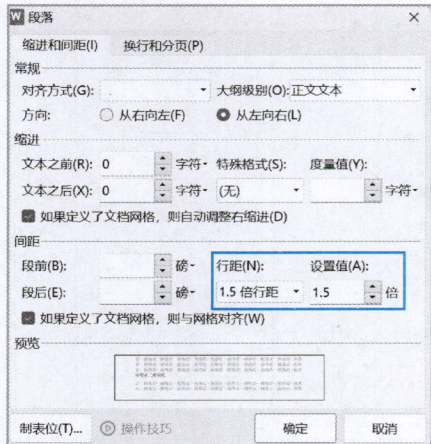

图 3-16　行距设置

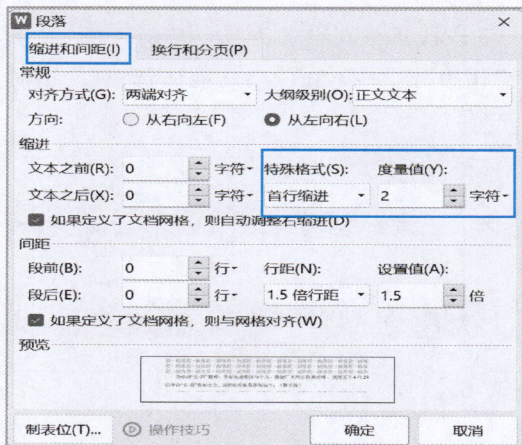

图 3-17　首行设置

教学视频：
行距和
首行缩进

（6）将文档中的通知单位和时间段落格式设置为：右对齐，段前间距 2 行。

选中通知单位和时间段落，单击"开始"选项卡，在段落功能区选中"右对齐"按钮。

将光标定位在落款时间的开始处，按 Backspace 键，然后按"空格"键，调整落款时间的位置，直到落款时间开始处与通知单位对齐的开始处对齐。

将光标定位在通知单位的任意位置，再打开"段落"对话框，在"间距"的"段前"文本框中将数字改写为"2"行，如图 3-18 所示。

（7）添加段落编号。

① 为"时间""地点""参会人员""相关要求"添加"一、""二、""三、""四、"的预设编号。

将光标定位在"时间"段落，在"开始"选项卡下的段落功能区中打开编号列表，单击"一、二、三、"的编号样式，为该段落应用预设编号样式，如图 3-19 所示。然后双击"格式刷"，把该段落的编号格式分别刷给"地点""参会人员"和"相关要求"三个段落。"格式刷"单击用一次，双击用多次，按 ESC 键可以取消。

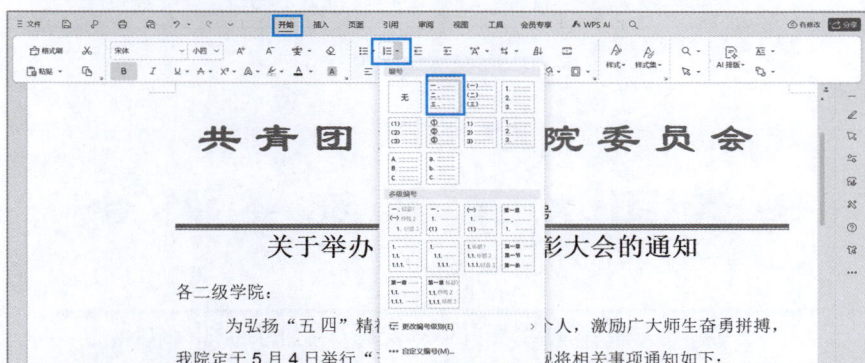

图 3-18　段前间距设置

图 3-19　添加编号

教学视频：
添加段落
编号

② 为"相关要求"项里面的段落添加"1、""2、"的编号。

选中"相关要求"段落下的两个段落,在"开始"选项卡下的段落功能区中打开"编号"窗口,单击"1、2、3、"的编号样式,为段落应用预设编号样式。

(五) 设置边框

给文档的第 2 段下面添加"红色""3 磅"的下边框线。

选中第 2 段,单击"开始"选项卡段落功能区中边框按钮,在下拉菜单中选择"边框和底纹",如图 3-20 所示。

打开"边框和底纹"对话框,切换至"边框"选项卡。在"设置"栏中选择"方框"样式,在"线型"列表选取第 9 种上粗下细的线条,将颜色设为"标准红色",宽度保持默认的"3 磅"。在"预览"区域,通过单击取消上、左、右三条边线,仅保留底边线条。最后,在"应用于"下拉列表中选择"段落",完成相关设置。最终效果如图 3-21 所示。

三、打印 WPS 文档

(一) 打印预览

完成文档编辑后,别着急打印。先使用"打印预览"功能,仔细查看文档排版、内容等效

图 3-20　添加边框

图 3-21　添加边框效果图

果。确认无误后再进行打印操作，这样既能避免因错误导致的纸张浪费，也能提高工作效率，节省时间成本。

单击左上角的"文件"按钮，从弹出的菜单中选择"打印"下的"打印预览"，或者单击快速访问工具栏的"打印预览"按钮，如图 3-22 所示。进入"打印预览"模式，并启用新的"打印预览"标签页。

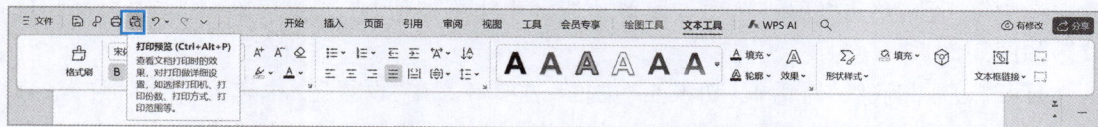

图 3-22　打开打印预览

在"打印预览"窗口内，可以灵活操作多项打印设置。可挑选合适的打印机，设定打印份数，按需选择纸张大小与打印方向，确定打印方式、打印范围或指定具体页码。此外，还能决定是否启用缩放打印功能。完成各项设置后，单击"打印"按钮，即可按配置直接输出文档，如图 3-23 所示。

图 3-23　打印简单设置

（二）打印高级设置

如需打印文档，单击快速访问工具栏上的"打印"按钮，随即弹出"打印"对话框。

在"打印机"下拉列表中，可根据实际需求选择不同型号的打印机。在"页面范围"选项区域，支持多种打印方式：打印全部内容、仅打印当前页、或自定义特定页码范围。例如，若要打印文档第 1 页、第 3 页，以及第 7～15 页，在对应文本框中输入"1,3,7-15"即可精准设置。最后，在"份数"一栏中，填写期望的打印份数，参照图 3-24 完成全部打印参数设定。

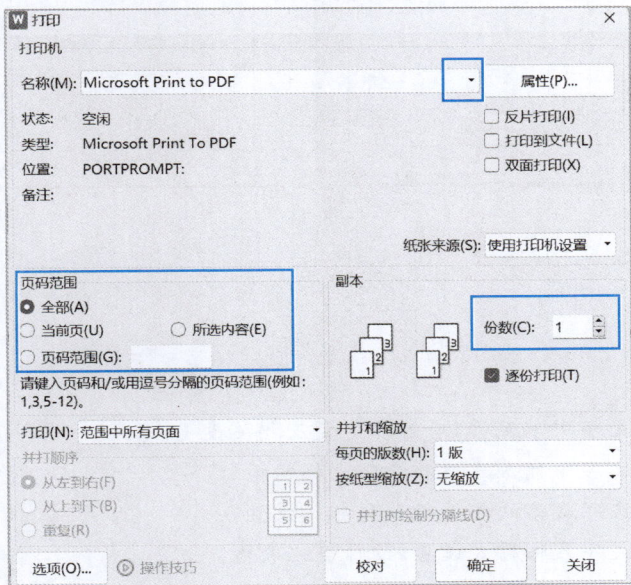

图 3-24　打印高级设置

一级真题
题目

一级真题
素材

一级真题
操作演示
视频

任务二 设计“2026—2027 学年学院奖学金申请审批表”

任务导入

在学院的日常工作中，奖学金评选是一项备受关注且意义重大的工作。对于优秀学子来说，奖学金不仅是物质上的奖励，更是对他们努力学习、积极进取的认可与激励。而一份规范、清晰的奖学金申请表，是整个评选流程顺利开展的重要基础。李铭作为办公室实习生，需要运用 WPS 文字文档表格处理操作方法，帮助办公室老师设计一份全新的奖学金申请表，图 3-25 是李铭设计的奖学金申请审批表效果图。

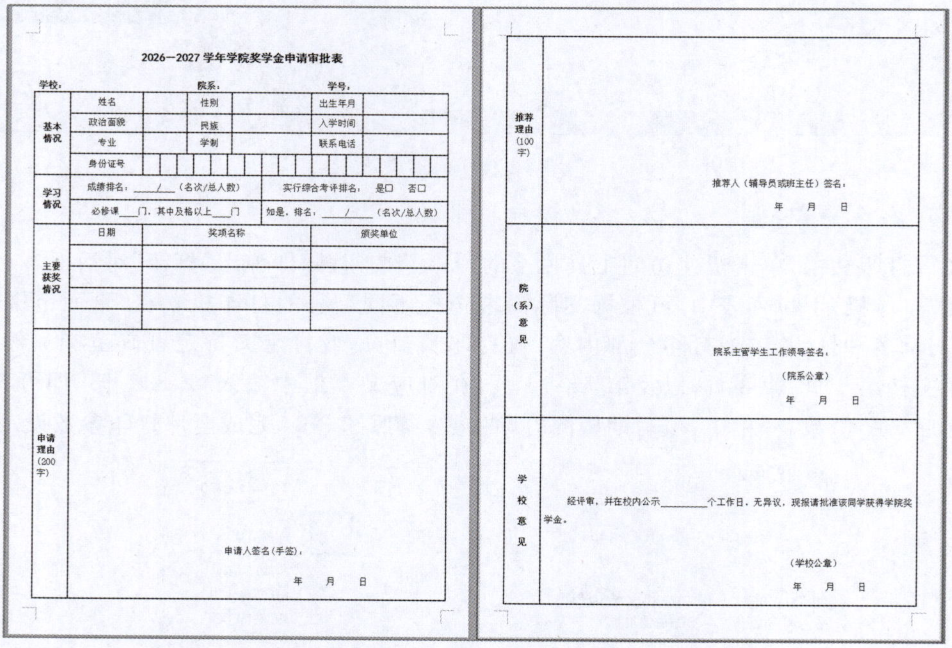

2026—2027 学年学院奖学金申请审批表

学校： 院系： 学号：

基本情况	姓名		性别		出生年月	
	政治面貌		民族		入学时间	
	专业		学制		联系电话	
	身份证号					
学习情况	成绩排名：___/___（名次/总人数）			实行综合考评排名： 是□ 否□		
	必修课___门，其中及格以上___门			如是，排名：___/___（名次/总人数）		
主要获奖情况	日期	奖项名称		颁奖单位		
申请理由（200字）	申请人签名（手签）： 年 月 日					
推荐理由（100字）	推荐人（辅导员或班主任）签名： 年 月 日					
院（系）意见	院系主管学生工作领导签名： （院系公章） 年 月 日					
学校意见	经评审，并在校内公示_____个工作日，无异议，现报请批准该同学获得学院奖学金。 （学校公章） 年 月 日					

图 3-25 奖学金申请审批表

学习目标

1. 知识目标

（1）认识 WPS 文字中单元格，理解其定义及相关设置。

（2）掌握 WPS 文字中插入表格和绘制表格的操作。

（3）了解 WPS 文字表格的相关行和列相关设置。

（4）学会 WPS 文字表格样式设置，设计美化表格。

2. 能力目标

（1）能按要求拆分、合并单元格，设置单元格对齐方式。

（2）熟练掌握表格行和列的宽、高设置。

（3）能够设计出形式多样的表格。

3. 素养目标

（1）通过对单元的操作，养成严谨细致的工作态度。

（2）通过制作奖学金申请表，引导学生在实践中强化诚信自律意识，树立奋斗成才的价值观念。

（3）通过学生自己独特的表格设计，培养学生大胆探索、敢于创造的创新精神。

📋 任务描述

　　本次任务将学习页面设置、表格插入与编辑、单元格操作、格式设置及样式设计等技能，通过精准设置页边距、合理合并单元格、规范文字格式与边框样式，打造符合要求的申请表。掌握这些操作，不仅能提升办公效率，更能让表格呈现专业美观的效果，为各类表格制作奠定基础。

⏱ 知识准备

一、WPS 文字表格创建

（一）直接插入表格

打开 WPS 文字软件，新建或打开一个已有文档。将光标定位到需要插入表格的位置。

单击功能区中的"插入"选项卡。找到"表格"按钮并单击，会弹出下拉菜单。可以通过鼠标拖动直接选择表格的行数和列数来插入表格；也可以单击"插入表格"，在弹出的对话框中输入具体的行数和列数，然后单击"确定"按钮。

（二）绘制表格

按照上述步骤打开"插入"选项卡下的"表格"下拉菜单。选择"绘制表格"选项，此时光标会变成铅笔形状。按住鼠标左键，在文档中拖动鼠标，即可绘制出表格的边框和线条，自由定义表格的大小和形状。绘制完成后，可通过单击表格边框调整其大小和形状。

二、WPS 文字单元格操作

在 WPS 文字的表格中，行和列交叉形成的区域就是单元格，它是表格中用于存储和编辑内容的基本单位。你可以在单元格中输入文字、数字、插入图片、设置格式等。

（一）插入单元格

将光标定位到表格中需要插入单元格的位置，单击"表格工具"选项卡中的"插入"按钮，在下拉菜单中选择"单元格"，在弹出的对话框中可以选择插入单元格的方式，如"活动单元格右移""活动单元格下移"等，然后单击"确定"按钮。

（二）删除单元格

选中要删除的单元格，单击"表格工具"选项卡中的"删除"按钮，在下拉菜单中选择"单元格"，在弹出的对话框中选择删除单元格的方式，如"右侧单元格左移""下方单元格上移"

等,单击"确定"按钮。

(三)合并单元格

选中需要合并的多个单元格,右击,在弹出的菜单中选择"合并单元格"命令,或者单击"表格工具"选项卡中的"合并单元格"按钮。

(四)拆分单元格

将光标定位在需要拆分的单元格内,右击,选择"拆分单元格",在弹出的对话框中输入要拆分的行数和列数,单击"确定"按钮。也可以通过"表格工具"选项卡中的"拆分单元格"按钮来操作。

(五)设置单元格格式

可以设置单元格内文本的字体、字号、颜色、对齐方式等。选中单元格或单元格内的文本,通过"开始"选项卡中的字体和段落格式设置工具进行操作。还可以设置单元格的边框和底纹,在"表格工具"选项卡的"边框和底纹"按钮中进行相关设置。

三、调整表格结构

(一)调整行列尺寸

(1)手动拖动:将鼠标移至行边框或列边框,待指针变为双向箭头,按住左键拖动可调整行高或列宽。制作表格时,可根据内容多少调整各列宽度,使布局更合理。

(2)精确设置:选中行或列,右击选"表格属性",在对话框中"行""列"选项卡可精确设置行高值、列宽值。

(二)插入与删除行列

(1)插入:右击某行或列,选"插入",可在当前行上方或当前列左侧插入新行、新列。也可选中行或列后,在"表格工具"选项卡单击"插入"按钮进行操作。

(2)删除:右击要删除的行或列,选"删除行"或"删除列"。或选中后在"表格工具"选项卡中单击"删除"按钮进行选择操作。

四、WPS 文字表格样式的设置

(一)自动套用样式

(1)选择样式:选中表格,在"表格工具"选项卡下找到"表格样式",浏览 WPS 提供的多种预设样式,将鼠标悬停在样式上可实时预览效果,单击满意的样式即可应用到表格。

(2)进一步设置:选中插入的表格后,点开"表格样式"选项卡,左边还有"首行填充""隔行填充""首列填充""末行填充""隔列填充""末列填充"等 6 个选项,可进一步自定义表格的填充样式。

(二)表格边框设置

(1)选中表格:打开 WPS 文字文档,单击表格任意单元格,然后拖动鼠标可选中整个表格,若只想设置部分单元格边框,可选中相应单元格。

(2)打开边框设置:选中表格或单元格后,单击功能区的"表格工具"选项卡,找到"边框"按钮,单击下拉菜单中的"边框和底纹"选项。也可在表格中的任意位置右击,在弹出的菜单中选择"边框和底纹"选项。

（3）设置边框样式：在弹出的"边框和底纹"对话框中，选择"边框"选项卡。在此可选择多种边框样式，如实线、虚线、双线等线型，还可选择边框的颜色和宽度。

（4）应用边框设置：在"预览"区域单击相应的边框位置，可预览边框效果，确认无误后，单击"确定"按钮，所选边框样式将应用到表格或单元格上。

🧑‍🤝‍🧑 任务实施

一、新建文档及设置页面

新建一个"奖学金申请表"WPS 文字文档，在页面设置中将上、下、左、右页边距都设为 1.27 厘米，纸张方向纵向，纸张大小 A4，如图 3-26 所示。

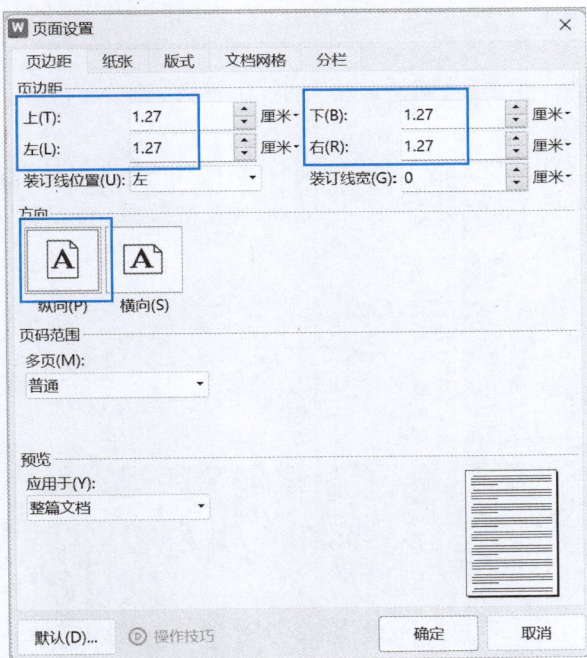

图 3-26　页面设置

二、输入表格标题信息

将光标定位在页面的第一行，输入表格标题"2026－2027 学年学院奖学金申请审批表"，按 Enter 键在页面的第二行输入标题"学校:""院系:""学号:"，每个数据项之间用空格隔开。

三、创建表格

插入一个 7 列 15 行的工作表：按 Enter 键到页面的第三行，切换到"插入"功能选项卡，单击"表格"命令，选择"插入表格"命令，在弹出的"插入表格"窗口中输入"7"列、"15"行，列宽设置选择默认，生成一个表格，如图 3-27 所示。

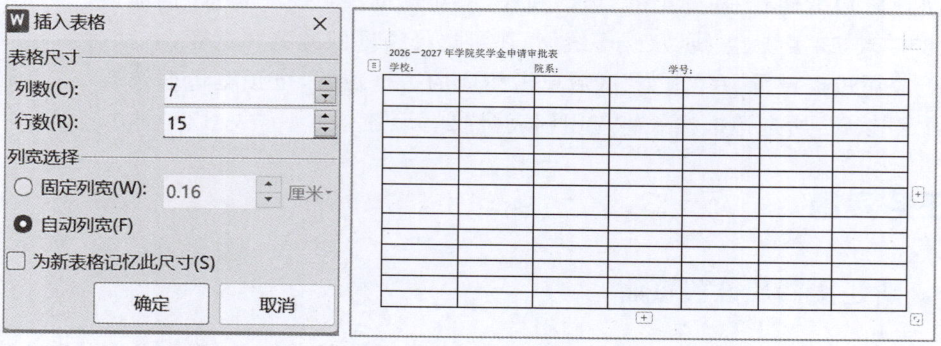

图 3-27　创建表格

四、编辑表格

对表格进行单元格合并布局，调整表格大小，在表格中输入内容。

（一）设置行高、列宽

选中整个工作表，会出现"表格工具"选项卡，切换到"表格工具"，在表格属性区域内设行高 0.95 厘米，如图 3-28 所示。按照图 3-25 所示表格效果，将鼠标放置在列宽的分割线上，调整列宽。

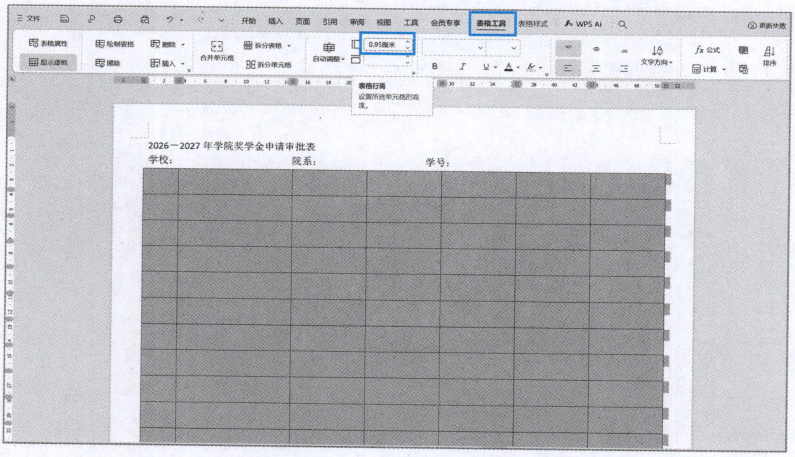

图 3-28　设置行高

（二）合并单元格

根据内容的需要，按照图 3-25 所示表格效果，合并相应的单元格。

1. 第一列单元格的合并

将第一列从上往下数的 1、2、3、4 单元格选中，单击"表格工具"中的"合并单元格"按钮，将 4 个单元格合并为一个单元格。选中第 1 列从上往下数的 5、6 单元格，合并为一个单元格。选中第 1 列从上往下数的 7、8、9、10、11 单元格，合并为一个单元格。

2. 第四行单元格的合并

选中第 4 行水平方向从左向右数的 3、4、5、6、7 单元格，合并为一个单元格。

3. 第 5、6 行单元格的合并与绘制

继续选中第 5 行水平方向从左向右数的 2、3、4、5、6、7 单元格合并为 1 个单元格,选中第 6 行水平方向从左向右数的 2、3、4、5、6、7 单元格合并为 1 个单元格。在合并的 2 个长单元格中按照图 3-25 所示表格效果,单击"表格工具"选项卡下的"绘制表格"按钮,在合并表格的中间位置垂直方向绘制直线,将两个合并的长单元格分成 4 个单元格。

其余单元格的合并按照上面同样的方法按照图 3-25 所示表格效果逐一进行合并,最终表格合并的效果如图 3-29 所示。

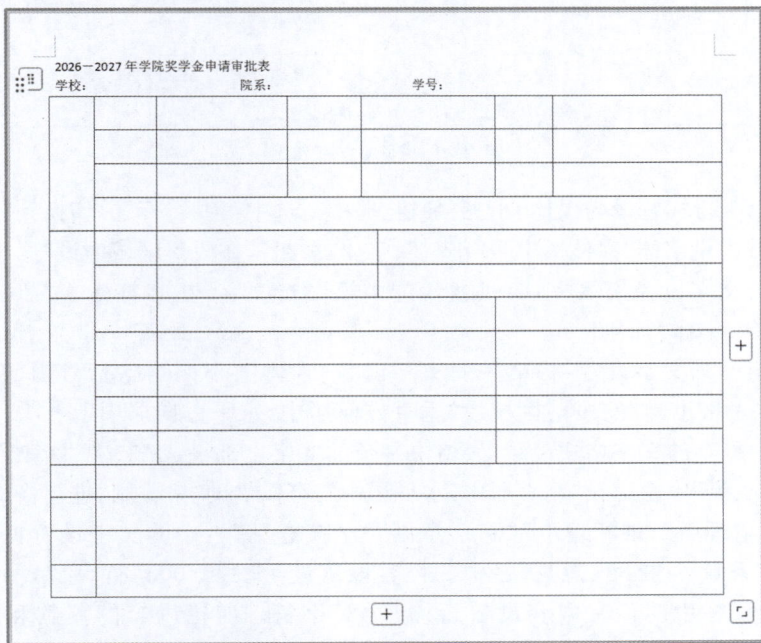

图 3-29　合并单元格效果

教学视频:
合并单元格

(三) 字符及段落格式设置

如表格所示效果,输入表格内的文字。

(1) 对特殊输入符号的设置。

下画线输入:将光标定位到"成绩排名:"之后,切换到"开始"选项卡,在字符格式区域内,单击"下画线"按钮,按"空格键"会出现下画线,可以使用 Backspace 键调整下画线的长度,如图 3-30 所示,其余下画线使用同样的方法输入。

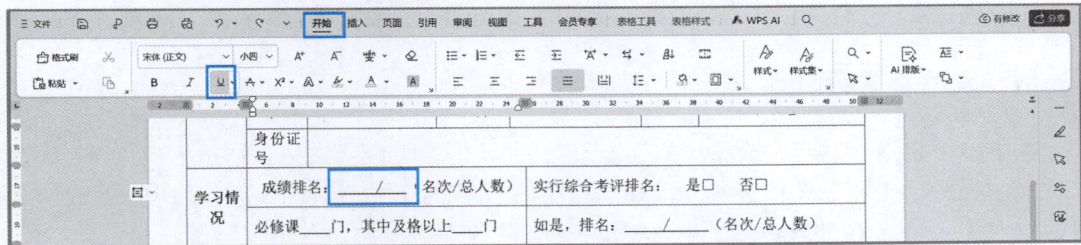

图 3-30　输入下画线

教学视频:
特殊符号
的输入

方框选项符号的插入：把光标定位到"是"之后，切换到"插入"选项卡，单击"符号"按钮，在"自定义符号"符号栏中选择方框符号，就可以插入该符号，如图 3-31 所示，后面的方框符号插入方法相同。

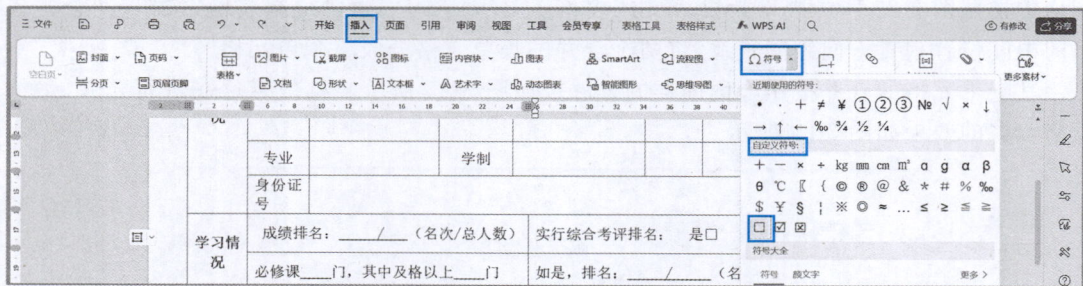

图 3-31　插入方框符号

（2）标题第 1 行标题设为黑体、小三、加粗、居中。选中第一行标题，切换到"开始"选项卡，在字符格式区域内设字体"黑体"、字号"小三"、字体"加粗"，在段落区域内设"居中对齐"。

（3）第 2 行文字设为宋体、小四、加粗：选中第二行文字，在字符格式区域内设字体"宋体"、字号"小四"、字体"加粗"。

（4）表格第一列文字设置：将第一列文字设为"宋体""小四"，除括号内的文字全部"加粗"设置，并在"表格工具"的段落区域设"垂直方向居中，水平方向居中"。

（5）表格中剩余的文字格式设置：表格中剩余的文字全部设成"宋体""小四"，对单元格标题文字在"表格工具"中全部设"垂直居中，水平居中"，可以借助"格式刷"进行格式设置。

（6）对"申请理由""推荐理由""院系意见""学校意见"栏中的文字设置：将"申请理由""推荐理由""院系意见""学校意见"栏中的内容段落设为段前"0.5"行、段后"1"行、"单倍行距"。"学校意见"栏中的正文内容设首行缩进"2"字符。四栏内容的落款和时间设"右对齐"，并按图 3-25 所示表格效果，使用 Backspace 和空格键调整至合适的位置。

（7）对"申请理由""推荐理由""院系意见""学校意见"单元格高度的调整：参照表格效果图，用 Enter 键把"申请理由"单元格的高度向下调整占满第一页，"推荐理由""院系意见""学校意见"单元格单独占第二页。

（8）对表格中其余单元格大小的调整：对表格其余单元格根据文字内容空间大小，按图 3-25 所示表格效果进行调整。

（9）对"身份证号"数据项右侧的合并单元格拆分：选中第四行"身份证号"数据项右侧合并的长单元格，单击"表格工具"中的"拆分单元格"命令，将该单元格拆分为"18 列""1 行"，用于输入 18 位的身份证号码。表格编辑的最终效果如图 3-25 所示。

五、表格样式设计

选中整个表格，切换到"表格样式"选项卡。单击"边框颜色"按钮，将"边框颜色"设为"黑色"。单击"线型粗细"按钮，选择"1.5 磅"。在"边框"的下拉菜单中，选择"所有框线"，如图 3-32 所示。或者在"表格样式"中，选择一种合适的表格样式。

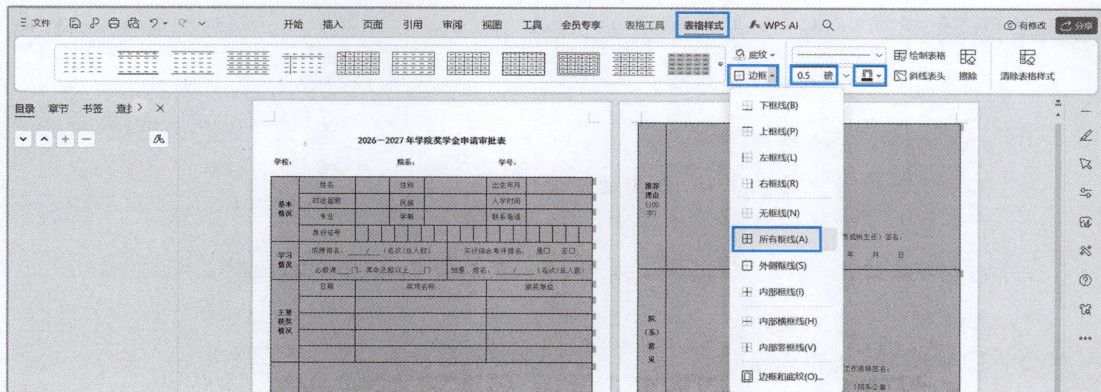

图 3-32　设置表格样式

任务三　群发"成绩通知单"

任务导入

　　每到学期末,班主任都要为每一位同学发一份本学期学习的成绩单,但班里有 40 多名同学,如果要给每人都制作一份,工作量就会很大,班主任把这项工作交给了作为班长的王楠。王楠打算利用 WPS 文字的邮件合并功能,批量生成"成绩通知单",协助班主任完成这项任务。图 3-33 所示是编辑完成效果。

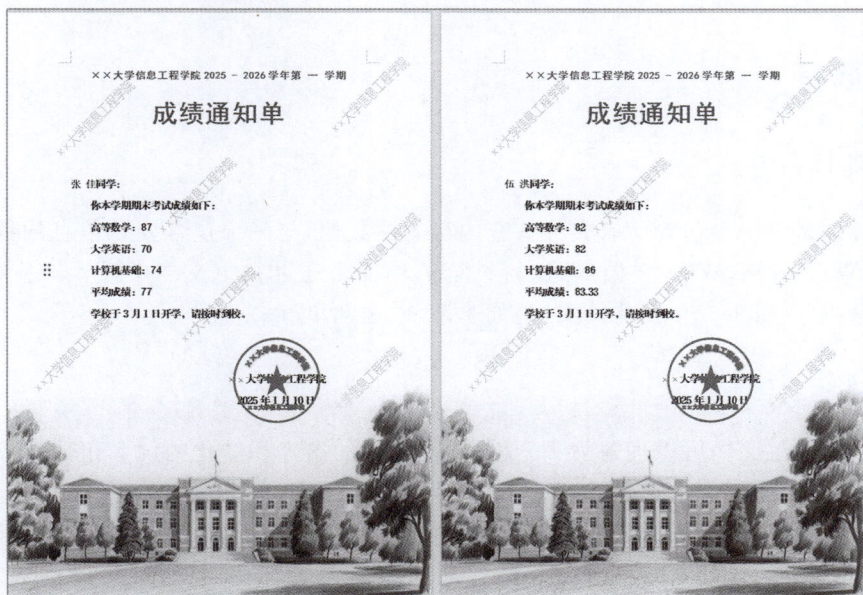

图 3-33　"成绩通知单"编辑完成效果

📖 学习目标

1. 知识目标

（1）认识邮件合并的功能。

（2）理解邮件合并中的主文档、数据源、合并文档的内涵。

（3）学会建立主文档和数据源的联系，学会使用邮件合并。

2. 能力目标

（1）能按要求设计主文档。

（2）能够按要求制作数据源表。

（3）能够建立主文档和数据源关联，合并邮件，查看合并数据。

3. 素养目标

（1）通过邮件合并操作，培养学生的创造精神。

（2）培养学生大胆探索、敢于创造的思想品格。

（3）通过完成任务，培养学生勇于承担责任的道德品质。

📋 任务描述

制作"成绩通知单"，我们需要设计成绩单的版面，准备好全班同学成绩的基础数据，成绩单是衡量学生学习成果和表现的重要依据，要确保数据的真实性和准确性，避免因工作疏忽而造成的不良后果。

新建"成绩通知单"主文档和数据源，通过邮件合并建立主文档和数据源的关联，来实现"成绩通知单"的制作。

⏱ 知识准备

一、邮件合并

邮件合并是将一个包含所有文件共有内容的主文档，与一个包含变化信息的数据源（如文本文档、WPS 表格、WPS 文档等）进行结合的功能。通过在主文档中插入对应数据源中的变化信息，可批量生成个性化的文档，如邀请函、通知单等。

二、创建主文档

邮件合并的主文档可以理解为一个模板，由不变的内容和变化的内容组成，不变的内容需要自己输入，变化的部分来自"域"。不变的内容常常包括以下内容。

（1）通用文本：在主文档中，先输入邮件中固定不变的通用内容。如在邀请函中，活动的主题、时间、地点、活动大致流程等信息是对所有受邀者都相同的，可先完整输入这些内容，并进行合理排版，设置字体、字号、段落格式等，确保文档整体美观、易读。

（2）图形与图片：根据邮件内容需求，可在主文档中插入相关图形、图片来丰富邮件展示效果。如在产品推广邮件中,插入产品图片;在企业宣传邮件中,插入公司 Logo、办公环境图片等。通过"插入"选项卡中的"图片"或"形状"等功能按钮,选择本地图片文件或绘制所需图形,并对其大小、位置、环绕方式等进行调整,使其与文本内容完美融合。

（3）格式与样式:为使主文档更具专业性和规范性,要统一设置格式和样式。可定义标题样式,如活动名称设为"标题 1"样式,突出显示;正文内容设置合适的字体、字号、行间距、段落缩进等。

三、创建数据源

（1）打开 WPS 表格文档:启动 WPS 表格软件,如果已有数据表格可直接打开,若没有则新建表格。

（2）建立表头:在第一行的各个单元格中输入列标题,如"姓名""地址""邮箱"等,这些列标题就是邮件合并时的字段名。

（3）录入数据:在列标题下方的各行中输入具体的数据内容,每一行代表一条记录,每一列对应一个字段。确保数据的完整性和准确性,不要有空行或空列,也尽量避免使用合并单元格。

（4）保存表格:单击"文件"菜单中的"保存"或"另存为",选择合适的位置保存表格文件,建议保存为". xlsx"或". et"格式,也可以将表格建立在文字文档中。

四、建立主文档、数据源关联

（一）启动邮件合并向导

在 WPS 文字文档中的"引用"选项卡下找到"邮件合并"向导,选择数据源,然后浏览并选择之前准备好的数据源文件,打开数据源。

（二）插入合并字段

将数据源中的字段插入主文档的相应位置。

（1）定位光标:在主文档中,将光标定位在需要插入信息变化的位置。

（2）插入字段:单击"插入合并域"按钮,从弹出的对话框的"数据库域"中选择相应的字段,如"姓名""地址"等。重复此操作,插入所有需要的字段。

（三）预览和完成合并

在完成字段插入后,预览合并效果并完成合并操作。

（1）预览结果:单击"查看合并数据"按钮,可以查看每条记录的预览效果,通过"上一条"和"下一条"按钮可以依次查看所有记录。

（2）完成合并:预览确认无误后,单击"合并到新文档"按钮,然后选择"全部",会生成一个新的 WPS 文字文档,其中包含了所有合并后的记录,另存即可。

五、域

（1）文本域:用于插入文本类型的数据,如姓名、地址、公司名称等。例如,在 WPS 文字文档中进行邮件合并时,将"姓名"合并域插入文档中,合并后该位置会显示数据源中对应记录的具体姓名内容。

（2）数字域：主要用于插入数字数据，如订单金额、数量、编号等。比如，"订单金额"合并域会根据数据源中的数据，在合并后的文档中显示具体的订单金额数字。

（3）日期域：专门用于插入日期数据。可以按照指定的日期格式，将数据源中的日期信息插入到主文档中。例如，在制作会议通知时，使用"会议日期"合并域，就可以根据不同的会议安排，在通知中显示相应的日期。

六、WPS 文字文档超链接

WPS 文字文档超链接是在文档中建立指向其他内容的连接，方便读者快速访问相关信息。超链接主要分为以下四类：

（1）链接到网页：选中要设置超链接的文本，单击"插入"选项卡中的"超链接"按钮，在"插入超链接"对话框的"地址"栏输入网页地址，单击"确定"按钮。

（2）链接到本地文件：选中要添加超链接的文本，单击"插入"选项卡中的"超链接"按钮，在弹出的对话框中单击左侧的"原有文件或网页"选项，通过右侧的"文件图标"按钮找到要链接的本地文件，单击"确定"按钮。

（3）链接到文档中的特定位置（书签超链接）：首先确定在文档中要设置为书签的位置，选中相关内容后，单击"插入"选项卡中的"书签"按钮，输入书签名称并单击"添加"。接着选中要设置超链接的文本，单击"插入"选项卡中的"超链接"按钮，在弹出的对话框中选择"本文档中的位置"，在右侧列表中找到之前设置的书签，单击"确定"按钮。

（4）链接到电子邮件：选中要添加超链接的文本，单击"插入"选项卡中的"超链接"按钮，在"插入超链接"对话框中选择"电子邮件地址"，输入收件人的"电子邮件地址"和"邮件主题"等信息，单击"确定"按钮。

任务实施

一、创建主文档——制作信函

首先创建一个"成绩通知单"的 WPS 文字主文档，录入如图 3-34 所示文字内容，主文档必须处于打开状态，不能关闭。

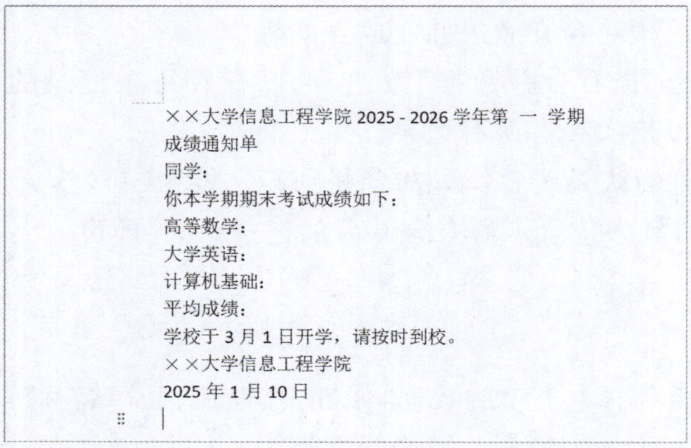

××大学信息工程学院 2025 - 2026 学年第 一 学期
成绩通知单
　　同学：
你本学期期末考试成绩如下：
高等数学：
大学英语：
计算机基础：
平均成绩：
学校于 3 月 1 日开学，请按时到校。
××大学信息工程学院
2025 年 1 月 10 日

图 3-34　"成绩通知单"主文档内容

（一）字符格式、段落和页面设置

（1）字体格式设置："××大学信息工程学院 2025—2026 学年第 一 学期"设为"黑体""四号""深红"，"成绩通知单"标题设置为"黑体""小初""深红"。正文设置为"方正小标宋简体""四号"。

（2）标题段落格式设置：选中"××大学信息工程学院 2025—2026 学年第 一 学期"和"成绩通知单"，右击选择"段落"，打开段落对话框，"对齐方式"设为"居中对齐"，段前段后各"1"行，如图 3-35 所示。

（3）正文段落格式设置：选中除正文第一行（"同学："）之外的其余行，段落中设首行缩进"2"字符，设置如图 3-36 所示。

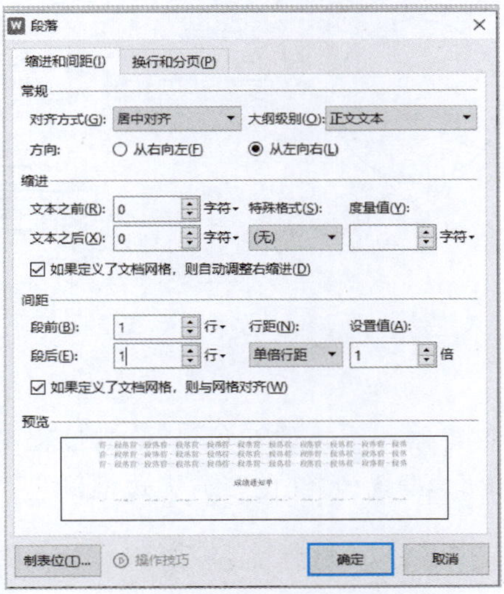

图 3-35　标题段落格式设置

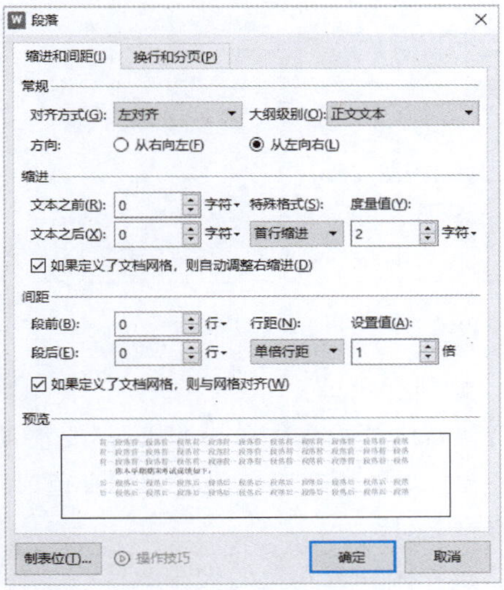

图 3-36　正文段落格式设置

（4）落款和时间设置：选中落款和时间两个段落，在"开始"选项卡中的段落设置区域，选择"右对齐"，借助 Backspace 键和空格键，向左回调至合适的位置，可参考图 3-37。

（5）页面背景图片设置：切换到"插入"功能选项卡，单击"图片"按钮，在弹出的对话框中，从本地电脑上插入背景图片素材，设环绕方式为"衬于文字下方"，并移动到页面底部，按住 Shift 键同比例调整图片的大小，让图片把页面底部左右空间布满。为了让图片与页面更好地融为一体，选中图片，在"图片工具"选项卡中单击"效果"按钮，在下拉菜单中，选择"柔化边缘"中的"50 磅"，再次调整图片的大小，操作过程及最终效果如图 3-37 所示。

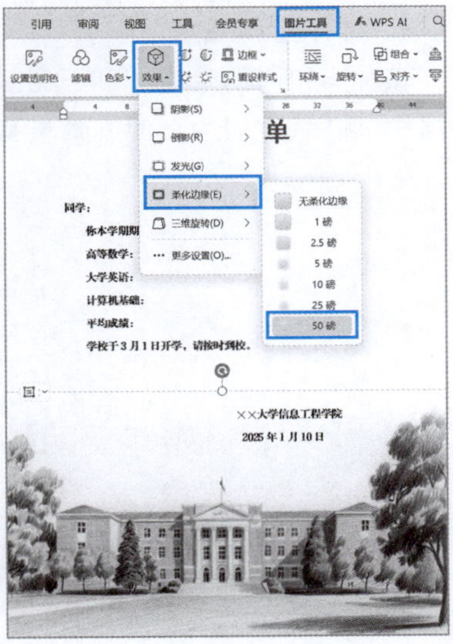

图 3-37　图片柔化边缘设置

（二）在落款处加盖公章

1. 绘制正圆

单击"插入"选项卡下的"形状"按钮，在"基本形状"类别中选择"椭圆"，如图 3-38 所示，按住 Shift 键并用鼠标左键在文档中拖曳，直至达到理想的尺寸，释放鼠标后，会得到一个正圆。也可以根据图形的控点调整图形的大小，并把圆调整到落款的位置。

选中所绘制的正圆，此时会弹出一个新的选项卡"绘图工具"。单击"绘图工具"选项卡中的"填充"按钮，选择"无填充颜色"。接着再单击"轮廓"按钮，在"标准色"中选择"红色"，再次在"轮廓"下拉菜单中，设置"线型"为"3 磅"，如图 3-39 所示。

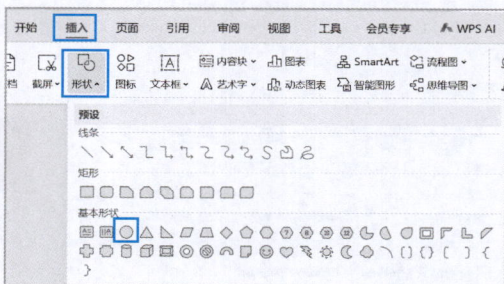

教学视频：
绘制正圆

图 3-38　插入形状

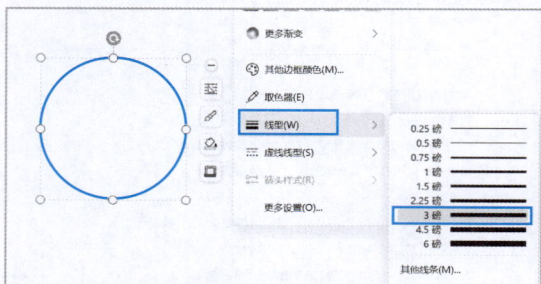

图 3-39　设置形状线型

2. 绘制五角星

绘制五角星的方法和圆类似，都要借助 Shift 键绘制一个正的五角星，绘制过程不再复述。将五角星的填充颜色设置为标准色"红色"，"轮廓"设置为"红色"或"无边框颜色"，并调整至圆的中间。

3. 设置圆和五角星的大小

调整圆和五角星大小的比例：在公章绘制中一般要求二者保持 3 ∶ 1 的比例，在这里通过"绘图工具"把圆的高度和宽度都设为"4.2 厘米"，五角星的大小设为"1.4 厘米"。

4. 对齐圆和五角星

按住 Shift 键，选中圆和五角星，在"绘图工具"选项卡的"对齐"下拉菜单中，分别单击"水平居中"和"垂直居中"，使五角星和圆对齐，设置过程如图 3-40 所示。

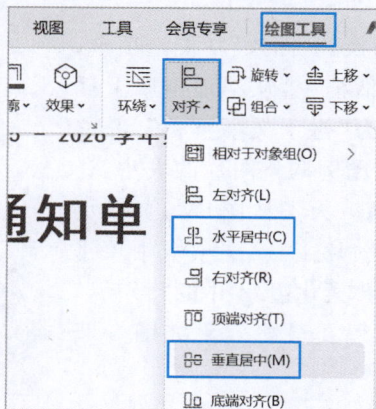

教学视频：
对齐圆和
五角星

图 3-40　对齐圆和五角星

（三）设置艺术字

单击"插入"选项卡中的"艺术字"下拉按钮,在艺术字样式列表中选择"预设样式""填充-黑色、文本 1、阴影",如图 3-41 所示。在弹出的艺术字文本框中输入"××大学信息工程学院",并设置字体为"宋体""小初号"。

选中艺术字,会出现"文本工具"功能选项卡,在"文本工具"选项卡中把艺术字的"填充"和"轮廓"都设为标准色"红色",如图 3-42 所示。

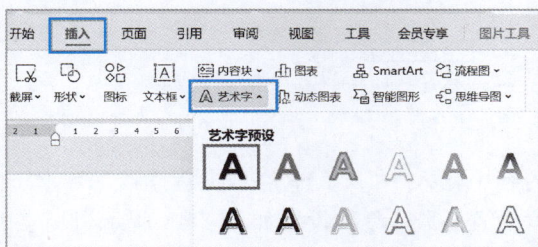

图 3-41　插入艺术字

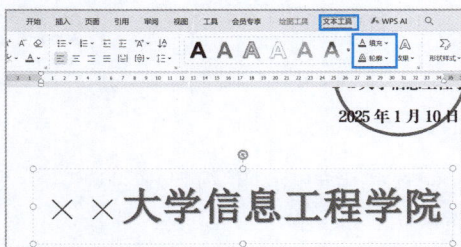

图 3-42　设置艺术字格式

（四）设置公章落款

插入一个文本框,把艺术字中的文字复制粘贴到文本框中,设置字体为"宋体""8 号",移动至圆的靠下位置。

按住 Shift 键,分别单击已完成的圆、五角星、公章落款文本框,选择这三个对象,单击"绘图工具"选项卡中的"组合"按钮,选择"组合",将三个对象组合在一起,如图 3-43 所示。

选中艺术字,在"文本工具"选项卡中单击"效果"下拉菜单中的"转换"命令,在其级联菜单中选择"跟随路径"区中的"上弯弧",调整该艺术字的大小,水平方向可以调整艺术字弯曲的弧度,并移动鼠标放至圆的最上边,即可完成公章的设置,最终效果如图 3-44 所示。

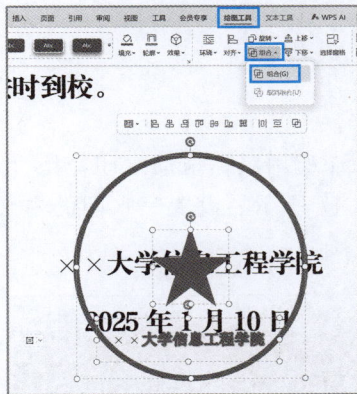

图 3-43　组合形状

图 3-44　公章效果

教学视频:
调整艺术字
弧度

（五）添加水印

为了保护成绩单的完整性和权威性,避免成绩被恶意修改或伪造,需要给成绩通知单的主文档添加水印。切换到"页面"功能选项卡,单击"水印"按钮,在弹出的窗口中选择"插入水印"命令,如图 3-45 所示。

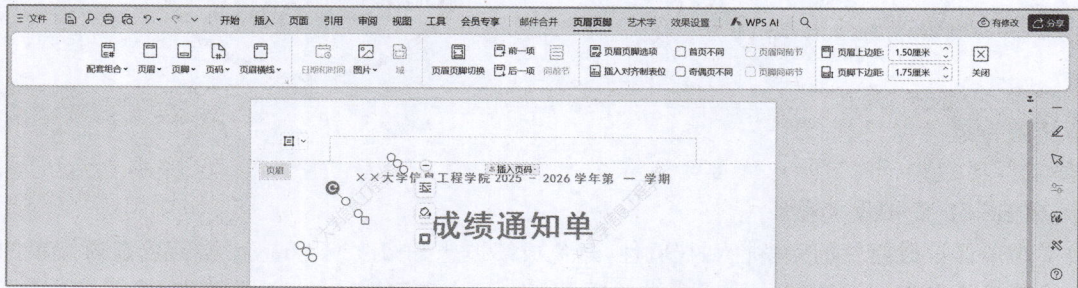

图 3-45　选择插入水印

在弹出的"水印"窗口中勾选"文字水印",内容中输入"××大学信息工程学院",字体选择默认、字号输入"20"、版式选择"倾斜"、透明度设置 50%,参数设置如图 3-46 所示,设置完成后单击"确定"按钮。

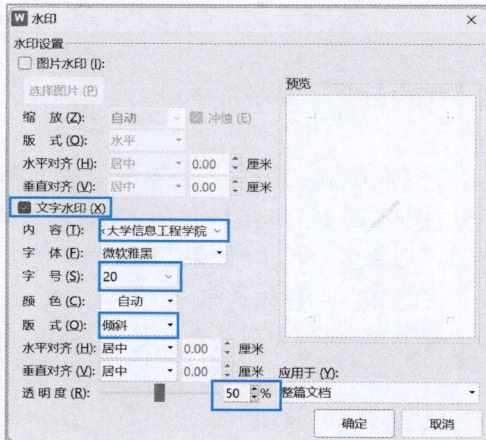

教学视频:
添加水印

图 3-46　"水印"窗口设置

双击"页面"的页眉处,选中已经插入的水印,按住 Ctrl 键用鼠标拖动水印,对水印进行复制,可以根据页面的情况对水印进行均匀布局,如图 3-47 所示。设置完水印的主文档效果如图 3-48 所示。

图 3-47　在页眉中复制水印

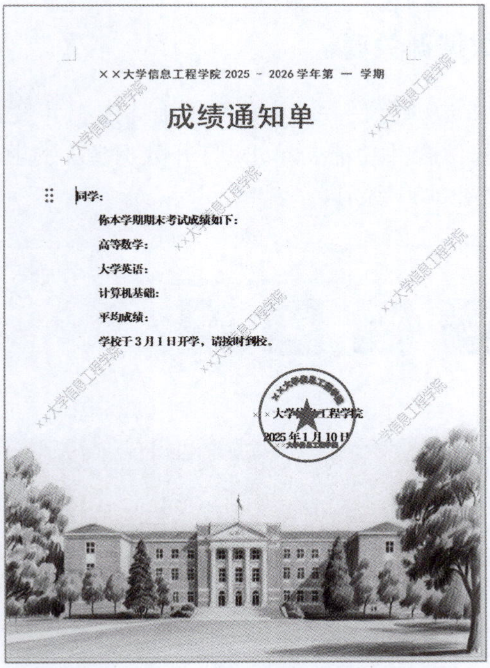
××大学信息工程学院 2025 - 2026 学年第 一 学期

成绩通知单

同学：

你本学期期末考试成绩如下：

高等数学：

大学英语：

计算机基础：

平均成绩：

学校于 3 月 1 日开学，请按时到校。

大学信息工程学院

2025 年 1 月 10 日

图 3-48　添加水印后的主文档效果

二、创建数据源——成绩单

建立一个新的名为“各科成绩”的 WPS 文字文档，在文档中插入一个 5 行 5 列的表格，输入图 3-49 所示内容。

姓名	高等数学	大学英语	计算机基础	平均成绩
张 佳	87	70	74	77
伍 洪	82	82	86	83.33
路 谣	78	88	77	81
洪 伟	80	87	90	85.67

图 3-49　创建数据源

三、建立主文档、数据源关联

（1）建立主文档与数据源的关联——在主文档中插入合并域。选择"引用"功能选项卡右侧的"邮件合并"，开启邮件合并功能。单击"打开数据源"，选择相应路径下的数据源，选择"各科成绩-数据源"，如图 3-50 所示。

教学视频：
插入合并域
批量生成
通知单

图 3-50　打开数据源

单击"收件人"按钮，勾选数据源中需要发送的收件人，如图 3-51 所示。插入合并域，定位鼠标指针在主文档的"同学"前，单击"插入合并域"按钮，打开"插入合并域"对话框，选择数据库域下的"姓名"域选项，单击"插入"按钮，如图 3-52 所示。

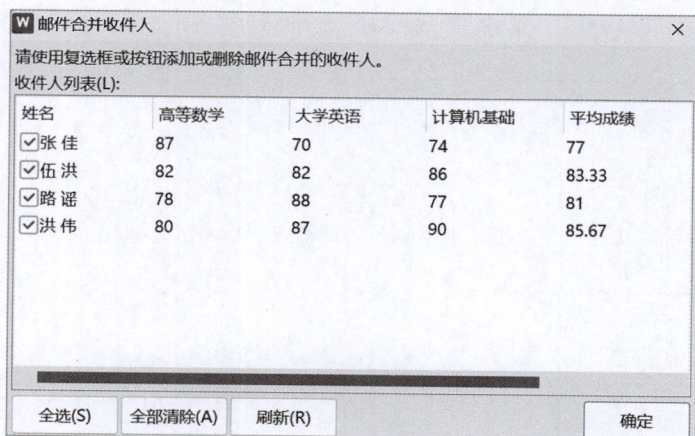

图 3-51　选择收件人

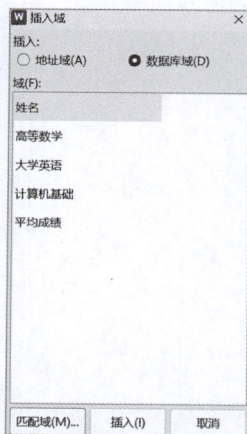

图 3-52　插入合并域

用同样的方法可完成 3 门课程成绩及平均成绩的插入。"姓名""高等数学""大学英语""计算机基础""平均成绩"都是要插入的合并域，如图 3-53 所示。

（2）合并主文档与数据源，生成学生成绩单。

单击"邮件合并"右侧的"合并到新文档"按钮，在合并记录中选择"全部"，如图 3-54 所示，单击"确定"按钮。

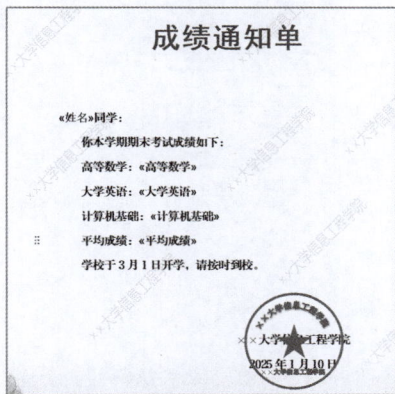

图 3-53　对应插入合并域

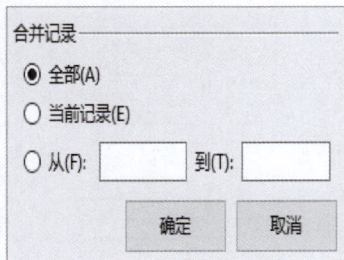

图 3-54　全部合并到新文档

四、完成合并、查看合并

将合并数据产生的新文档"文字文稿＋编号"，另存为"成绩单.docx"。批量形成的"成绩通知单"中每个同学将对应一个成绩单，如图 3-55 所示。

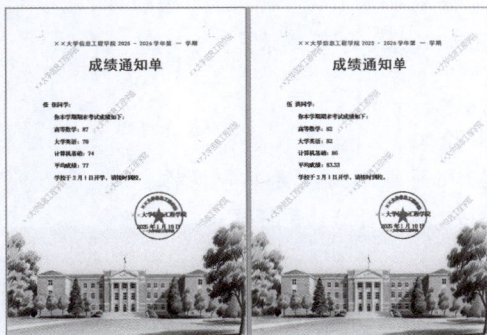

图 3-55　批量的成绩通知单

任务四　排版"毕业论文"

任务导入

毕业论文是高等学校教学过程中的重要环节之一，是大学生完成学业并圆满毕业的重要标志，是对学习成果的综合性总结和检阅，也是检阅学生掌握知识程度、分析问题和解决问题的基本能力的一份综合答卷。张峰面临毕业，正在紧张地准备毕业论文，需要我们帮助

一级真题
题目

一级真题
素材

一级真题
操作演示
视频

他完成毕业论文的排版。图 3-56 所示是论文排版后的效果。

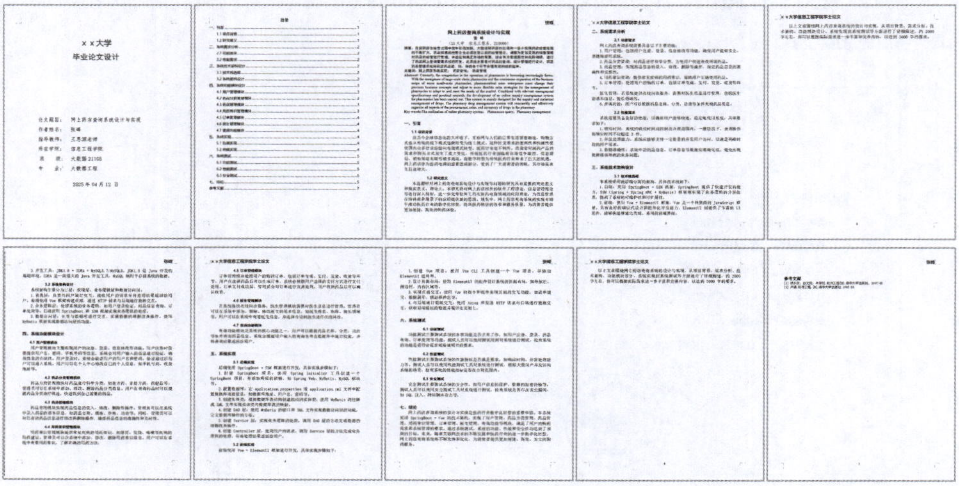

图 3-56　论文排版后的效果

📖 学习目标

1. 知识目标

（1）了解毕业论文设计的字体设置、段落设置等基本格式。

（2）理解在毕业论文文档中插入页眉、页脚、页码的作用。

（3）学会给毕业论文添加目录、更新目录。

2. 能力目标

（1）能按要求设计毕业论文。

（2）熟练掌握给论文插入页眉、页脚、页码等操作。

（3）能够掌握分页、分节、添加目录、更新目录等操作。

3. 素养目标

（1）通过设计毕业论文，培养学生的职业素养和责任意识。

（2）通过毕业论文的操作练习，培养学生求真务实、积极探索的科学精神。

（3）通过论文的修订等操作，培养学生精益求精的学习态度。

📋 任务描述

制作"毕业论文"首先确定论文题目，然后查找相关资料和文献，将自己的观点融入其中，要勇于尝试新的技术和方法，提出新的观点和见解，注重细节和精度，保证论文的质量和准确性。

通过新建"毕业论文"文档，并对文档进行应用样式、添加目录、添加页眉页脚及页码、插入域、制作论文模板等相关设置操作，来实现"毕业论文"排版。

◎ 知识准备

一、设计论文封面

（1）页面设置：打开 WPS 文字文档，单击"页面布局"选项卡，选择"纸张大小"，一般论文采用 A4 纸（210mm×297mm）。接着单击"页边距"，设置上、下页边距为"2.54 厘米"，左、右页边距为"3.17 厘米"，这样的设置符合大多数院校的论文格式要求，能保证文字排版舒适且有足够的留白空间。

（2）封面分区：将封面大致分为上、中、下三个部分。上部分放置学校校徽与学校名称，校徽可通过"插入"选项卡下的"图片"方式导入，调整大小和位置使其位于封面左上角或正上方居中偏左位置，学校名称紧跟校徽右侧或位于校徽正下方，使用较大号字体突出显示。中间部分是封面核心，用于放置"论文标题""作者姓名""指导教师姓名""专业""年级""学号"等关键信息，各信息之间保持适当间距，使页面布局平衡。下部分可添加学校的标志性建筑图片作为背景装饰（图片格式支持常见的 JPEG、PNG 等），调整图片透明度在 20%～30%，避免影响文字内容的清晰度，同时增强封面的美观度。

二、论文基本格式设置

（一）字体要求

1. 标题

（1）主标题：一般用"二号"或"小二号"字体，字体通常选择"黑体"或"宋体"等庄重的字体，并加粗、居中排列，以使其突出醒目，例如"论人工智能在医疗领域的应用"。

（2）副标题：一般用"小三号"字体，字体可与主标题一致，也可选用"楷体"等，通常不加粗，紧跟主标题下一行，用破折号引出，例如"——以某医院的实践为例"。

2. 摘要和关键词

（1）"摘要"二字：一般用"小四号""黑体"，内容用"小四号""宋体"。

（2）"关键词"三字：一般用"小四号""黑体"，关键词内容用"小四号""宋体"，各关键词之间用分号隔开。

3. 正文

一般采用"小四号"或"五号"，"宋体"字，这样的字体大小较为清晰易读，能够保证论文内容在页面上的合理排版。

4. 各级标题

（1）一级标题：通常用"四号""黑体"，序号一般用"一、""二、"等。

（2）二级标题：一般用"小四号""黑体"，序号可以用"（一）""（二）"等。

（3）三级标题：常用"小四号""宋体""加粗"，序号可以用"1.""2."等。

（4）四级标题：一般用"小四号""宋体"，序号可以用"（1）""（2）"等。

（5）图表标题和注释：

图表标题：一般用"五号""宋体"，位于图表下方，"居中排列"。

图表注释：一般用"小五号""宋体"，位于图表标题下方，"左对齐"。

5. 参考文献

（1）"参考文献"四字：一般用"四号""黑体"，"居中"。

（2）参考文献内容：一般用"五号""宋体"，采用"悬挂缩进"格式，即第一行顶格，从第二行开始缩进 2 字符。

（二）段落格式

1. 行距

一般设置为"1.5 倍行距"或"固定值 20 磅"，这样可以使文本看起来更加清晰，便于阅读和批注。

2. 段落缩进

正文段落一般采用"首行缩进 2 字符"的格式，以体现段落之间的区分和层次结构。

3. 对齐方式

正文、摘要等一般采用"两端对齐"的方式，使文本在页面上看起来更加整齐美观，同时也能充分利用页面空间。

不同学校、不同学科、不同期刊可能会有不同的具体要求，在撰写论文前，一定要仔细阅读相关的格式规范和要求，确保论文格式的准确性和规范性。

三、插入页眉、页脚、页码

（一）插入页眉页脚

（1）打开文档与进入编辑模式：打开需要编辑的 WPS 文档，单击"插入"选项卡中的"页眉和页脚"按钮，进入页眉页脚编辑模式。

（2）编辑页眉页脚内容：进入编辑模式后，页眉和页脚区域会出现可编辑的文本框，在页眉文本框中输入页眉内容，如"文档标题""公司名称"等；在页脚文本框中输入页脚内容，如"版权信息""日期"等。

（3）设置页眉奇、偶页不同：第一步，在功能区中单击"页面布局"选项卡，接着单击页面设置的小图标，进入页面设置对话框；第二步，在页面设置对话框中，选择"版式"选项卡，勾选"奇偶页不同"的复选框，然后单击"确定"按钮；第三步，单击"插入"选项卡，选择"页眉"，系统会自动进入页眉的编辑模式；第四步，在奇数页的页眉输入栏中输入需要的内容，在偶数页的页眉输入栏中输入不同的内容。

（4）删除页眉横线：双击文档顶部的页眉区域，进入页眉编辑模式。在功能区中找到"页眉和页脚"工具组，单击"页眉横线"按钮，会弹出一个下拉菜单。在下拉菜单中选择"删除横线"选项，页眉中的横线就会被移除。

（5）退出编辑模式：完成页眉页脚内容编辑后，单击"页眉页脚"选项卡中的"关闭"按钮，或直接双击文档正文区域，即可退出编辑模式并保存设置。

（二）插入页码

（1）进入页码设置入口：单击"插入"选项卡中的"页码"按钮。

（2）选择页码位置与样式：在弹出的下拉菜单中，选择页码想要显示的位置，如"页面顶端（页眉）""页面底端（页脚）"等，以及具体的对齐方式，如"居中""居右"等，同时还可选择喜欢的页码样式。

（3）设置页码格式：若对默认的页码格式不满意，可单击"页码"下拉菜单中的"设置页码格式",在弹出的对话框中,设置页码的数字格式、起始页码等。

(4) 完成插入:设置好后单击"确定"按钮,即可完成页码的插入。

(三) 特殊页码设置

(1) 分节设置页码:对于包含多个章节且需要不同页码格式的文档,可在每个章节开始处单击"页面布局"选项卡中的"分隔符",选择"下一页分节符"进行分节。然后分别进入各节的页眉页脚编辑模式,对页码格式和起始页码进行单独设置。

(2) 设置奇偶页不同页码:单击"插入"选项卡中的"页码",选择"页面底端"中的"编辑页码",在"页码格式"对话框中勾选"奇偶页不同",分别对奇数页和偶数页的页码格式、位置等进行设置。

四、分页、分节设置

(一) 分页设置

1. 手动插入分页符

(1) 定位光标:将光标移至需要分页的位置,比如一个章节或重要段落的起始处。

(2) 选择插入选项:单击菜单栏中的"插入"选项,找到"分隔符"按钮,单击旁边的小三角。

(3) 选择分页符:在弹出的下拉菜单中,选择"分页符"选项,文档内容会自动跳转到下一页。

2. 使用组合键

使用 Ctrl+Enter 组合键,可在光标当前位置快速插入分页符实现分页。

3. 自动分页

WPS 文档会根据页面设置的纸张大小、边距等,在文档内容填满一页时,自动插入分页符开始新的一页。

4. 调整页面布局分页

通过调整段落间距、行间距、字体大小等,使原本在同一页的内容分散到不同页面。

(二) 分节设置

1. 插入分节符

(1) 定位光标:把光标放置在需要分节的位置。

(2) 单击分隔符:单击菜单栏的"页面布局"选项,选择"分隔符"下拉菜单。

(3) 选择分节符类型:有"下一页""连续""偶数页""奇数页"几种分节符类型可供选择。"下一页"分节符会使后续内容移到下一页;"连续"分节符在当前页分节;"偶数页"分节符使后续内容转至下一个偶数页;"奇数页"分节符使后续内容转至下一个奇数页。

2. 分节后的设置应用

(1) 页面设置:每个节可独立设置页边距、纸张大小、方向等。比如文档中某几页需要横排,或需要不同的纸张、页边距等,可将这几页单独设为一节进行设置。

(2) 页眉页脚设置:不同节的页眉页脚可分别设置,互不影响。例如,文档的首页、目录等的页眉页脚与正文部分不同,可将首页、目录等作为单独的节进行设置。

(3) 页码设置:能为每个节设置不同的页码格式和起始页码。

五、添加目录

（一）常规样式和引用功能添加目录

（1）创建标题和子标题：打开 WPS 文档，将需要作为目录项的内容设置为相应的标题样式，如"标题 1""标题 2""标题 3"等。具体操作是选中要设置的文本，然后在"开始"选项卡的"样式"区域选择对应的标题样式。

（2）定位插入点：将光标移动到文档中想要插入目录的位置，一般是文档开头。

（3）单击"引用"选项卡：在 WPS 文档的菜单栏中，单击"引用"选项卡。

（4）选择目录样式：在"引用"选项卡中找到"目录"按钮并单击，会弹出下拉菜单，里面有多种目录样式可供选择，如"自动目录 1""自动目录 2"等，选择适合文档风格的样式即可自动生成目录。

（二）自定义目录添加

（1）设置标题样式：同常规方法中的创建标题和子标题步骤，确保文档中的标题使用了"标题 1""标题 2"等样式。

（2）定位光标：把光标定位到要插入目录的位置。

（3）打开"引用"菜单：单击"引用"选项卡，找到"目录"按钮并单击，在下拉菜单中选择"自定义目录"。

（4）设置参数：在弹出的"目录"设置对话框中，可以对制表符、显示级别等参数进行设置，在右侧预览区域可查看效果。

（5）生成目录：设置完成后，单击"确定"按钮，WPS 文档会根据设置自动生成目录。

（三）更新目录

目录更新可以手动更新也可以自动更新，下面是自动更新的设置方法。

（1）打开"选项"：单击左上角的"文件"菜单，选择"选项"。

（2）选择"视图"：在"选项"对话框中，选择"视图"选项卡。

（3）勾选"自动更新目录"：在"视图"选项卡中，找到"自动更新目录"选项并勾选，这样，每次保存时，WPS 文档都会自动更新目录。

六、保存论文模板

（1）另存为模板文件：完成论文格式和元素的设置后，单击"文件"菜单，选择"另存为"。在弹出的"另存为"对话框中，选择保存类型为"WPS 模板文件（＊.wpt）"。为模板命名，如"论文模板"，并选择合适的保存位置，方便日后查找使用，然后单击"保存"。

（2）使用模板：当需要撰写新论文时，打开 WPS 文字软件，单击"文件"菜单，选择"新建"。在弹出的新建文档窗口中，找到刚才保存的"论文模板"，双击即可基于该模板创建新的论文文档，模板中的所有格式和设置都将应用到新文档中，你只需在相应位置输入论文内容即可。

七、查找论文中的拼写和语法错误

（1）实时标记：在 WPS 文字文档中，拼写和语法检查功能默认是开启的。当用户输入文本时,WPS 文档会自动检查,用红色波浪线标出可能的拼写错误,用绿色波浪线标出可能的语法错误。

(2)查看建议:单击带有波浪线的单词或句子,WPS 文档会提供一个或多个建议,用户可选择合适的进行修改。若建议都不正确,对于拼写错误可选择"忽略一次"或"添加到词典";对于语法错误也可选择"忽略一次"等。

八、导航任务窗格

(一)打开导航任务窗格

(1)通过视图选项卡:在 WPS 文字中,单击"视图"选项卡,找到"导航窗格"选项,单击勾选即可显示导航任务窗格。

(2)使用组合键:一般可通过设置快速访问工具栏,搜索"导航窗格"添加后查看其快捷键,默认为 Alt+数字系列。也可直接使用通用 Ctrl+F1。

(二)导航任务窗格的主要功能及使用

(1)目录跳转:若文档使用了标题样式(如"标题 1""标题 2"等)进行标题设置,导航窗格会自动生成目录结构。单击导航窗格中的标题,可快速跳转到文档中对应的标题位置,这样便于快速定位和浏览文档内容。

(2)查看章节:在"导航窗格"的章节框中,可以查看以分节符划分的文档章节,比如"封面章节""参考文献章节"等。

(3)书签管理:在文档中需要标记的地方,右键选择"添加书签",之后可在导航窗格的书签框中查看所有书签,单击书签就能快速跳转到对应的标记位置,方便在长篇文档中快速定位重要内容。

(4)搜索功能:在导航窗格的搜索框中输入关键字,WPS 文档会高亮显示匹配的结果,可快速跳转到相应的内容,便于在长篇文档中查找特定信息。

任务实施

一、设计论文封面

WPS 文字文档为用户设计了一些模板,在制作毕业论文时也可以通过插入论文封面来快速实现论文封面设计。打开论文素材,单击"插入"中的"封面页"按钮,就可以选择毕业论文封面模板,如图 3-57 所示。

在这个案例中,我们自己设计封面。将光标定位在论文开始处,在"插入"功能选项卡下插入分页符,输入如图 3-58 所示论文封面内容,并按照下面的操作要求进行排版设置。个人信息部分除了使用下面给出的方法,也可以使用表格进行排版。

(1)选中"××大学"和"毕业论文设计",在"开始"选项卡下的段落区域单击"居中"按钮,并设置文字格式为"黑体""一号""加粗"。

(2)选中"论文题目""作者姓名""指导教师""所在学院""专业""班级"设置文字格式为"仿宋""小二号",并拖动水平标尺来设置"首行缩进"。

(3)选中"日期",设置格式为"仿宋""小二号""居中"。

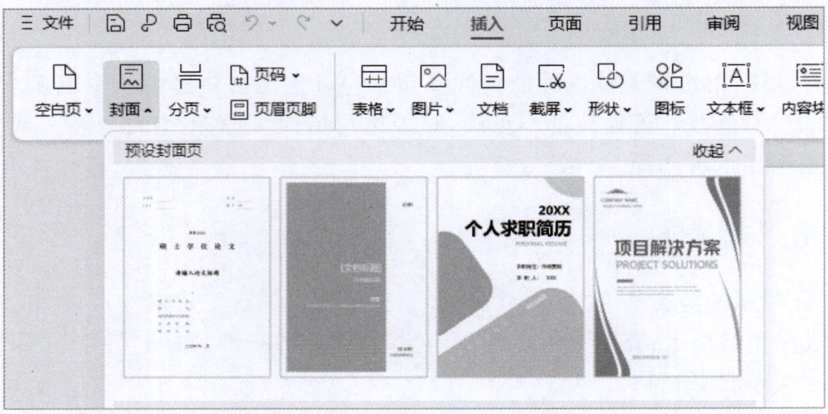

图 3-57　使用模板设计论文封面

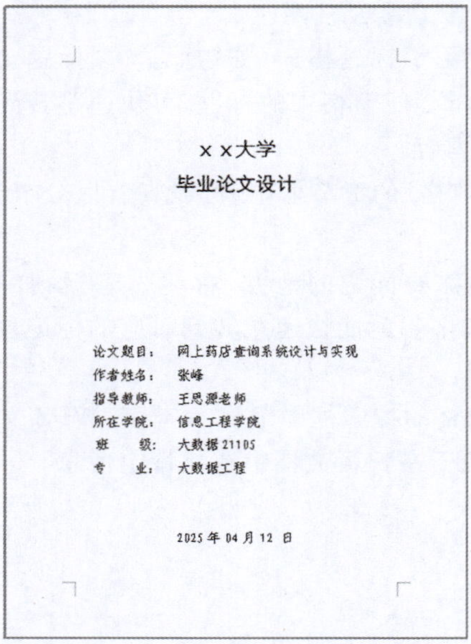

××大学

毕业论文设计

论文题目：　网上药店查询系统设计与实现

作者姓名：　张峰

指导教师：　王思源老师

所在学院：　信息工程学院

班　　级：　大数据21105

专　　业：　大数据工程

2025 年 04 月 12 日

图 3-58　自己设计论文封面

在文档中加入适量的回车符，将内容调整到页面的适当位置。

二、论文内容基本格式设置

（1）设置论文纸张页边距：切换到页面选项卡下，在“页面设置”区域中，将上、下、左、右的页边距均设为“2 厘米”。

（2）设置论文题目“黑体”“三号”“加粗”“居中”；姓名设为“楷体”“四号”“加粗”“居中”；“（××大学信息工程系，210000）”：“仿宋”“四号”“居中”。

（3）设置摘要和关键词部分。

①在“开始”的字符格式区域，设中文摘要和中文关键词两部分文字为“黑体”“小四”，对“摘要”和“关键词”两个标题“加粗”，在“段落”对话框的“特殊格式”中把两个段落设为“悬挂

缩进"2 字符。选中"摘要"一词,将"段落"对话框中的"段前"设为"1 行",与题头部分隔一行。

②设置英文摘要和英文关键词段落部分的字体为"Times New Roman""小四",两段的标题"加粗""悬挂缩进"2 字符。设置英文摘要部分的段前间距"1 行",使其和上面的中文关键词部分之间隔一行。将光标定位在英文关键词行,在段落中设"段后"间距"2 行",使其与正文部分间隔 2 行。

(4)设置正文部分的格式。

①正文格式及段落设置:选中论文正文部分,单击"开始",在字符格式选"宋体""四号"。点鼠标右键,在弹出的快捷菜单中选择"段落",打开段落对话框,在特殊格式里选择"首行缩进"2 字符。

②正文各级标题样式应用。

更改标题样式:在开始功能选项卡右侧样式功能区中,在"标题 1"上右击选择"修改样式",在弹出的"修改样式"对话框中,字体设为"黑体""四号",对齐方式为"左对齐",如图 3-59 所示。同理将"标题 2"的样式修改为"黑体""小四""左对齐",如图 3-60 所示。

正文标题样式应用:选中正文中的一级标题"一、引言",在标题样式中点"标题 1"样式。双击"格式刷",将"一、引言"的标题样式刷给其他的一级标题,使用完毕,按 Esc 键取消格式刷。同理给正文中的二级标题"1.1 项目背景"应用"标题 2"样式,若出现系统预设编号,在段落功能区中取消编号。双击"格式刷",将以"1.1 项目背景"的标题样式刷给其他的二级标题。

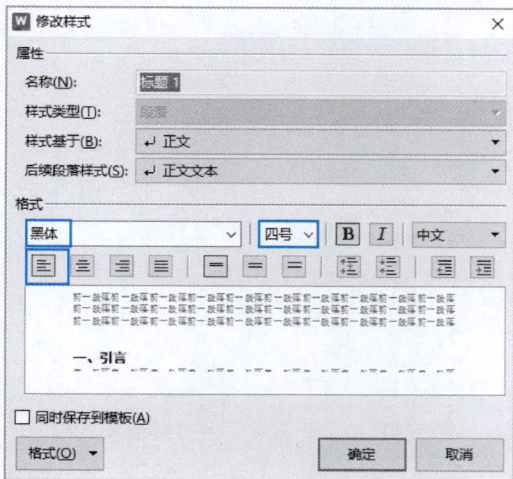

图 3-59　标题 1 样式修改　　　　　　　　　　　图 3-60　标题 2 样式修改

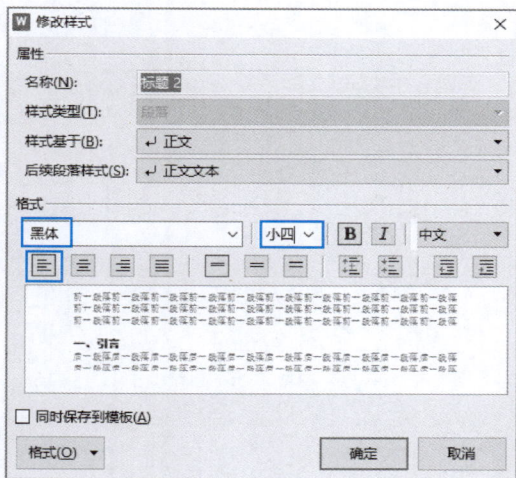

修改二级标题样式:右击"标题 2"样式,在"修改样式"对话框中,单击"格式",选择"段落",如图 3-61 所示,将"标题 2"的"特殊格式"设为"首行缩进"2 字符,然后用格式刷重新刷一遍。

正文各级标题的应用效果如图 3-62 所示。

图 3-61 修改标题 2 段落样式

图 3-62 标题样式应用效果

（5）论文的参考文献部分设置。

①对"参考文献"标题，直接应用"开始"选项卡下的"标题 1"样式。

②选中两条"参考文献"，设字符样式为"宋体""五号"。

③给"参考文献"设置编号：在"开始"功能选项卡的段落区域中，单击"编号"按钮，选择最下面的"自定义编号"，如图 3-63 所示，在"编号"选项卡中选择右上角的编号样式，单击右下角的"自定义"按钮，在弹出的"自定义编号列表"对话框中，将"编号格式"中编号后面的点删除，在编号左右两侧添加输入英文状态下的左右方括号，如图 3-64 所示，单击"确定"按钮。

教学视频：
参考文献
设置编号

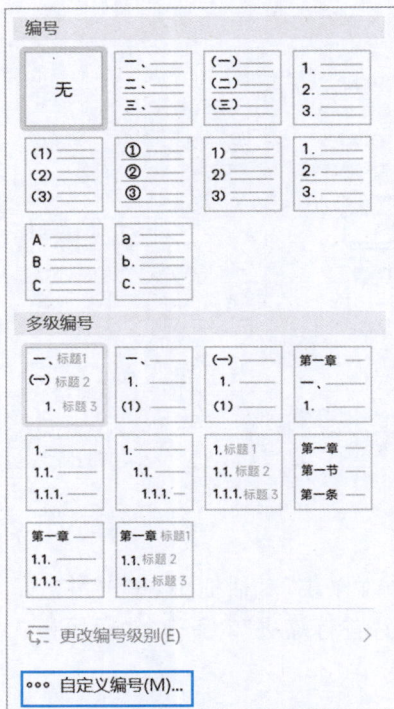

图 3-63 选择自定义编号

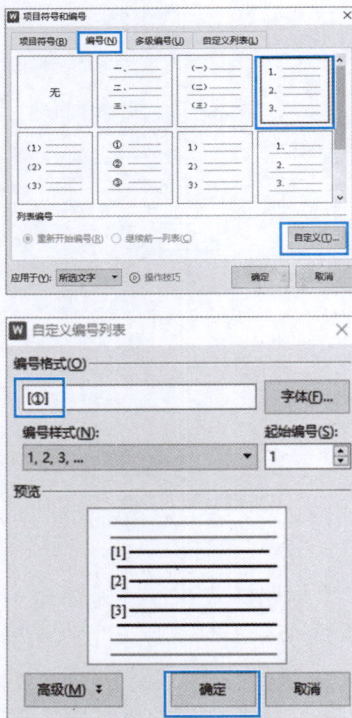

图 3-64 自定义编号设置

三、页眉、页脚、页码

（一）分节符设置

将光标定位在封面的日期后面，单击"插入"功能选项卡下的"分页"按钮，在下拉菜单中选择"下一页分节符"，如图 3-65 所示。接着在"开始"选项卡的段落区域中，打开"显示/隐藏段落标记"，如图 3-66 所示，就会发现在封面日期的后面出现了一个名为"分节符（下一页）"的隐藏符号，这样就完成了在封面和正文之间插入分节符的操作。

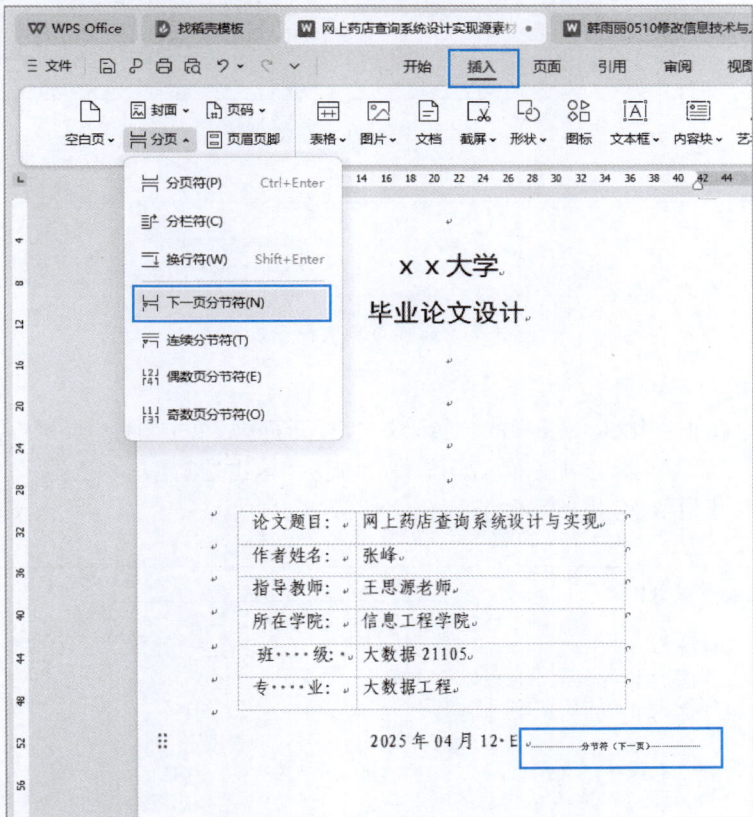

图 3-65　插入下一页分节符

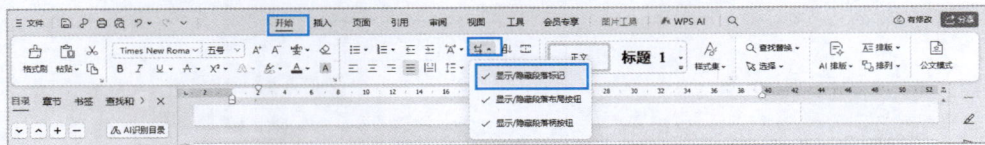

图 3-66　隐藏段落标记

在参考文献的段前插入一个"下一页分节符"，通过这几步的操作，用 2 个分节符，把论文分成了 3 节。

（二）页眉的设置

在正文的第 1 页页眉处双击，打开"页眉页脚"功能选项卡，勾选"奇偶页不同"，关闭"同前节",操作如图 3-67 所示,在奇数页页眉处输入论文作者姓名"张峰"。用鼠标滚动到正文的第 2 页的偶数页页眉处,关闭"同前节",输入"××大学信息工程学院学士论文"。页眉中的文字内容可以正常进行字符、段落格式设置,大家可以根据自己的需要自行修改,在这里页眉字体设为"黑体""蓝色",奇数页页眉"居右",偶数页页眉"居左"。页眉设置完成效果如图 3-68 所示。

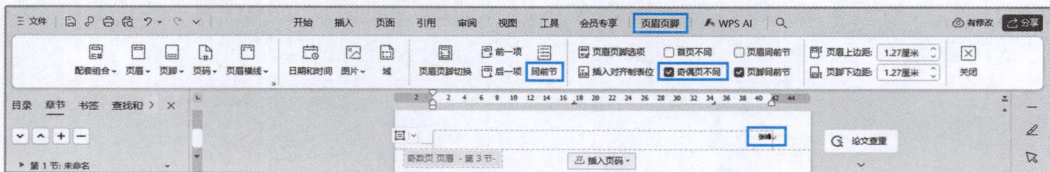

图 3-67　奇数页页眉设置

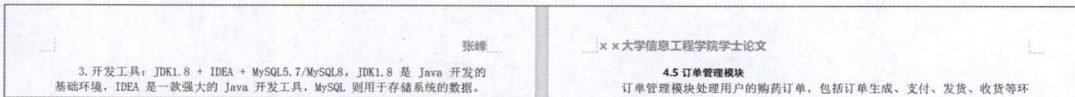

3. 开发工具: JDK1.8 + IDEA + MySQL5.7/MySQL8, JDK1.8 是 Java 开发的基础环境, IDEA 是一款强大的 Java 开发工具, MySQL 则用于存储系统的数据。

张峰

××大学信息工程学院学士论文
4.5 订单管理模块
订单管理模块处理用户的购药订单,包括订单生成、支付、发货、收货等环

图 3-68　奇偶页页眉设置效果

(三) 页脚的页码设置

将光标定位在正文第 1 页页脚的位置,双击,打开页脚,单击"插入页码",在"应用范围"中选择"本页及之后",其余选项默认,如图 3-69 所示,单击"确定"按钮之后,就会发现论文从正文的第 1 页开始依次进行编码,直到论文的最后一页。

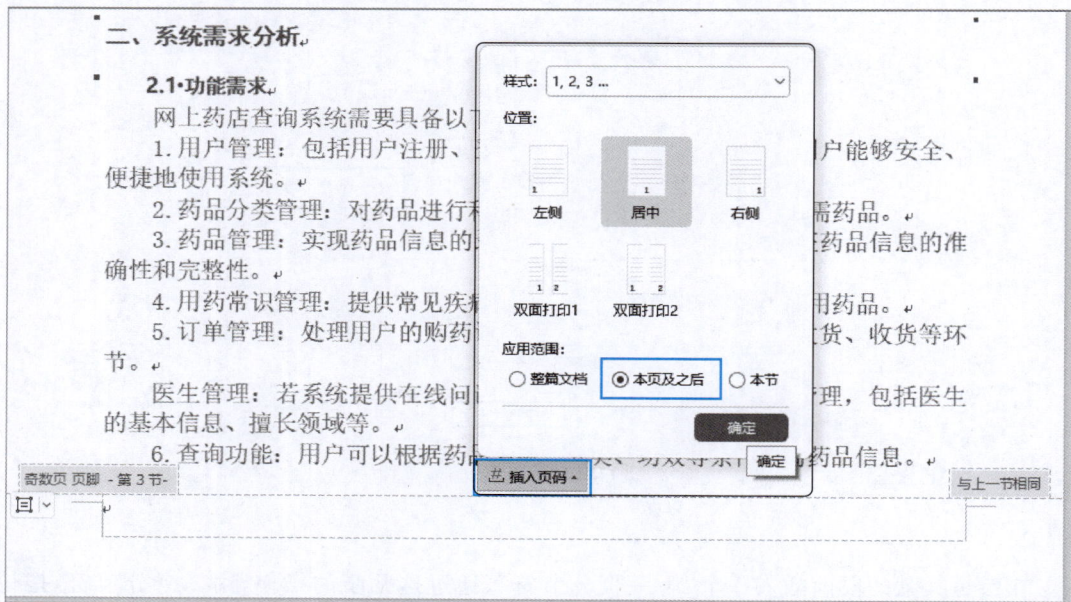

图 3-69　正文页码设置

四、添加目录

（一）添加目录

将光标定位在正文标题之前，通过"插入"功能选项卡插入一个"下一页分节符"。将光标定位在插入的下一页分节符之前，切换到"引用"功能选项卡，选择最左侧的"目录"，选择"自定义目录"，如图 3-70 所示，在打开的"目录"对话框中可以选择"制表符前导符"样式，也可以设置显示级别，在这篇长文档中，只使用了两级标题，所以将"显示级别"设为"2"，如图 3-71 所示，也可以在目录下拉菜单中直接选择显示两级的自动目录。

（二）编辑目录

目录内容也可以像段落一样进行编辑，选择全部的目录内容，右击打开段落对话框，将行距设为"单倍行距"，其余参数保持默认，目录编辑完效果如图 3-72 所示。

（三）给目录添加页眉页脚

双击目录的页眉处，在打开的"页眉页脚"功能选项卡中关闭"同前节"，关闭"页眉同前节"和"页脚同前节"，在页眉处输入"目录"二字，"居中""黑体""四号"。

双击页脚的位置，单击"插入页码"按钮，在"应用范围"中选择"本节"，其余参数默认，单击"确定"按钮，完成页码的插入。如果页码编号不为 1，在页脚处点"重新编号"，将开始的编码设为 1，设置如图 3-73 所示。

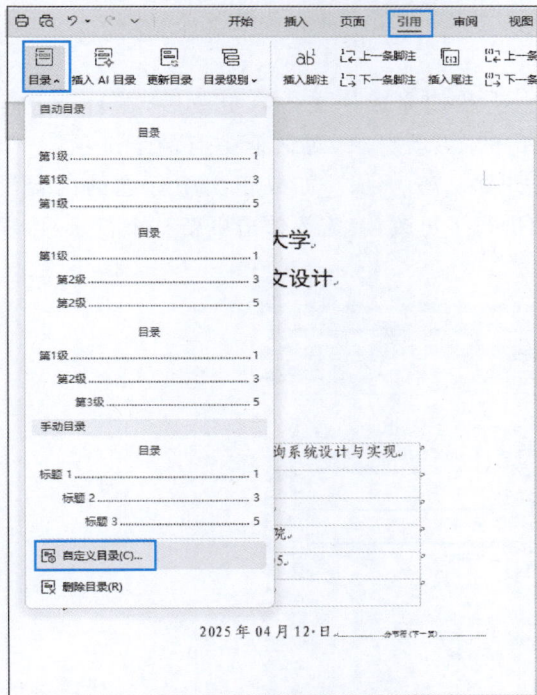

图 3-70　打开目录下拉菜单

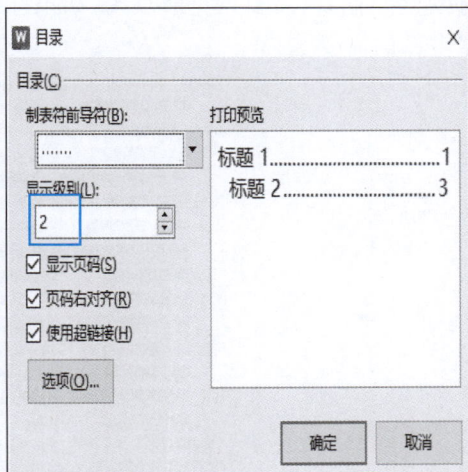

图 3-71　设置自定义目录

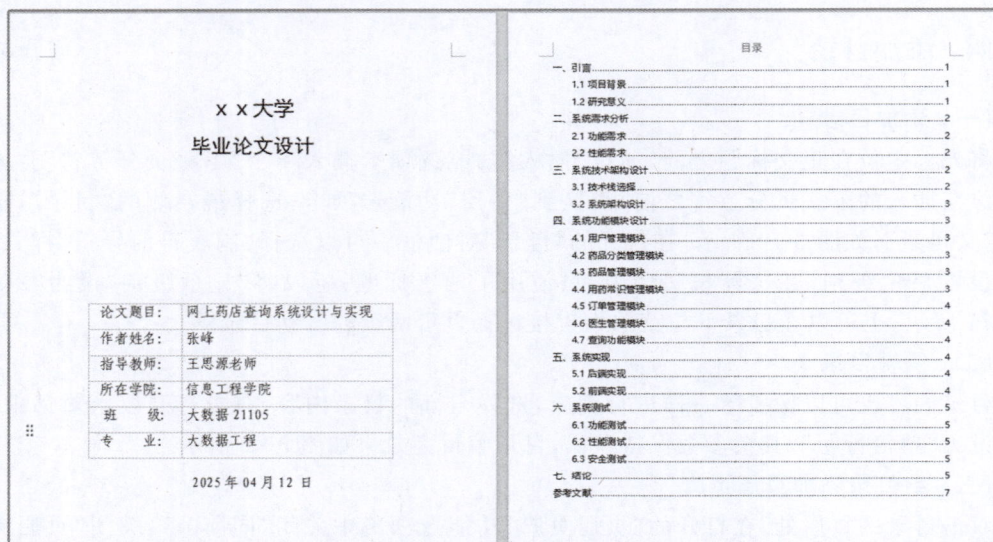

图 3-72　设置自定义目录

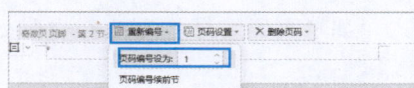

图 3-73　设置页码的起始编号

（四）更新目录

随着论文内容的增减，目录也在不断变化，当我们完成论文内容更改后，在目录上点鼠标右键选择"更新域"，如图 3-74 所示，在弹出的"更新目录"对话框中有两个选项，一个是"只更新页码"，另一个是"更新整个目录"，如图 3-75 所示。如果正文中标题的内容没有发生变化，只需要点更新页码，如果标题内容进行了更改，就需要单击更新整个目录，可根据自己的需要选择。

图 3-74　选择更新域

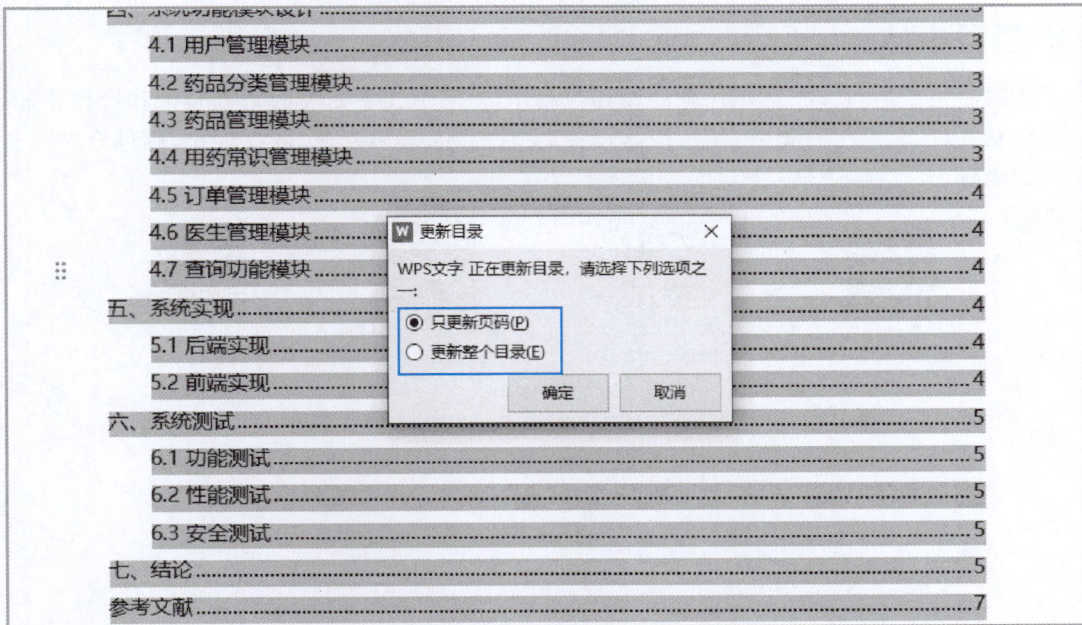

图 3-75　更新目录选择

至此，这篇毕业论文结构设置完成，有封面、目录、正文、参考文献，也设置了页眉页脚，整个长文档排版完毕。

五、论文字数统计

论文输入完毕后，单击"审阅"功能选项，单击"字数统计"按钮，在打开的"字数统计"对话框中，可以查看论文字数是否达标，如图 3-76 所示。

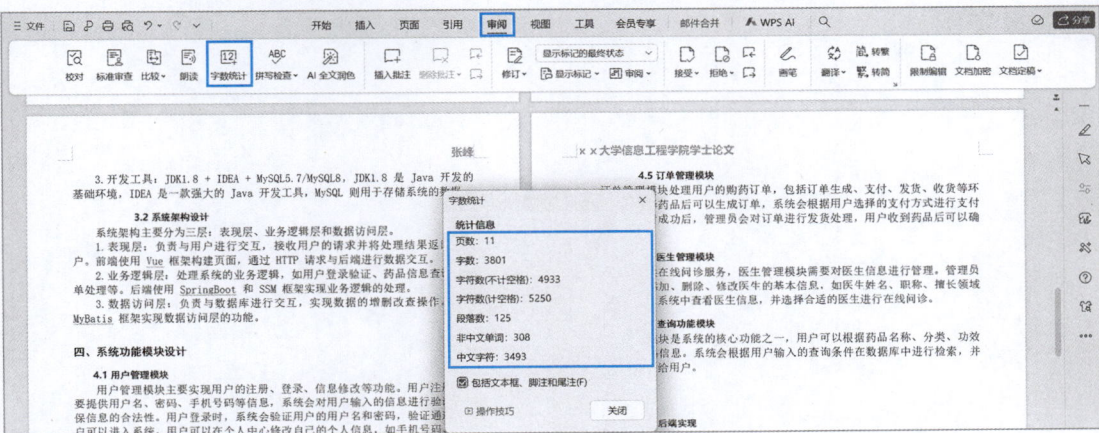

图 3-76　论文字数统计

✎ 项目小结

本项目主要通过 4 个案例任务的设计与制作，讲解了文字处理的基础知识和操作技能，主要包括文件新建、字符格式设置、段落设置、文件打印、表格制作、图文混排、邮件合并及长文档编辑等。

计算机国考一级 模拟特训题目	计算机国考一级 模拟特训素材	计算机国考一级模拟 特训操作演示视频	数字强国 阅读材料

认识与使用 WPS 表格

项目概述

我们都在纸上画过表格,当表格比较大时,工作量非常繁重,如果表格中有大量的数据需要计算,那就更头疼了。随着信息时代的来临,大量的表格已由计算机来处理,利用电子制表成为我们工作中重要的手段。

电子表格软件提供了创建电子表格的工具,它就像一张"聪明"的纸,可以自动将写在上面的一列数字相加,可以根据用户输入的简单公式或软件内置的复杂公式进行统计、分析,还可以将数据转换成各种形式的彩色图形。另外,它还有特定的数据处理功能,如数据分类、查找满足条件的数据,以及打印报表等。

我们将数据从在纸上填写转为存入 WPS 表格工作表中,对数据的处理和管理发生了质的变化,使数据从静态变成了动态,能充分利用计算机自动、快速处理。本项目将通过六个学习型任务,来学习 WPS 表格强大的数据处理功能。

思维导图

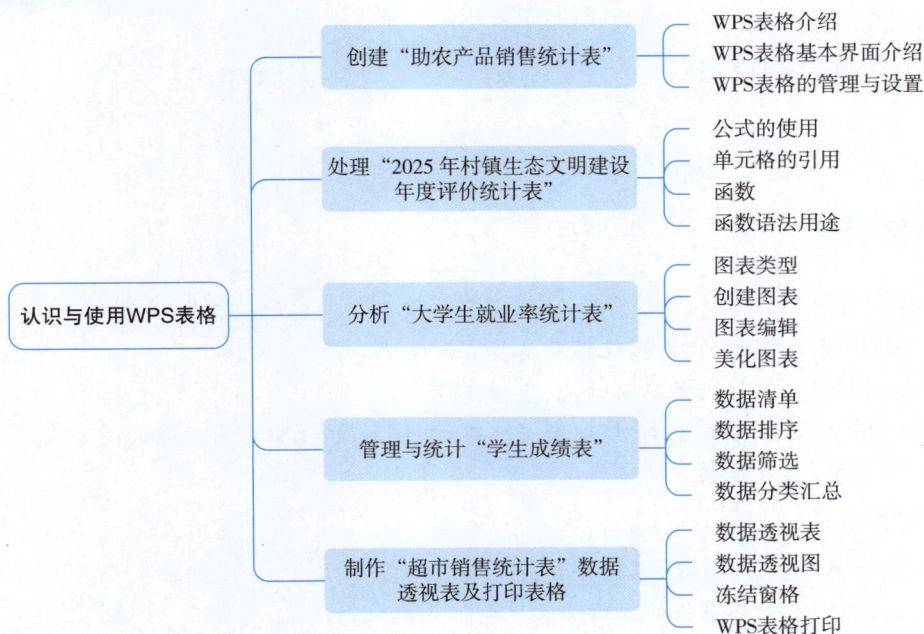

任务一　创建"助农产品销售统计表"

🖥 任务导入

加入电商平台的李铭借着拍短视频、直播等途径助力家乡农产品销售，为家乡的乡村振兴作出了巨大的贡献，是当代的"新农人"。现在需要制作一张"上半年助农产品销售统计表"来直观地体现李铭当下的业绩。

本任务我们将与李铭一起制作"上半年助农产品销售统计表"，表格需包含产品编号、品名、单价、销售数量、销售金额内容，编辑完成效果如图4-1所示。

上半年助农产品销售统计表

产品编号	品名	单价（元/公斤）	销售数量（万斤）	销售金额
001	红枣	￥20.00	2369	￥47,380.00
002	葡萄干	￥35.00	898	￥31,430.00
003	树上杏干	￥22.00	699	￥15,378.00
004	哈密瓜	￥5.00	10035	￥50,175.00
005	核桃	￥45.00	1568	￥70,560.00
006	风干牛肉	￥108.00	1028	￥111,024.00
007	黑芝麻丸	￥56.00	566	￥31,696.00
008	奶酪干	￥50.00	489	￥24,450.00
总产量			17652	￥382,093.00
统计日期：			2025年1月3日	

图 4-1　表格效果

📖 学习目标

1. 知识目标

（1）了解 WPS 表格的功能，能够熟悉其应用领域。

（2）认识 WPS 表格操作界面结构、运行环境。

（3）理解 WPS 表格数据类型，理解工作簿、工作表、单元格三者之间的关系。

（4）掌握 WPS 表格制作的流程及原则。

2. 能力目标

（1）掌握 WPS 表格的建立、保存和打开、关闭的方法。

（2）掌握 WPS 表格数据输入方法及单元格基本编辑设置。

（3）熟练掌握 WPS 表格的插入行、列及多表之间的操作。

（4）能够在 WPS 表格中进行数据的查找和替换。

3. 素养目标

（1）通过 WPS 表格主题，培养学生对社会的关注度。

（2）通过掌握 WPS 表格基本操作技能，培养学生良好的职业素养。

（3）通过完成作品，增强学生的自信，培养学生创新思维能力。

任务描述

本任务我们需要给电子表格布局，列举出与销售统计表相关的数据标题，例如序号、品名、单价、数量等。我们按照标题进行分类录入数据，使我们对上半年助农产品的销售情况一目了然，对李铭的工作价值进行量化，并为后续数据的查找、统计分析做好基础工作。

知识准备

一、WPS 表格介绍

WPS 表格是集电子数据表、图表、数据库等多种功能于一体的优秀电子表格软件，电子表格具有十分强大的计算功能、丰富的函数，能够自动生成办公图表并具有简单的数据库应用功能。WPS 表格文件扩展名为".xlsx"。

二、WPS 表格基本界面介绍

如图 4-2 所示，WPS 表格基本界面从最上端依次来看，首先是文件选项卡，包括了文档的新建、打开、保存、打印、设置文档加密、退出等一系列操作。其次是标题栏，显示的是本表格的标题内容。功能区里面包含了开始、插入、页面、公式、数据、审阅、视图、工具，单击"插入"功能选项卡功能区就是单击此处功能区中的插入功能。快速访问工具栏对应的是某项功能下的快捷设置按钮。中间空白的区域为工作区，我们可以在这里进行数据的输入、数据的处理等一系列操作。最右边的是滚动条，通过拖动，上下移动鼠标或者鼠标放在滚动条位置上，通过滑动鼠标滑轮来上下移动文档内容。工作表标签栏显示的本工作簿的表格名称，可以单击这里切换表格。最后一个是状态栏，可以在此处改变文档的比例大小，方便查看文档内容，改变页面视图等。

三、WPS 表格的管理与设置

（一）新建工作簿

1. 通过 WPS Office 文档首页新建

启动 WPS Office 文档：打开 WPS Office 软件，进入其操作界面。

（1）选择新建表格：在 WPS Office 文档的首页，单击"新建"按钮，单击"表格"标签，进入新建表格的页面。

（2）创建空白表格：在新建表格页面，选择"空白表格"来创建全新表格，也可从模板库

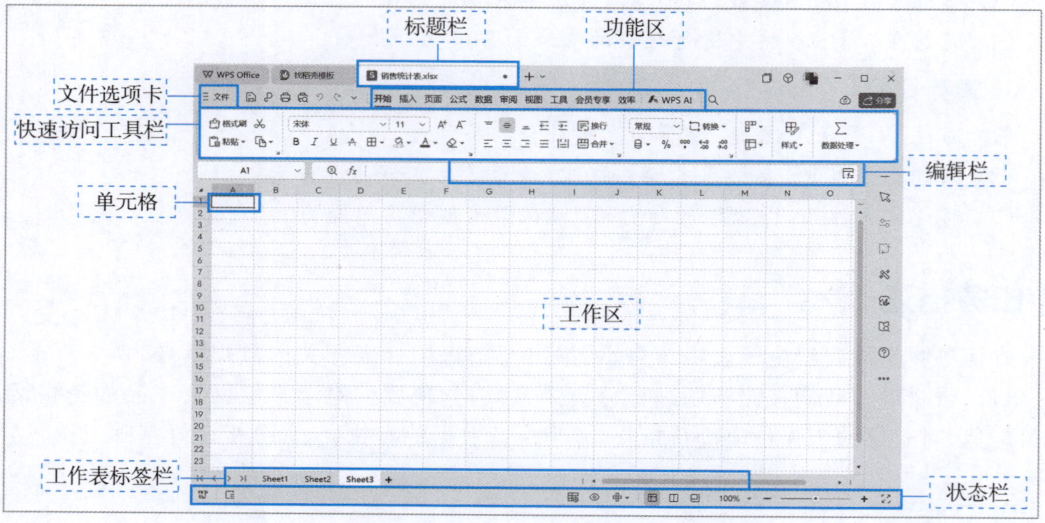

图 4-2　表格基本界面介绍

中选模板进行编辑。

2. 在 WPS 表格中新建工作表

（1）打开 WPS 表格：选择"表格"打开 WPS 表格。

（2）新建工作表：在 WPS 表格底部，单击工作表标签右侧的"＋"按钮，即可新建一个空白的工作表。

（3）重命名工作表：双击"工作表标签"，输入新名称可重命名工作表。

（二）单元格设置

单元格是 WPS 表格中用于存储和处理数据的最小单位，由行和列的交叉点形成。每个单元格都有唯一的地址，由列标和行号组成，如"A1""B2"等，其中字母是列号，数字是行号。

1. 选定单元格

（1）选定单个单元格：单击要选中的单元格即可。

（2）选定连续多个单元格：单击要选中区域的起始单元格，按住鼠标左键拖动到结束单元格。

（3）选定不连续多个单元格：先选中一个单元格或区域，然后按住 Ctrl 键，再依次单击其他要选定的单元格或区域。

2. 输入与编辑数据

（1）输入：选中单元格后，直接输入内容，然后按 Enter 键或"方向键"确认输入。

（2）编辑：双击单元格或选中单元格后按 F2 键，进入编辑状态，可对单元格内容进行修改。

（3）简化输入技巧：输入起始数据，然后拖动单元格右下角的自动填充柄，可快速填充连续的数字、日期等规律性数据。

3. 设置单元格格式

（1）数字格式：可设置为"常规""数值""货币""日期""时间"等多种格式。例如，将数字设置为"货币"格式，可选中单元格，右击选择"设置单元格格式"，在"数字"选项卡中选择"货币"，并设置小数位数及货币符号，单击"确定"按钮，即完成设置。

（2）文本格式：可设置"字体""字号""颜色""对齐方式"等。具体的操作方法是选中需要设置格式的单元格或区域，通过"开始"选项卡中的"字体""对齐方式"等功能区进行操作。

（3）边框和底纹：选中单元格或区域，单击"开始"选项卡中的"边框"和"填充颜色"按钮的下拉菜单，可设置单元格的"边框样式""颜色"和"底纹颜色"等。

（三）数据类型

1. 数值型

（1）整数：如 1、−5、100 等，没有小数部分的数字，可用于表示数量、序号等，比如"员工数量""产品编号"等。

（2）小数：像 3.14、0.5、−2.75 等带有小数点的数字，常用于表示需要精确到小数位的数据，例如"商品价格""重量""比例"等。

（3）科学记数法：用于表示非常大或非常小的数字，以"E"或"e"作为指数符号。

2. 文本型

可以包含任何字符，如字母、数字、符号、汉字等，比如姓名、地址、电话号码、身份证号码等。即使输入的内容看起来像数字，如电话号码"13812345678"，如果设置为文本格式，单元格会将其作为文本处理，不能进行数学运算。

3. 日期和时间型

（1）日期：用于表示具体的年月日，如 2025 年 2 月 25 日，在 WPS 中通常以"年／月／日"或"年-月-日"等格式显示。

（2）时间：用于表示具体的时分秒，如 15:30:00，表示下午 3 点 30 分 0 秒。

（3）日期时间组合：可以同时包含日期和时间信息，如 2025-02-25 15:30:00。

4. 逻辑型

只有两个值，即 TRUE(真)和 FALSE(假)，通常用于逻辑判断和条件计算。比如在条件判断公式中，如果条件成立则返回"TRUE"，不成立则返回"FALSE"。

（四）工作表设置

工作表是 WPS 表格工作簿中的一个独立页面，类似于一个单独的表格纸，由行和列组成。每个工作表都有一个唯一的名称，默认情况下，新建的工作簿包含"Sheet1""Sheet2""Sheet3"等工作表。用户可以根据自己的需求对工作表进行"重命名""添加""删除""移动"和"复制"等操作。

1. 主要功能

（1）数据输入与编辑：用户可以在单元格中直接输入各种类型的数据，如文本、数字、日期、时间等，并对已输入的数据进行"修改""删除""复制""粘贴"操作。还可以使用自动填充功能快速填充有规律的数据序列。

（2）数据计算：利用公式和函数进行各种数学运算、统计分析等。例如，可以使用"SUM 函数"求和、"AVERAGE 函数"求平均值、"VLOOKUP 函数"进行数据查找等。

2. 操作方法

（1）创建新工作表：在 WPS 表格中选择"工作表"，或者在工作表标签处右击，选择"插入工作表"，然后在弹出的对话框中选择"插入数目"及插入的位置，单击"确定"按钮，即可插入新的工作表。

（2）切换工作表：直接单击工作表底部的工作表标签，即可切换到相应的工作表。也可以使用 Ctrl＋Page Up 和 Ctrl＋Page Down 组合键在工作表之间快速切换。

（3）重命名工作表：双击工作表标签，或者右击工作表标签选择"重命名"，然后输入新的名称即可。

（4）删除工作表：右击要删除的工作表标签，选择"删除"，在弹出的确认对话框中单击"确定"按钮。

（5）移动或复制工作表：在工作表标签上右击，选择"移动"或"创建复本"。

（6）插入行、列（列的方法同行）：打开 WPS 表格，确定需要插入行的位置，选中要在其下方插入新行的那一行（整行行号）。右击选中的行，在弹出的菜单中选择"在上方插入行"；若想在选中行的下方插入行，则选择"在下方插入行"。如果需要插入多行，可以在选择插入行的位置后，右击并输入想要插入的行数。

（7）设置行高、列宽。

① 设置行高：选中需要调整行高的行或多行，单击菜单栏中的"开始"选项卡，找到"行和列"按钮，在下拉菜单中选择"行高"，在弹出的"行高"对话框中输入具体的行高数值，单击"确定"按钮即可。也可以右击选中的行号区域，选择"行高"选项，输入数值后单击"确定"按钮。

② 设置列宽：选中需要调整宽度的列或多列，单击菜单栏中的"开始"选项卡，找到"行和列"按钮，在下拉菜单中选择"列宽"，在弹出的"列宽"对话框中输入期望的列宽数值，单击"确定"按钮即可。或者右击选中的列，在弹出的菜单中选择"列宽"选项进行设置。

（五）工作簿

WPS 表格工作簿是一个包含多个工作表的文件，类似于一个文件夹可以包含多个文件。每个工作簿可以包含一个或多个工作表（Sheet），默认通常有 3 个工作表，分别命名为"Sheet1""Sheet2""Sheet3"等，用户可以根据需要添加、删除或重命名工作表。工作表由行和列组成，行用数字标识（1、2、3 等），列用字母标识（A、B、C 等），行和列的交叉点称为单元格，用户可以在单元格中输入各种数据，如文本、数字、日期、公式等。

（六）单元格、工作表和工作簿之间的关系

单元格是构成工作表的基本单元，工作表是工作簿的组成部分，工作簿则是用于管理和存储工作表及其中数据的文件容器，它们相互依存、协同工作，共同为用户提供了强大的数据处理和管理功能。

（七）保存工作簿

直接保存：单击工具栏上的"保存"按钮，或使用 Ctrl＋S 组合键。若是新建的工作表，系统会弹出"另存为"对话框，需选择保存位置并输入文件名；若工作表之前已保存过，则直接覆盖原文件。

另存为：单击"文件"菜单下的"另存为"选项，在弹出的对话框中可以更改文件名、保存位置以及保存类型，如 WPS 格式"(.xlsx)"、CSV"(.CSV)"格式等。

（八）打开工作簿

打开 WPS Office 软件后，单击左上角的"文件"菜单。在弹出的下拉菜单中选择"打开"选项。在弹出的"打开"对话框中，浏览到工作簿所在的文件夹，选中要打开的工作簿文件，

然后单击"打开"按钮。也可以使用快速访问工具栏打开文件或直接快速双击文件名称打开。

（九）数据的查找与替换

1. 查找功能

（1）打开查找对话框：选中想要查找的单元格区域，若查找整个工作表则无须选中。单击"开始"选项卡下的"查找"按钮，选择"查找"；或者直接使用 Ctrl＋F 组合键。

（2）输入查找内容：在查找对话框的"查找内容"框中，输入要查找的文本或数值。

（3）执行查找：单击"查找下一个"按钮，WPS 表格会自动定位到第一个匹配项，可继续单击该按钮查找下一个；单击"查找全部"则会显示所有匹配项的列表。

2. 替换功能

（1）打开替换对话框：单击"开始"选项卡下的"查找"按钮，选择"替换"；或者使用 Ctrl＋H 组合键。

（2）输入查找与替换内容：在"查找内容"框中输入要被替换的内容，在"替换为"框中输入新内容。

（3）执行替换：单击"替换"按钮，WPS 表格会将当前选中的匹配项替换为新内容。

任务实施

一、新建 WPS 表格

（一）新建 WPS 空白表格

（1）新建一个"上半年助农产品销售统计表"表格。首先，在计算机桌面找到 WPS Office 软件的快捷图标。双击鼠标左键，稍等片刻，WPS Office 软件便会启动，进入软件主界面。

（2）在 WPS 表格主界面上方的显著位置，设有"新建"功能按钮。单击该按钮后，系统将弹出新建文档选择界面，其中呈现多样化的模板选项以及空白文档创建入口。在该界面中，单击"空白表格"选项，系统将自动生成一个全新的空白电子表格文档，为后续创建助农产品销售统计表奠定基础。操作界面如图 4-3 所示。

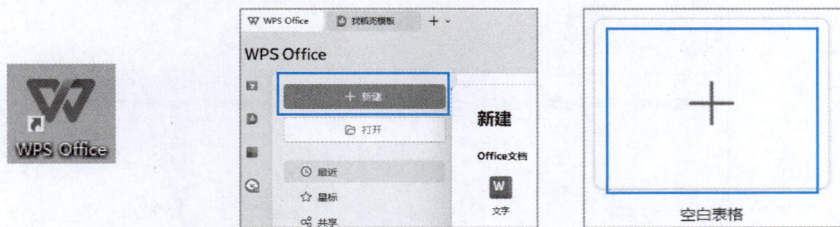

图 4-3　新建表格

教学视频：
新建表格

（二）输入数据

1. 输入标题内容

在新建的空白表格中，输入表格的标题。在"A1"单元格输入"上半年助农产品销售统计表"作为标题。选中"A1：E1"单元格，单击"开始"功能选项卡下的"合并"按钮。接着，在第二行分别输入副标题(图 4-4),"产品编号""品名""单价(元/公斤)""销售数量(公斤)""销售金额"。

2. 设置数据类型

选中需要输入数字的单元格区域,如"产品编号""销售数量""单价"所在的列。右击选中列区域,选择"设置单元格格式",在弹出的对话框中选择"数字"选项卡,根据如图 4-4 所示数据类型设置相应的格式,如"产品编号"选择文本型,"单价"选择货币型等,并设置小数位数为"2"如图 4-5 所示。按照以上方法依次完成表格数据输入。

图 4-4　按要求输入数据

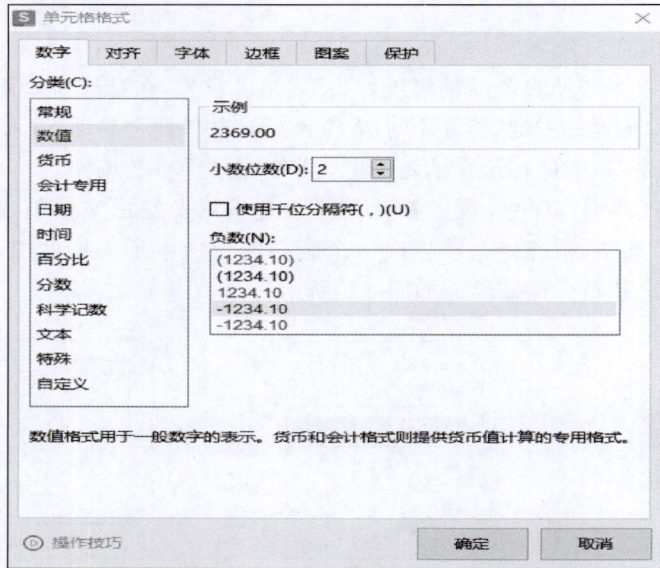

图 4-5　设置数据类型

3. 使用填充柄,快速输入连续数据

选中"产品编号"对应"A3：A4"单元格,鼠标光标置于"A4"单元格右下角,拖动单元格"填充柄"至 A10 单元格位置,完成"产品编号"自动填充数据,如图 4-6 所示。

图 4-6　使用填充柄快速填充数据

二、设置表格边框格式

设置"上半年助农产品销售统计表"单元格边框,使表格更加美观醒目。方法:拖住鼠标左键不放,选中需要添加边框的单元格"A2:E11"区域。单击菜单栏"开始"功能选项卡中的"边框"按钮,弹出的下拉菜单中选择预设的边框样式"所有框线",如图 4-7 所示。同学们也可通过单击"其他边框"按钮调出自定义边框设置对话框,选择线条"样式""颜色""线条粗细"。具体如图 4-8 所示。

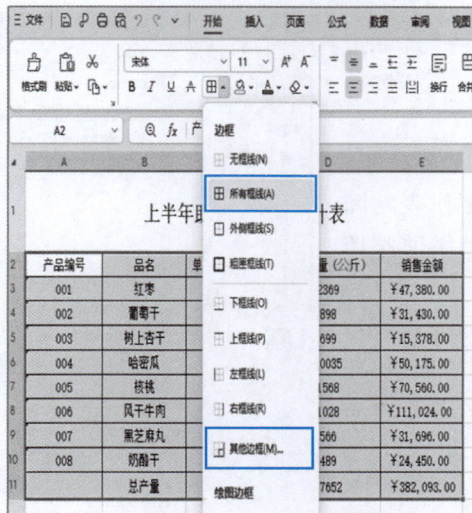

图 4-7　插入所有框线

图 4-8　其他边框设置

教学视频:设置单元格边框

三、工作表格式设置

(一) 插入行和列

在销售数量右侧插入一列商品产地。选中销售数量列(单击 D 列),单击鼠标右键,选择"在右侧插入列",销售数量右侧会出现一列空白列,在插入的空白列中输入如图 4-9 所示"商品产地"相关内容。如果需要在左侧插入选择"在左侧插入列"。插入行的方法与插入列相同。

(二) 设置行高列宽

将"上半年助农产品销售统计表"行高调整为 19 磅,使其内容完整显示。拖动鼠标左键选中表格"2~11"行的区域,如图 4-10 所示,单击"开始"功能选项卡下的"行和列",单击"行高"按钮,输入行高值为"19 磅",单击"确定"按钮。

图 4-9　插入列

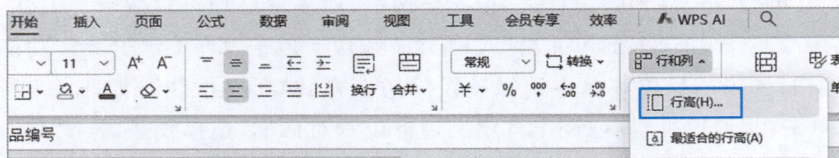

图 4-10　设置行高

调整列宽的方法与行高相同，选中需调整的列，单击"开始"功能选项卡下的"行和列"下拉按钮下的"列宽"按钮调整列宽，可将列宽调整至合适位置。

（三）多工作表之间的操作

多工作表的操作，包括对工作表的重命名，工作表之间的"复制""移动""插入""删除"等。例如将"上半年助农产品销售统计表"创建副本，在副本上进行其他操作。方法：单击选定"上半年助农产品销售统计表"工作表标签，右击，在弹出的如图 4-11 所示的界面中单击"创建副本"按钮，在"上半年助农产品销售统计表"右侧出现"上半年助农产品销售统计表(2)"，可在副本上进行其他表格操作。

（四）添加表格样式

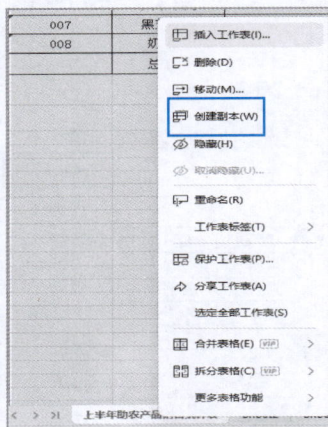

图 4-11　多工作表之间的操作

通过添加表格样式，美化"上半年助农产品销售统计表"。

方法：选中表格"A2：F11"区域，单击"开始"功能选项卡下的"表格样式"按钮，选中如图 4-12 所示套用表格样式，表格样式随即被套用，添加表格样式效果如图 4-13 所示。

四、数据的查找和替换

当表格数据量大时，需要查找或者更改某个数据，我们需要调出表格查找和替换功能。例如将"上半年助农产品销售统计表"中"销售数量"为"1028"的数据替换为"1000"。

方法：单击"开始"功能选项卡下"查找"下拉按钮下的"替换"按钮，如图 4-14 所示，在"查找内容"中输入"1028"，"替换为"中输入"1000"，单击"全部替换"按钮，即可完成数据的替换操作。

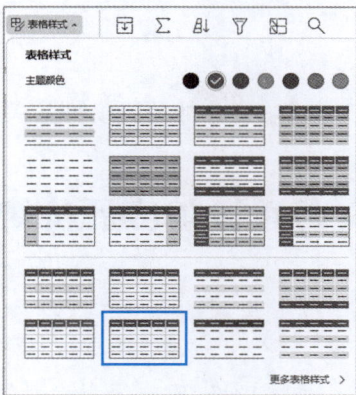

图 4-12　套用表格样式

图 4-13　添加表格样式效果图

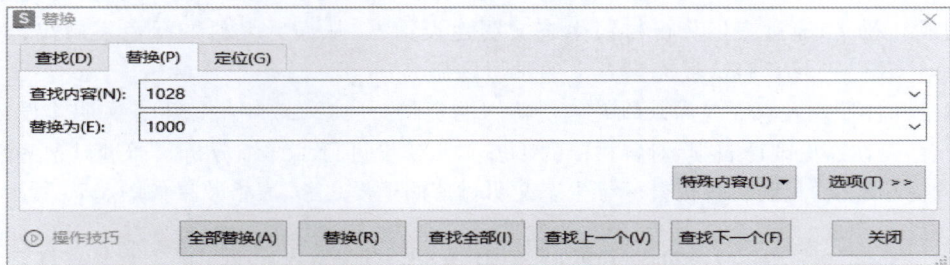

图 4-14　替换数据

五、保存工作簿

保存"上半年助农产品销售统计表"。

具体方法：单击菜单栏中的"文件"，选择"保存"或"另存为"。首次保存时，建议使用"另存为"，以便确定保存位置和文件名，如图 4-15 所示，为"上半年助农产品销售统计表．xlsx"选择保存路径为"桌面"。

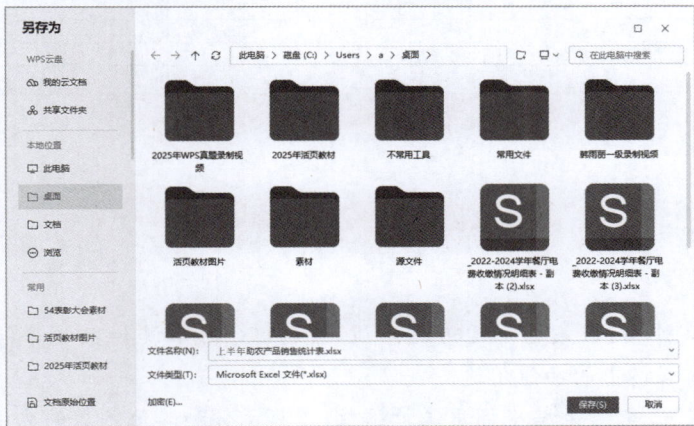

图 4-15　保存工作簿

六、关闭工作簿

关闭"上半年助农产品销售统计表"的方法,单击工作簿右上角的关闭按钮▣,关闭工作簿。

任务二　处理"2025 年村镇生态文明建设年度评价统计表"

🖥 任务导入

当我们走进乡村,会发现曾经清澈见底的小溪如今堆满垃圾,原本绿意盎然的山坡因过度开垦变得光秃。近年来,国家高度重视村镇生态文明建设,而年度评价统计表就像一面镜子,能清晰地反映村镇生态文明建设的成果与不足。今天的学习任务,就是要了解这张统计表的构成和意义,通过表格分析村镇生态文明建设情况,从而为乡村的绿色发展出谋划策。接下来,让我们一起开启这场充满意义的学习之旅。

本任务将带领大家一起深入研究一份特殊的资料——"2025 年村镇生态文明建设年度评价统计表"。在这份统计表中,对各村镇的生态文明建设进行了详细分析。通过对这些数据的观察、分析和解读,我们将有机会探寻生态文明村落的建设之路,表格效果如图 4-16 所示。

<table>
<tr><td colspan="10" align="center">2025年村镇生态文明建设年度评价统计表</td></tr>
<tr><td colspan="10">单位：分</td></tr>
<tr><td>序号</td><td>村镇名称</td><td>绿色发展指数</td><td>资源利用指数</td><td>环境治理指数</td><td>环境质量指数</td><td>合计</td><td>平均值</td><td>排名</td><td>发展类型</td></tr>
<tr><td>001</td><td>马湖村</td><td>5</td><td>9</td><td>10</td><td>8</td><td>32</td><td>8</td><td>4</td><td>种植业</td></tr>
<tr><td>002</td><td>杨庄村</td><td>9</td><td>9</td><td>7</td><td>9</td><td>34</td><td>8.5</td><td>2</td><td>种植业</td></tr>
<tr><td>003</td><td>石桥镇</td><td>5</td><td>5</td><td>5</td><td>5</td><td>20</td><td>5</td><td>9</td><td>旅游业</td></tr>
<tr><td>004</td><td>桃源村</td><td>10</td><td>10</td><td>7</td><td>8</td><td>35</td><td>8.75</td><td>1</td><td>渔业</td></tr>
<tr><td>005</td><td>启新村</td><td>9</td><td>6</td><td>9</td><td>6</td><td>30</td><td>7.5</td><td>5</td><td>渔业</td></tr>
<tr><td>006</td><td>永平镇</td><td>8</td><td>3</td><td>4</td><td>9</td><td>24</td><td>6</td><td>7</td><td>旅游业</td></tr>
<tr><td>007</td><td>茶园村</td><td>6</td><td>6</td><td>5</td><td>9</td><td>26</td><td>6.5</td><td>6</td><td>种植业</td></tr>
<tr><td>008</td><td>西湖镇</td><td>9</td><td>8</td><td>8</td><td>8</td><td>33</td><td>8.25</td><td>3</td><td>渔业</td></tr>
<tr><td>009</td><td>龙泉镇</td><td>5</td><td>5</td><td>8</td><td>4</td><td>22</td><td>5.5</td><td>8</td><td>旅游业</td></tr>
<tr><td colspan="2">>8(个)</td><td>4</td><td>3</td><td>2</td><td>3</td><td></td><td></td><td></td><td></td></tr>
<tr><td colspan="2">6-8(个)</td><td>2</td><td>3</td><td>4</td><td>4</td><td></td><td></td><td></td><td></td></tr>
<tr><td colspan="2"><6(个)</td><td>3</td><td>3</td><td>3</td><td>2</td><td></td><td></td><td></td><td></td></tr>
<tr><td colspan="2">种植业合计</td><td></td><td></td><td></td><td></td><td>92</td><td></td><td></td><td></td></tr>
<tr><td colspan="2">旅游业合计</td><td></td><td></td><td></td><td></td><td>66</td><td></td><td></td><td></td></tr>
<tr><td colspan="2">渔业合计</td><td></td><td></td><td></td><td></td><td>98</td><td></td><td></td><td></td></tr>
</table>

图 4-16　表格效果

📖 学习目标

1. 知识目标

(1)能准确识别 WPS 表格中常用统计函数、逻辑函数和其他函数等,清晰地理解其数学定义和在 WPS 表格中的功能用途。

(2)熟练掌握在 WPS 表格中调用统计函数、逻辑函数和其他函数的方法,包括在公式编辑栏输入函数名称、正确选择函数参数等操作,能够根据具体需求从函数库中快速定位并应用。

（3）能够正确解读统计函数、逻辑函数、其他函数在 WPS 表格中的计算结果。

2. 能力目标

（1）能够根据实际问题，准确设置统计函数、逻辑函数和其他函数的参数值，确保计算结果的准确性。

（2）能够运用统计函数、逻辑函数和其他函数对日常数据快速统计分析。

（3）学会将统计函数、逻辑函数和其他函数进行综合运用，解决复杂的实际问题。

3. 素养目标

（1）引导学生运用所学知识，对收集到的数据和实地调查结果进行分析和解读，提出自己对环境问题的见解和建议，培养学生的社会关注度。

（2）在函数学习与应用过程中，强调数据准确性与函数运算逻辑的严谨性，培养学生认真细致的学习习惯与工作态度。

（3）鼓励学生在掌握基本函数应用的基础上，大胆尝试创新，探索函数在不同场景下的独特应用方式。

任务描述

本任务我们将制作"2025 年村镇生态文明建设年度评价统计表"，表格包含各村镇生态文明指数数据，通过三角函数、统计函数、逻辑函数和其他函数对数据进行对比分析，找寻村镇生态文明建设的发展规律，了解影响各村镇生态文明建设发展背后的原因。

知识准备

一、公式的使用

（一）运算符

算术运算符：加"＋"、减"－"、乘"＊"、除"/"、乘方"^"、百分比"％"等。

文本运算符："&"，作用是连接两个或多个字符串。

比较运算符："="">""<"">=""<="和括号中无内容，用于比较两个数字或字符串，结果为"TURE"或"FALSE"。

引用运算符：冒号、逗号和空格。

（二）运算优先级

WPS 表格运算符的优先级由高到低依次为：引用运算符之冒号、逗号、空格，算术运算符之负号、百分比、乘幂、乘除同级、加减同级，文本运算符与比较运算符同级。同级运算时，优先级按照从左到右的顺序计算。

（三）编辑公式

1. 输入公式的基本步骤

打开 WPS 表格：启动 WPS Office 软件，打开需要编辑的表格文档，确定要输入公式的单元格。

输入等号：在选定的单元格中，先输入"＝"号，这表示接下来要输入的是一个公式。

输入公式内容：根据具体的计算需求，输入公式的具体内容。例如，要计算"A1"和"B1"单元格的和，就输入"＝A1＋B1"。

查看计算结果：输入完公式后，按下 Enter 键，WPS 表格会自动计算，并在单元格中显示结果。

2. 公式编辑技巧

快速填充公式：当需要在多个单元格中输入相同或类似的公式时，可以使用填充柄。将鼠标指针移到已输入公式的单元格右下角，当指针变为黑色"十"字形状时，按住鼠标左键向下或向右拖动，即可将公式自动填充到其他单元格，且公式中的单元格引用会根据相对位置自动调整。

二、单元格的引用

WPS 表格中有三种基本的单元格引用类型，分别是相对引用、绝对引用和混合引用，它们在公式复制或填充时呈现出不同的结果。

（一）相对引用

（1）定义：相对引用是指在公式中使用单元格的相对位置。当公式被复制或填充到其他单元格时，引用会根据目标单元格的相对位置变化。

（2）示例：在单元格"A1"中输入"＝B1＋C1"，当将这个公式向下复制到"A2"单元格时，公式会自动变为"＝B2＋C2"，其中引用的单元格会随着公式位置的下移而相应地向下移动一行。

（二）绝对引用

（1）定义：绝对引用是指在公式中使用固定的单元格地址，当公式被复制或填充时，目标单元格引用不随公式的复制或填充而改变。在单元格地址的列标和行号前分别加上"＄"符号来表示绝对引用。

（2）示例：在单元格"A1"中输入"＝＄B＄1＋＄C＄1"，当将这个公式复制到其他任何单元格时，引用的始终是"B1"和"C1"单元格的数据，不会发生变化。

（三）混合引用

（1）定义：混合引用是指在公式中同时使用相对引用和绝对引用，即列标或行号中一个是相对的，另一个是绝对的。

（2）示例："＄B1"表示列是绝对引用，行是相对引用；"B＄1"表示行是绝对引用，列是相对引用。当公式复制或填充时，相对部分会根据位置变化，而绝对部分保持不变。

三、函数

（一）函数定义

函数是一种预先定义好的、经常使用的内置公式。WPS 表格提供了很多内部函数，用户需要时，可按照函数的格式直接引用。

函数由函数名和参数组成，其形式为：函数名（参数 1，参数 2…）

函数名可以大写也可以小写，当有两个以上的参数时，参数之间要用逗号隔开。

例如,函数"SUM（10，20，30）",其中"SUM"是函数名,表示函数的功能,"10、20、30"是参数,表示函数运算的数据。

参数可以是数字、文本、逻辑值、数组或单元格引用。

（二）自动求和与快速计算

1. 自动求和

选中需要放置求和结果的目标单元格,单击"公式"选项卡中的"自动求和"按钮,然后选中需要求和的数据区域,按 Enter 键即可自动计算总和。

2. 快速计算

在 WPS 表格的状态栏中,选中单元格区域后,状态栏会自动显示求和、平均值、计数等快速计算结果。若要自定义快速计算的类型,可右击状态栏,在弹出的菜单中选择需要的计算选项。

四、函数语法用途

（一）统计函数

1.SUM 求和函数

(1) 功能:用于计算一组数值的总和。

(2) 语法:SUM(数值1,数值2)。

(3) 参数:数值1为必需参数,数值2为可选参数,最多可包含 255 个可选参数。这些参数可以是数字,或者是包含数字的名称、单元格区域或单元格引用。

2.AVERAGE 平均值函数

(1) 功能:用于计算一组数值的平均值。

(2) 语法:AVERAGE(数值1,数值2)。

(3) 参数:与 SUM 函数类似,这些参数可以是数字,或者是包含数字的名称、单元格区域或单元格引用。

3.COUNT 计数函数

(1) 功能:返回参数列表中数字的个数。

(2) 语法:COUNT(值1,值2)。

(3) 参数:值1为必须参数,值2为可选参数,最多可包含 255 个可选参数。这些参数可以是数字,或者是包含数字的名称、单元格区域或单元格引用。

4.COUNTA 计数函数

(1) 功能:返回参数列表中非空值的个数。

(2) 语法:COUNTA(值1,值2)。

(3) 参数:值1为必需参数,要计算其中非空值单元格数目的区域或值。值2为可选参数,最多可包含 255 个可选参数。这些参数可以是单元格区域、单元格引用或具体的值。

5.COUNTIF 计数函数

(1) 功能:返回某个区域中给定单元格条件的单元格个数。

(2) 语法:COUNTIF(区域,条件)。

(3) 参数:区域是指要计算其中非空单元格数目的区域,条件以数字、表达式或文本形式定义的条件。

（二）逻辑函数

IF 条件函数的用途如下。

（1）功能：执行真假值判断，根据条件的成立与不成立得到不同的结果。

（2）语法：IF(测试条件,真值,假值)。

（3）参数：测试条件为条件表达式,真值是测试条件为正确时的返回值,假值是测试条件为错误时的返回值。

IF 函数最多可以嵌套 7 层。

（三）其他函数

1. RANK 排序函数

（1）功能：求某一个数值在某一区域内的排名。

（2）语法：RANK(数值,引用,排位方式)

（3）参数：数值为需要求排名的对应的数值或者单元格名称（单元格内必须为数字）,引用为排名的参照数值区域。排位方式为"0"和"1",默认不用输入,得到的就是从大到小的排名,若是想求倒数排名,排位方式的值请输入"1"。

2. VLOOKUP 纵向查找函数

（1）功能：按列查找,最终返回该列所需查询序列所对应的值。

（2）语法：VLOOKUP(查找值,数据表,列序数,匹配条件)。

（3）参数：查找值为需要在数组第一列中进行查找的数值。数据表为需要在其中查找数据的数据表。列序数为匹配条件中查找数据的数据列序号。匹配条件为逻辑值,指明函数 VLOOKUP 查找时是精确匹配,还是近似匹配。如果为"FALSE"或"0",则返回精确匹配,如果找不到,则返回错误值"♯N/A"。

3. SUMIF 条件求和函数

（1）功能：对符合指定条件的单元格求和。

（2）语法：SUMIF(区域,条件,求和区域)。

（3）参数：区域为条件区域,用于条件判断的单元格区域。条件是求和条件,由数字、逻辑表达式等组成的判定条件。求和区域为实际求和区域,当省略第三个参数时,则条件区域就是实际求和区域。

🧑‍🤝‍🧑 任务实施

一、新建表格

按照任务一所学内容,制作如图 4-17 所示"2025 年村镇生态文明建设年度评价统计表"。使用自动求和函数计算出合计及平均值。具体操作方法如下。

（1）选中"马湖村"对应的合计"G4"单元格,单击"开始"选项卡中的"求和"按钮,选择"求和"计算,选中需要求和的数据区域"C4:F4",在公式编辑栏中单击"√"按钮,即可快速得到合计结果。

（2）选中"马湖村"对应的合计"H4"单元格,单击"开始"选项卡中的"求和"按钮,选择"平均值"计算,选中需要求平均值的数据区域"C4:F4",在公式编辑栏中单击"√"按钮,即可快速得到平均值结果。

	A	B	C	D	E	F	G	H	I	J
1	2025年村镇生态文明建设年度评价统计表									
2	单位：分									
3	序号	村镇名称	绿色发展指数	资源利用指数	环境治理指数	环境质量指数	合计	平均值	排名	发展类型
4	001	马湖村	5	9	10	8				
5	002	杨庄村	9	9	7	9				
6	003	石桥镇	5	5	5	5				
7	004	桃源村	10	10	7	8				
8	005	启新村	9	6	9	6				
9	006	永平镇	8	3	4	9				
10	007	茶园村	6	6	5	9				
11	008	西湖镇	9	8	8	8				
12	009	龙泉镇	5	5	8	4				

图 4-17　新建表格

二、统计函数应用

（一）COUNT 计数函数

使用 COUNT 计数函数计算文本和数值的返回数量，查看返回结果。以“2025 年村镇生态文明建设年度评价统计表”中“村镇名称”“绿色发展指数”两列为例，查看返回值。

方法：选中“村镇名称”返回结果“B13”单元格，单击编辑栏中的插入函数“ $f(x)$ ”按钮，在常用函数中选择“COUNT”函数，如图 4-18 所示，参数值 1 中选择数据区域“B4:B12”，单击“确定”按钮。可以看到“村镇名称”返回结果为“0”。选中“B13”单元格右下角填充柄，向右填充公式，计算出“绿色发展指数”列的返回值，返回值为“9”，通过观察结果可以得出 COUNT 计数函数返回值为选中表格区域中数字的个数。

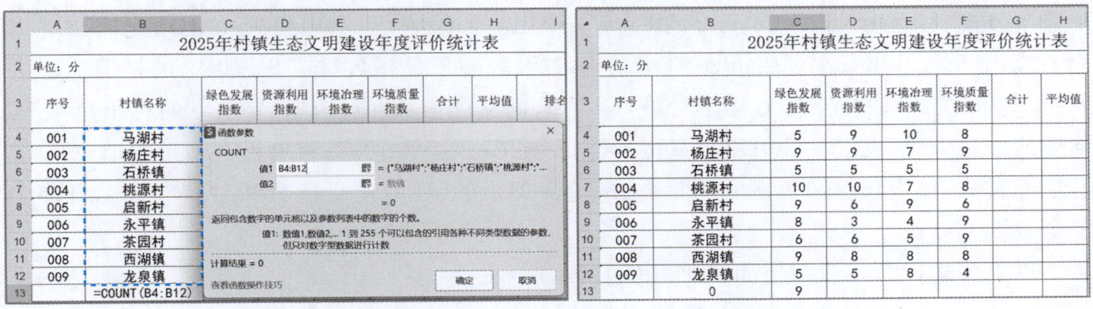

图 4-18　COUNT 函数应用

（二）COUNTA 计数函数

使用 COUNTA 计数函数计算文本和数值的数量，查看返回结果。以“2025 年村镇生态文明建设年度评价统计表”中“村镇名称”“绿色发展指数”两列为例，查看返回值。

方法：选中“村镇名称”返回结果“B13”单元格，单击编辑栏中的插入函数“ $f(x)$ ”按钮，在常用函数中选择“COUNTA”函数，如图 4-19 所示，参数值 1 中选择数据区域“B4:B12”，单击“确定”按钮，可以看到“村镇名称”返回结果为“9”。选中“B13”单元格右下角填充柄，向右填充公式，计算出“绿色发展指数”列的返回值为“9”。可以得出 COUNTA 计数函数返回值为选中表格区域中非空单元格的个数。

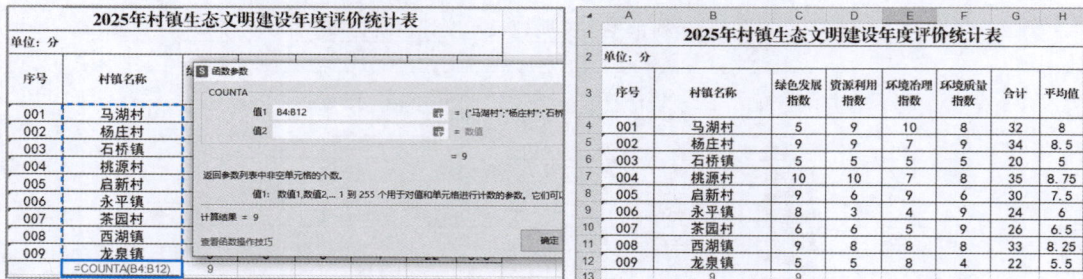

图 4-19　COUNTA 函数应用

（三）COUNTIF 计数函数

问题：计算"2025 年村镇生态文明建设年度评价统计表"中各分数段村镇的个数。

方法：

（1）在统计表中，选择目标单元格"C13"绿色发展指数（对应"8 分以上的村镇个数"），单击编辑栏中的插入函数"$f(x)$"按钮，选择"COUNTIF"函数，如图 4-20（a）所示，在参数中输入区域"C4:C12"、输入条件"">8""，单击"确定"按钮，对应的编辑栏公式为"=COUNTIF(C4:C12,">8")"。绿色发展指数计算完成后，单击"C13"单元右下角的填充柄，向右填充公式，依次计算出资源利用指数、环境治理指数和环境质量指数对应 8 分以上的村镇个数。

（2）在统计表中，选择目标单元格"C14"绿色发展指数（对应"6-8 分以上的村镇个数"）。同样的方法编辑公式"=COUNTIF(C4:C12,">=6")"，此公式计算出的值为">=6 分以上的村镇个数"包含"8 分以上的村镇个数"，因此需减去包含"8 分以上的村镇个数"，在编辑栏中修改公式"=COUNTIF(C4:C12,">=6")-C13"。单击"C14"单元右下角的填充柄，向右填充公式，依次计算出资源利用指数、环境治理指数、环境质量指数对应 8 分以上的村镇个数。

（3）在统计表中，选择目标单元格"C15"绿色发展指数（对应"6 分以下的村镇个数"）。同样的方法编辑公式"=COUNTIF(C4:C12,"<6")"。单击"C15"单元右下角的填充柄，向右填充公式，依次计算出资源利用指数、环境治理指数、环境质量指数和对应"6 分以下的村镇个数"。

以上公式计算完成结果如图 4-20（b）所示。

教学视频：
COUNTIF
函数应用

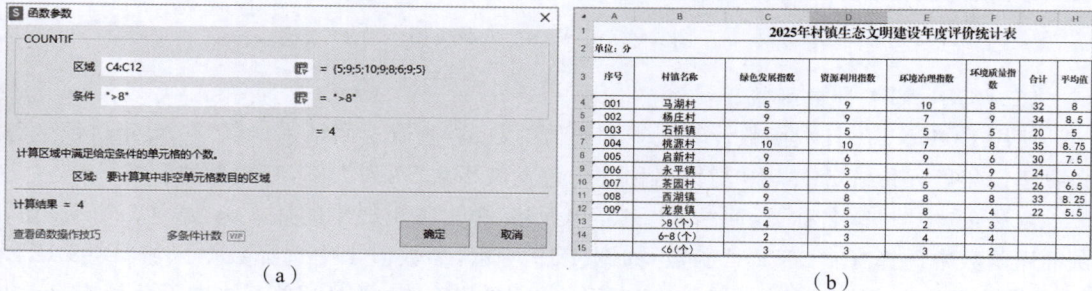

（a）　　　　　　　　　　　　　　　（b）

图 4-20　COUNTIF 函数应用

三、逻辑函数应用

IF 条件函数的应用如下。

问题：计算"2025 年村镇生态文明建设年度评价统计表"中"村镇各类指数等级表"。"指数分数＞8"，返回结果为"优秀"；"8＞＝指数分数＞＝6"，返回结果为"良好"；"指数分数＜6"，返回结果为"差"。

方法：

（1）编制如 4-21（a）所示的"村镇各类指数等级表"，在"村镇各类指数等级表"中选择"C4"单元格优先输入嵌套最内层的 IF 函数，单击编辑栏中的插入函数"$f(x)$"按钮，选择"IF"函数，如图 4-21（b）所示，函数参数"测试条件"为"2025 年村镇生态文明建设年度评价统计表"中对应"C4 单元格＞＝6"，"真值"输入"良好"，"假值"输入"差"，单击"确定"按钮。由此计算得出"指数分数＞＝6"，等级为"良好"；"指数分数＜6"，等级为"差"。在编辑栏中复制此函数。

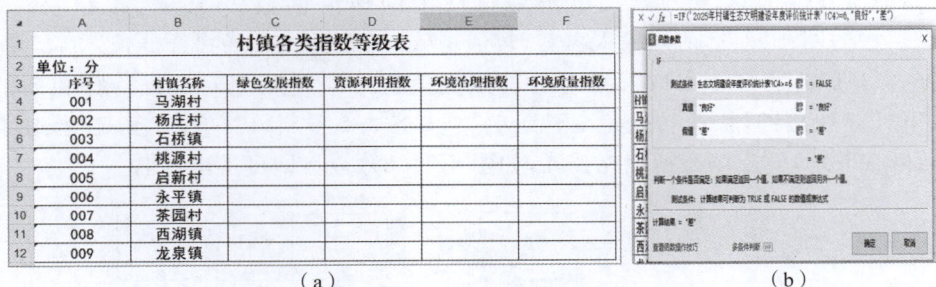

（a）　　　　　　　　　　　（b）

图 4-21　IF 函数应用 1

教学视频：
IF 函数
应用

（2）在"村镇各类指数等级表"中选择"C4"单元格输入嵌套外层的 IF 函数。按 Delete 键删除原先编辑的"IF"函数，重新插入"IF"函数，如图 4-22 所示，函数参数"测试条件"为"2025 年村镇生态文明建设年度评价统计表"中对应"C4 单元格＞8"，"真值"输入"优秀"，"假值"输入刚才复制的 IF（'2025 年村镇生态文明建设年度评价统计表'! C4＞＝6,"良好","差"）公式，单击"确定"按钮。先向右再向下填充公式，由此得出"优秀""良好""差"三个等级，如图 4-23（b）所示，图 4-23（a）为原数据表。

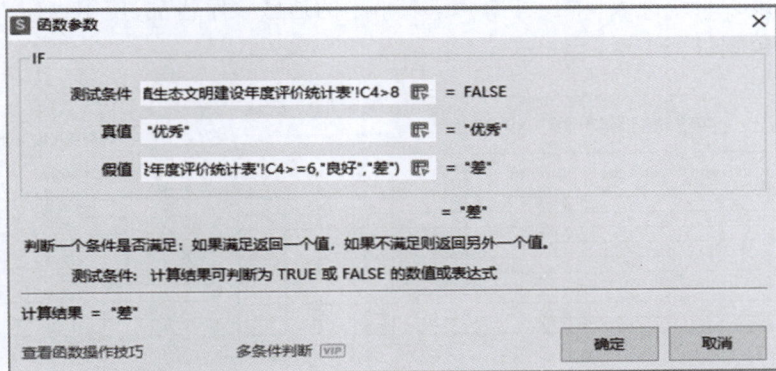

图 4-22　IF 函数应用 2

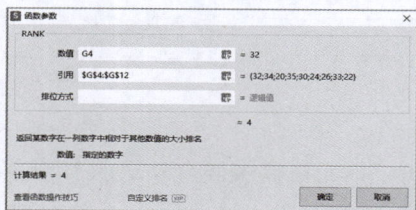

（a）

（b）

图 4-23　IF 函数应用结果

四、其他函数应用

（一）RANK 排序函数

问题：按照合计数计算"2025 年村镇生态文明建设年度评价统计表"中的排名。

方法：选定目标"I4"单元格，单击编辑栏中的插入函数"$f(x)$"按钮，插入函数"RANK"。按照图 4-24（a）所示输入参数，数值输入"马湖村"对应的"合计值""G4"单元格，引用选择合计值区域"G4：G12"，排名的参照数值区域应使用绝对地址。行和列前需加"$"，按下"F4"快捷键，快速转换绝对地址为"$G$4：$G$12"，单击"确定"按钮。单击"I4"单元格右下角，使用填充柄填充公式，如图 4-24（b）所示，即可得出排名。

（a）

（b）

图 4-24　RANK 函数应用

（二）VLOOKUP 纵向查找函数

问题：如图 4-25 所示，将"各村镇发展类型统计表"的发展类型，匹配至"2025 年村镇生态文明建设年度评价统计表"中。其中两个表格中的地区顺序错乱，使用纵向查找函数可以轻松精准匹配数据。

（a）

（b）

图 4-25　VLOOKUP 函数应用 1

方法：在“2025 年村镇生态文明建设年度评价统计表”中选择目标单元格“J4”，插入函数“VLOOKUP”，按照如图 4-26(a)所示中的参数进行输入。

(1) 查找值参数选择“2025 年村镇生态文明建设年度评价统计表”中“马湖村”对应的“B4”单元格。

(2) 数据表参数选择“各村镇发展类型统计表”的“村镇名称”“发展类型”两列值区域“B3：C11”，按下“F4”键使其转换为绝对地址“＄B＄3：＄C＄11”。图 4-26(b)为选定数据表的列数。

	A	B	C
1	各村镇发展类型统计表	第一列	第二列
2	序号	村镇名称	发展类型
3	1	茶园村	种植业
4	2	龙泉镇	旅游业
5	3	马湖村	种植业
6	4	启新村	渔业
7	5	石桥镇	旅游业
8	6	桃源村	渔业
9	7	西湖镇	渔业
10	8	杨庄村	种植业
11	9	永平镇	旅游业

(a)

第一列	第二列
村镇名称	发展类型
茶园村	种植业
龙泉镇	旅游业
马湖村	种植业
启新村	渔业
石桥镇	旅游业
桃源村	渔业
西湖镇	渔业
杨庄村	种植业
永平镇	旅游业

(b)

图 4-26　VLOOKUP 函数应用 2

(3) 列序数为数据表参数选择区域的第二列“发展类型”所在的列，输入值为“2”(表示第 2 列)。

(4) 匹配条件参数输入“0”，进行精准匹配，单击“确定”按钮，选中“J4”单元格右下角，使用填充柄填充公式得出匹配结果。发展类型匹配效果如图 4-27 所示。

	A	B	C	D	E	F	G	H	I	J
1	2025年村镇生态文明建设年度评价统计表									
2	单位：分									
3	序号	村镇名称	绿色发展指数	资源利用指数	环境治理指数	环境质量指数	合计	平均值	排名	发展类型
4	001	马湖村	5	9	10	8	32	8	4	种植业
5	002	杨庄村	9	9	7	9	34	8.5	2	种植业
6	003	石桥镇	5	5	5	5	20	5	9	旅游业
7	004	桃源村	10	10	7	8	35	8.75	1	渔业
8	005	启新村	9	6	9	6	30	7.5	5	渔业
9	006	永平镇	8	3	4	9	24	6	7	旅游业
10	007	茶园村	6	6	5	9	26	6.5	6	种植业
11	008	西湖镇	9	8	8	8	33	8.25	3	渔业
12	009	龙泉镇	5	5	8	4	22	5.5	8	旅游业

图 4-27　VLOOKUP 函数应用效果图

(三) SUMIF 按条件求和函数

问题：分别计算“2025 年村镇生态文明建设年度评价统计表”各发展类型的总分数，效果如图 4-28(b)所示。

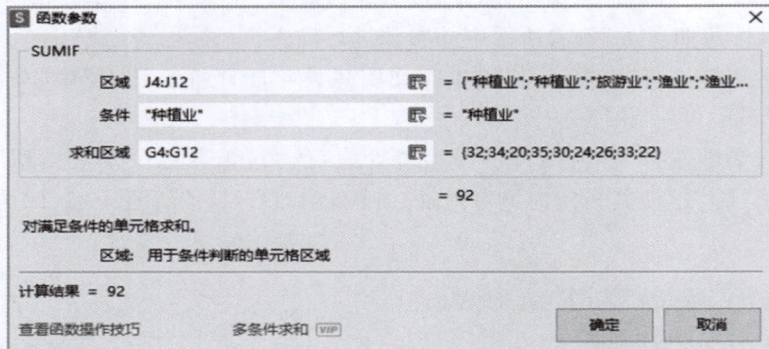

（a）

（b）

图 4-28　SUMIF 函数应用

方法：在"2025 年村镇生态文明建设年度评价统计表"中选择目标单元格"G16"。插入函数"SUMIF"，如图 4-28（a）所示参数进行选择单元格输入。

（1）区域参数选择"发展类型"所在的区域"J4:J12"为条件区域。

（2）条件参数输入"发展类型"中的任意一个条件，以"种植业"为例。

（3）求和区域参数输入"发展类型"区域对应的"合计"区域"G4:G12"，单击"确定"按钮，即可计算出种植业的总分数，"旅游业""渔业"的计算方法与"种植业"相同，计算"旅游业""渔业"的总分数时，输入条件需要输入对应"旅游业""渔业"条件。

任务三　分析"大学生就业率统计表"

任务导入

怀着对未来美好的憧憬，李伟大学毕业考取了江北大学食品生物工程学院的辅导员岗位。刚上任的辅导员李伟接到学院领导任务，负责统计本学院今年的就业率，他想利用

WPS 表格将数据转化为图表，更加直观地呈现给领导。

图 4-29（a）所示，是数据原表，图 4-29（b）所示是图表编辑完成效果。

2022年江北大学食品生物工程学院就业率统计表

院系	专业	毕业人数	协议就业率	灵活就业率	升学出国率	就业率
食品生物工程学院	生物工程	56	75%	15%	1%	91%
	微生物学	78	65%	13%	0%	78%
	生物化学与生物分子学	43	78%	5%	3%	86%
	生物化工	96	68%	32%	0%	100%
	轻工技术与工程	37	50%	25%	6%	81%
	发酵工程	68	46%	30%	0%	76%
	食品加工与安全	123	92%	3%	0%	95%
	食品工程	58	90%	6%	0%	96%
	制糖工程	69	72%	10%	2%	84%
	食品科学	89	80%	1%	8%	89%
	食品营养与安全	49	52%	19%	6%	77%
	食品贸易与文化	90	60%	25%	0%	85%

（a）

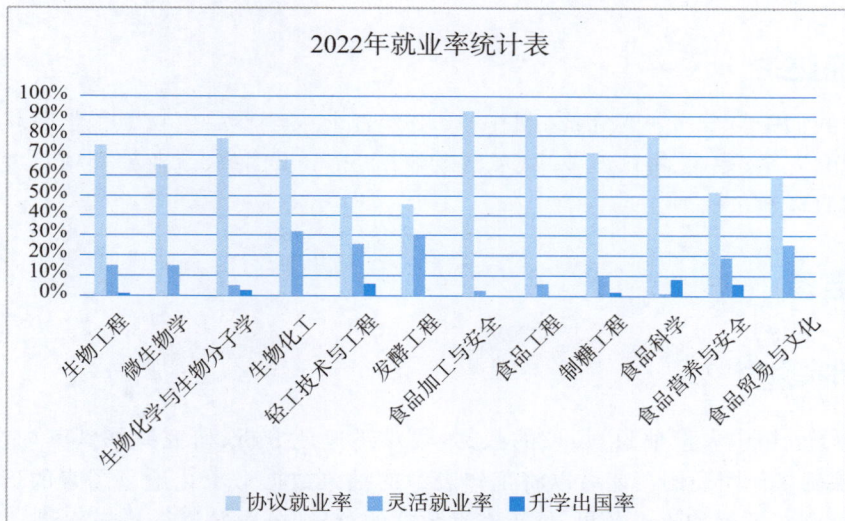

（b）

图 4-29　表格效果

学习目标

1. 知识目标

（1）深入了解 WPS 表格中各类图表（柱状图、折线图、饼图、散点图等）的特点及适用场景，能精准阐述不同图表在数据展示上的优势与局限性。

（2）系统掌握图表构成元素，如标题、坐标轴、图例、数据系列等，清晰理解各元素在图表中的作用及相互关系。

（3）学会在创建图表过程中，对图表数据源进行灵活调整，如添加或删除数据系列、更改数据区域，确保图表能够准确反映所需数据信息。

2. 能力目标

（1）熟练运用 WPS 表格，依据给定数据快速、准确地创建至少 5 种常见图表类型，操作步骤流畅、无误。

（2）精准调整图表布局，包括图表区、绘图区大小及位置，合理安排标题、坐标轴标签、图例的位置与格式，使图表整体布局美观、协调。

（3）灵活更改图表样式，如颜色、字体、线条样式等，依据数据特点和展示需求，设计出具有视觉吸引力的图表。

3. 素养目标

（1）通过使用 WPS 表格图表工具，培养学生自主探索数据规律、分析数据关系的能力。

（2）增强学生对数据的敏感度和重视程度，认识数据在当今信息时代的重要价值，树立用数据说话、以数据为依据进行决策的意识。

（3）通过不断练习和完善图表作品，培养学生严格认真的学习态度和工作作风，提高学生的专注力和执行力。

📋 任务描述

本任务我们将与李伟一起完成，制作"2022 年江北大学食品生物工程学院就业率统计表"，表格包含院系、专业、协议就业率、灵活就业率、升学出国率、就业率等项目并以柱形图的形式更加直观地呈现。

⏱ 知识准备

一、图表类型

对于电子表格中大量抽象、烦琐的数据，很难迅速地分析、研究并找到其内在的规律。WPS 表格绘制工作图表的功能可以将工作表中的抽象数据形象化地以图表的形式表现出来，极大地增强了数据的直观效果，便于查看数据的差异、分布并进行趋势预测。并且 WPS 表格所创建的图表与工作表中的有关数据密切相关，当工作表中数据源发生变化时，图表中对应项的数据也能够自动更新。

（一）柱形图

（1）直观展示数据大小：通过柱形的高度来直观地展示数据的大小，能够让读者一眼就看出不同数据之间的差异和对比关系，非常适合用于比较不同类别或组之间的数据。

（2）强调数据差异：柱形图可以突出显示数据之间的差异，使得数据之间的对比更加鲜明。即使是数据量较大或差异较细微的情况，也能通过柱形的高度差异清晰地展现出来，便于用户快速发现数据的变化趋势和特征。

（3）多种样式可选：WPS 表格提供了多种柱形图样式，如标准柱形图、堆积柱形图和百分比堆积柱形图等。标准柱形图用于简单对比数据；堆积柱形图可展示各部分数据与整体的关系以及各部分之间的对比；百分比堆积柱形图则侧重于展示各部分在整体中所占的比例关系。

（4）数据信息丰富：可以在柱形图中添加数据标签、坐标轴标签、标题、图例等元素，清晰地展示数据的具体数值、类别等信息，使图表所传达的信息更加完整和准确，方便读者理解和分析数据。柱形图如图 4-29（b）所示。

（二）条形图

（1）直观展示数据大小：通过条形的长度来直观地展示不同类别数据的大小或数量，让人一眼就能看出各个数据之间的相对大小关系，非常便于快速比较和理解数据。

（2）强调类别对比：将数据按照不同的类别进行分类，每个类别用一个独立的条形表示，能够清晰地突出不同类别之间的差异，有助于分析不同类别数据的分布情况和差异程度。

（3）可横向可纵向：条形图有水平条形图和垂直条形图两种形式。水平条形图可以更好地展示较长的类别名称，避免名称之间的重叠，使图表更加清晰易读；垂直条形图则更符合人们的阅读习惯，与数轴的常规表示方式一致，便于观察和比较数据的大小。

（4）数据解读简单：相较于一些复杂的图表类型，条形图的解读难度较低，即使是没有专业数据分析知识的人也能轻松理解图表所表达的信息，能够快速获取数据的主要特征和趋势。

（5）可展示多组数据：可以在同一个图表中展示多组数据，通过不同颜色或图案的条形来区分，方便进行多组数据之间的对比分析，了解不同组数据在各个类别上的表现和差异。条形图如图 4-30 所示。

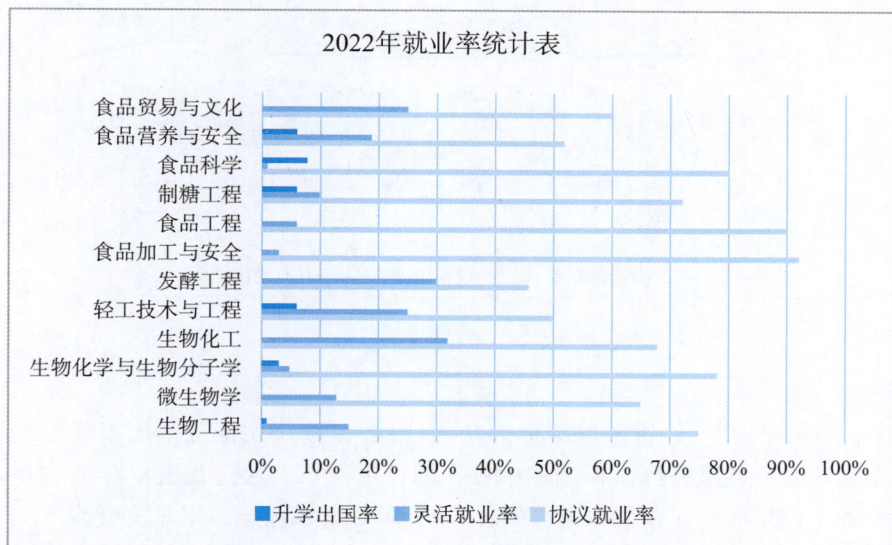

图 4-30　条形图

（三）折线图

（1）直观展示趋势：能够清晰、直观地呈现数据随时间或其他连续变量的变化趋势，让用户一眼就能看出数据是上升、下降还是保持稳定，以及变化的幅度和速度。例如，通过展示某公司过去一年内每月的销售额折线图，可以很容易地看出销售额的波动情况，是旺季增长还是淡季下滑等趋势。

（2）强调数据变化：相比于其他图表，如柱状图更侧重于展示数据的具体数值，折线图更着重于突出数据的变化情况，能帮助用户快速捕捉到数据的动态特征，发现数据中的规律、周期性或异常点。比如在分析股票价格走势时，折线图能让投资者迅速察觉到股价的剧烈波动或长期的涨跌趋势。

（3）多数据系列对比：可以在同一图表中展示多个数据系列的变化趋势，方便进行对比分析，了解不同数据系列之间的关系和差异。例如，在分析不同品牌手机在多个季度的市场占有率变化时，使用折线图可以清晰地看到各个品牌的市场表现趋势以及它们之间的竞争态势。

（4）数据连续性展示：适用于展示具有连续性质的数据，能够将离散的数据点连接成线，给人一种数据连续变化的感觉，更符合人们对时间等连续变量的认知习惯。如在展示气温随时间的变化、河流流量的实时监测数据等场景中，折线图能很好地体现数据的连续性和动态变化。折线图如图 4-31 所示。

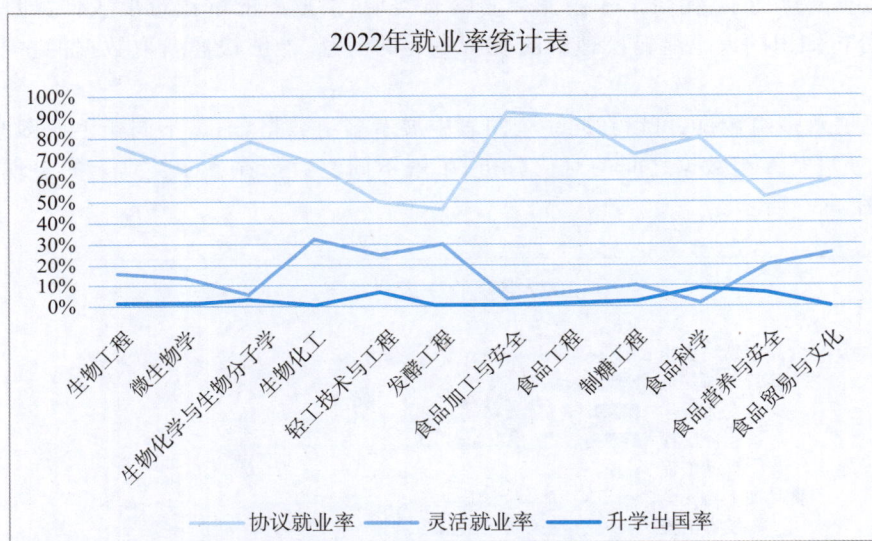

图 4-31　折线图

（四）饼图

（1）直观展示比例关系：饼图以圆形为基础，将数据按照比例分割成不同的扇形区域，能够非常直观地展示各部分数据在总体中所占的比例关系。通过观察扇形的大小，用户可以迅速了解各个数据部分在整体中所占的份额，一眼看出各部分的相对重要性。

（2）强调整体与部分的关系：饼图能够清晰地呈现整体与部分之间的关系，让用户对数据的整体构成有一个清晰的认识。它将所有数据部分组合在一个圆形中，强调了各部分数据是整体的一部分，突出了数据的整体性和关联性。

（3）简洁明了：饼图的结构相对简单，没有复杂的线条和图形，易于理解和解读。不需要过多的解释和说明，用户就能够快速获取数据的主要信息，适用于快速传达关键数据和信息。

（4）视觉效果突出：饼图通过不同颜色或图案来区分不同的扇形区域，具有较强的视觉吸引力和辨识度。可以通过颜色的选择和搭配，使图表更加生动、直观，吸引观众的注意力，增强数据的表现力。饼图如图 4-32 所示。

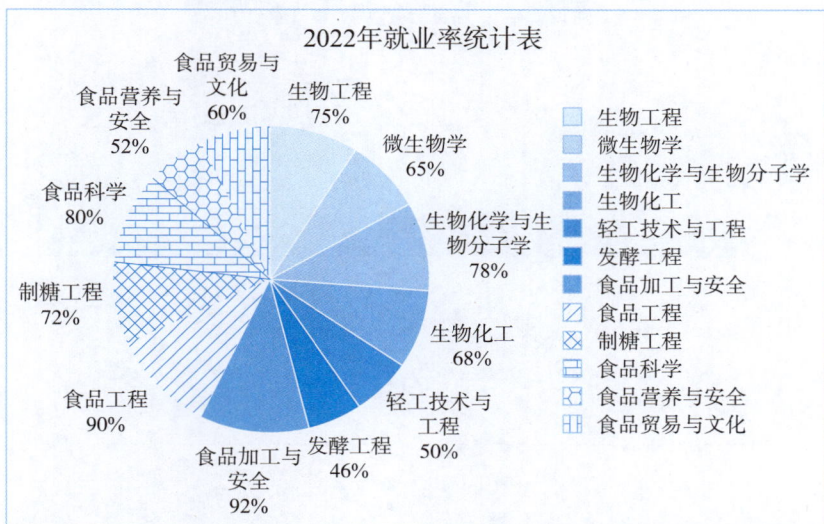

图 4-32　饼图

（五）面积图

（1）强调数量随时间或类别变化：面积图通过填充区域的大小来展示数据的变化趋势，能够清晰地呈现出数据随时间或其他类别变量的增减情况。例如，展示某公司过去一年每个月的销售额变化，使用面积图可以直观地看到销售额在不同月份的起伏，让人一眼就能了解到销售的旺季和淡季。

（2）体现数据的累计效果：它可以将多个数据系列进行叠加，展示出各个部分与整体的关系，以及数据的累计效果。比如，在分析公司不同产品线的销售业绩占总业绩的比例及变化时，通过面积图的叠加效果，能清楚地看到每个产品线对整体业绩的贡献以及整体业绩的增长趋势是如何由各产品线共同推动的。

（3）视觉上突出数据的规模感：面积图以其填充的区域在视觉上给人一种强烈的规模感，能让观众快速感知到数据的大小和占比情况。相较于折线图或柱状图，面积图在展示数据规模方面更具冲击力，更容易引起人们对数据大小差异的关注。

（4）易于比较数据系列间的差异：当有多个数据系列时，面积图可以方便地对比它们之间的差异。不同数据系列的面积大小和变化趋势一目了然，有助于快速发现各系列之间的关系和不同之处。面积图如图 4-33 所示。

二、创建图表

（一）准备数据

将需要制作成图表的数据完整输入到 WPS 表格中，确保数据的准确性和完整性。数据应整理成清晰的行和列，一般第一行可作为标题行，用于标注各列数据的定义。比如要制作某公司各季度产品销售数据图表，可将季度列在一行，各产品销售额对应列在下方。

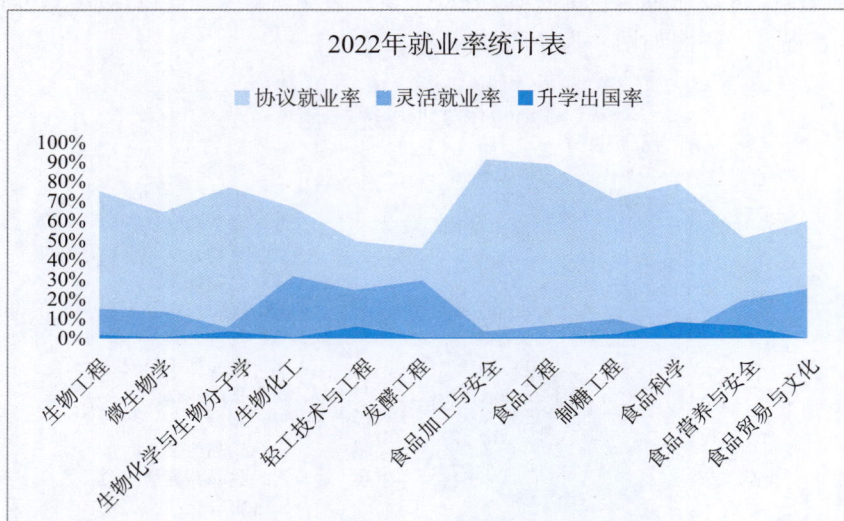

图 4-33　面积图

（二）选择数据

用鼠标选中想要制作图表的数据区域，包括标题行和数据区域。如果数据区域不连续，可以先选中第一个区域，然后按住 Ctrl 键再选择其他区域。

（三）插入图表

（1）单击菜单栏中的"插入"选项卡。

（2）在"插入"选项卡中找到"图表"按钮，单击后会弹出包含多种图表类型的下拉菜单或对话框，如"柱状图""折线图""饼图""散点图""面积图""雷达图"等。

（3）根据数据的特点和想要展示的效果选择合适的图表类型。例如，对比不同类别数据的大小用柱状图；展示数据随时间或其他连续变量的变化趋势用折线图；显示各部分占总体的比例关系用饼图。

（四）确认图表生成

完成上述操作后，WPS 表格会自动根据所选数据和图表类型生成图表，可直接在工作表中查看效果，并对图表的位置、大小进行调整，使其与数据表的排版协调。

三、图表编辑

（一）基本编辑

（1）修改图表类型：打开 WPS 表格，单击选中要修改的图表，工具栏自动切换到"图表工具"，单击"更改类型"按钮，在弹出的窗口中选择如"柱状图""折线图""饼图"等所需的图表类型，单击"确定"按钮即可。

（2）调整图表数据源：选中图表后，单击"选择数据"按钮，在弹出的窗口中可重新选择数据区域，添加或删除数据系列，完成后单击"确定"按钮。

（3）修改图表布局和样式："添加元素"选项卡可调整图表的标题、图例、数据标签和网格线等元素的位置和样式；"设置格式"选项卡能更改图表的颜色、字体和背景等样式。

（二）高级编辑

（1）使用数据标签：在"添加元素"选项卡中单击"数据标签"，可选择"居中""数据标签内""数据标签外"等合适的位置，让数据的具体数值直接显示在图表上。

（2）添加趋势线：若为散点图或折线图，可在"添加元素"选项卡中单击"趋势线"，选择"线性趋势线""指数趋势线"等合适的类型，帮助分析数据趋势。

（3）自定义图表元素的格式：右击某个数据系列，选择"设置图例格式"，可在弹出的窗口中调整填充颜色、边框样式、阴影效果等。

（4）使用多图表组合：如需展示多个数据系列，可在"更改类型"窗口中选择"组合图"，然后为每个数据系列选择合适的图表类型，如将柱状图和折线图组合成柱线图。

（5）动态更新图表数据：可在 WPS 表格中使用命名区域或表格功能，将图表的数据源设置为动态范围，使数据更新时图表自动刷新。

（三）特殊编辑

（1）显示次坐标轴：在"图表工具"选项卡中单击"更改类型"按钮，选择组合图表类型，为需要显示次坐标轴的数据系列选择"次坐标轴"选项。

（2）添加误差线：在"添加元素"选项卡中单击"误差线"按钮，选择"标准误差""标准偏差"等合适的类型。

（3）显示数据表：在"添加元素"选项卡中单击"数据表"按钮，选择"显示图例项标示""无图例项标示"等合适的显示选项。

四、美化图表

（一）更改图表类型

选择合适的图表类型能更清晰地展示数据。选中图表，单击"图表工具"选项卡中的"更改图表类型"按钮，在弹出的对话框中选择更符合数据特点和展示需求的图表，如"柱状图""折线图""饼图"等。

（二）调整图表颜色和样式

（1）更改颜色：选中图表，在"图表工具"的"图表设计"选项卡中，单击"选择预设系列配色"按钮，选择与数据主题或演示风格相匹配的颜色方案，让图表色彩更协调。

（2）应用样式：同样在"图表设计"选项卡中，利用"其他样式"功能区提供的多种预设样式，快速为图表应用专业美观的样式，一键改变图表的整体外观。

（三）优化图表元素

（1）标题：为图表添加一个清晰简洁的标题，准确概括图表的内容。选中"标题"文本框，可在"图表工具"的"开始"选项卡中对标题的"字体""字号""颜色"等进行设置。

（2）坐标轴：根据数据的范围和特点，合理设置坐标轴的刻度值和标签。双击"坐标轴"，在弹出的设置坐标轴格式窗格中进行详细设置，还可以对坐标轴的线条颜色、粗细等进行美化。

（3）图例：调整图例的位置和格式，使其不遮挡图表的重要数据。在"图表工具"的"设置格式"选项卡中对"图例"的"字体""颜色"等进行修改。

（4）数据标签：根据需要显示数据标签，让数据更加直观。选中数据系列，右击选择"设置数据标签格式"，然后可进一步设置数据标签的"位置""格式"等。

（四）添加特效和装饰

（1）阴影和立体效果：在"图表工具"的"设置格式"选项卡中，使用"形状效果"功能为图表元素添加"阴影""立体"等效果，增加图表的层次感和立体感，但要注意不要过度使用，以免影响图表的可读性。

（2）添加背景：为图表区域或绘图区添加合适的背景填充，如"纯色填充""渐变填充""图片或纹理填充"等。在"图表工具"的"设置格式"选项卡中，通过"图表选项"或"文本选项"的格式设置来实现。

（五）对齐和分布图表元素

如果文档中有多个图表，选中需要对齐的多个图表，在"开始"选项卡中单击"对齐"按钮，选择合适的对齐方式，如"左对齐""居中对齐"等，使图表排列整齐。

👥 任务实施

一、创建数据表

（一）创建数据源表

创建数据源即创建表格，按照图 4-34 所示内容创建"2022 年江北大学食品生物工程学院就业率统计表"数据源表，内容包含"院系""专业""毕业人数""协议就业率""灵活就业率""升学出国率""就业率"。

院系	专业	毕业人数	协议就业率	灵活就业率	升学出国率	就业率
	2022年江北大学食品生物工程学院就业率统计表					
食品生物工程学院	生物工程	56	75%	15%	1%	91%
	微生物学	78	65%	13%	0%	78%
	生物化学与生物分子学	43	78%	5%	3%	86%
	生物化工	96	68%	32%	0%	100%
	轻工技术与工程	37	50%	25%	6%	81%
	发酵工程	68	46%	30%	0%	76%
	食品加工与安全	123	92%	3%	0%	95%
	食品工程	58	90%	6%	0%	96%
	制糖工程	69	72%	10%	2%	84%
	食品科学	89	80%	1%	8%	89%
	食品营养与安全	49	52%	19%	6%	77%
	食品贸易与文化	90	60%	25%	0%	85%

图 4-34　创建数据源表

（二）选择数据源

在数据源表中选择数据源，需要图表显示什么内容，就在表格中选择相应的数据源，例如柱形图需要显示专业、协议就业率、灵活就业率、升学出国率。

方法：选择"专业"列，按住 Ctrl 键，继续选择"协议就业率""灵活就业率""升学出国率"列，被选择的数据源会突出显示，如图 4-35 所示。

（三）插入柱形图

单击"插入"选项卡下的"图表"按钮，单击"柱形图"，单击"插入预设图表"即可插入簇状柱形图，如图 4-36 所示，最后生成如图 4-37 所示柱形图。

图 4-35 选择数据源

院系	专业	毕业人数	协议就业率	灵活就业率	升学出国率	就业率
食品生物工程学院	生物工程	56	75%	15%	1%	91%
	微生物学	78	65%	13%	0%	78%
	生物化学与生物分子学	43	78%	5%	3%	86%
	生物化工	96	68%	32%	0%	100%
	轻工技术与工程	37	50%	25%	6%	81%
	发酵工程	68	46%	30%	0%	76%
	食品加工与安全	123	92%	3%	0%	95%
	食品工程	58	90%	6%	0%	96%
	制糖工程	69	72%	10%	2%	84%
	食品科学	89	80%	1%	8%	89%
	食品营养与安全	49	52%	19%	6%	77%
	食品贸易与文化	90	60%	25%	0%	85%

标题：2022年江北大学食品生物工程学院就业率统计表

图 4-36 插入柱形图

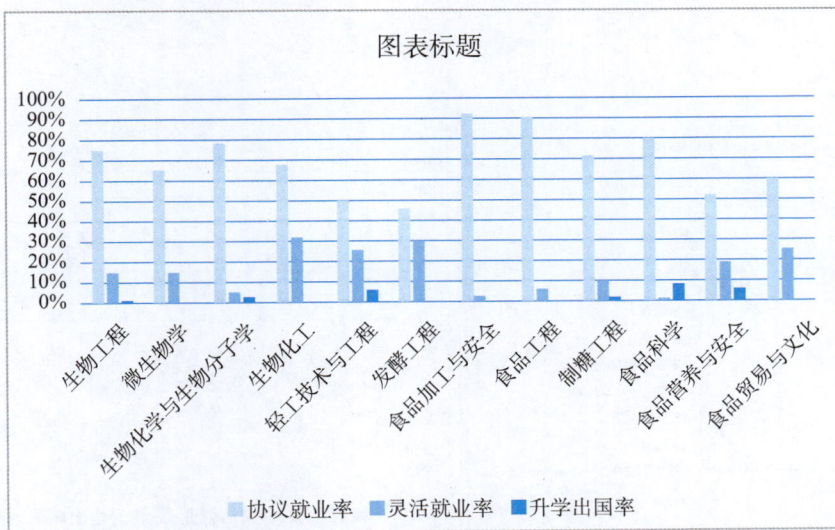

图 4-37 生成柱形图

教学视频：
插入柱形图

二、编辑图表

（一）添加数据源

将就业率添加至柱形图中。

方法:选中已生成的柱形图图表,单击"图表工具",单击"选择数据"按钮,如图 4-38 所示。

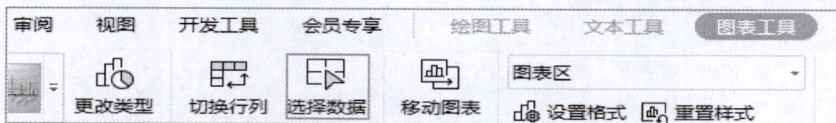

图 4-38　添加数据源

弹出"编辑数据源"对话框,如图 4-39(a)所示,在对话框中选择添加"系列"(单击系列中＋号按钮),如图 4-39(b)所示,在"编辑数据系列"对话框中选择"系列名称"(就业率副标题所在的单元格"G2",默认情况下单元格自动变为绝对地址"＄G＄2")、"系列值"(就业率对应的值绝对地址区域"＄G＄3:＄G＄14"),单击"确定"按钮,如图 4-40(a)所示,系列增加"就业率",单击"确定"按钮,生成如图 4-40(b)所示新图表。

教学视频:
添加数据源

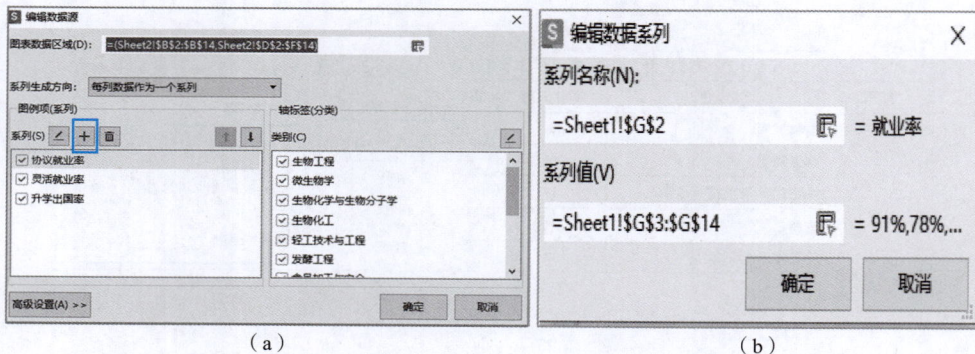

（a）　　　　　　　　　　　　　　　　　　　（b）

图 4-39　添加数据系列

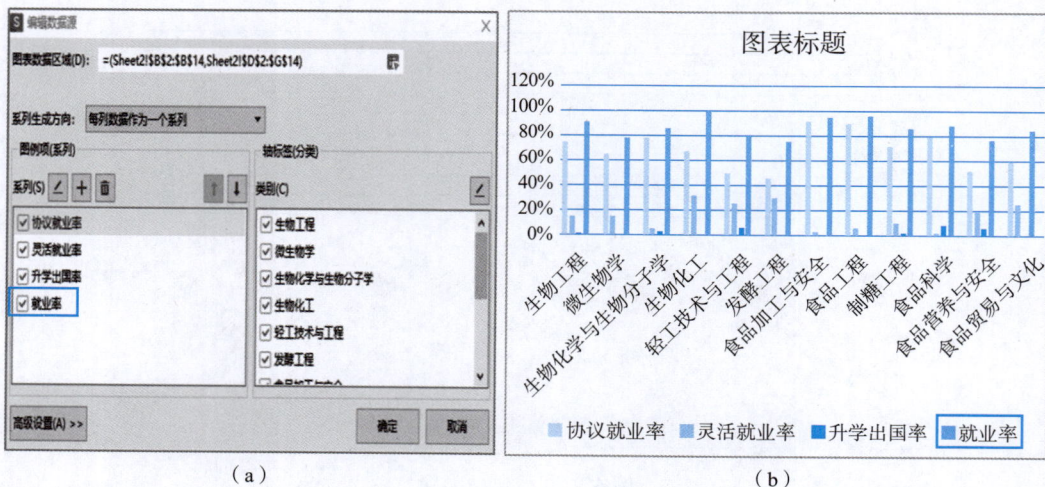

（a）　　　　　　　　　　　　　　　　　　　（b）

图 4-40　生成柱形图

（二）切换数据行和列

切换"就业率统计表柱形图"的横轴和竖轴的数据显示：选中已生成的柱形图图表，切换到"图表工具"选项卡，单击"切换行列"按钮，如图 4-41 所示，查看图表的变化。

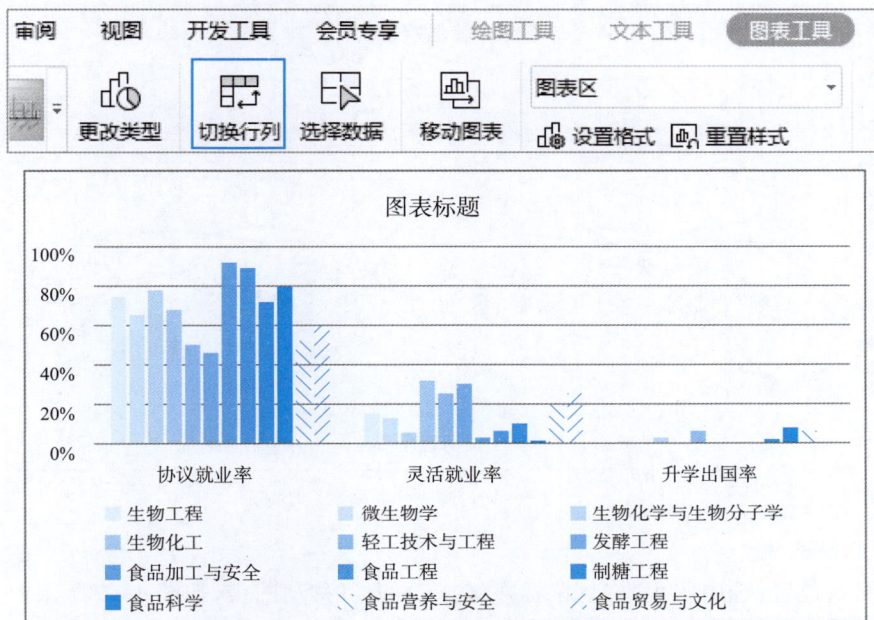

图 4-41　切换行和列

（三）更改图表类型

将就业率柱形图更改为折线图：选中已生成的"柱形图图表"，切换到"图表工具"选项卡，单击"更改类型"按钮，如图 4-42 所示，单击"折线图"，选择一种折线图类型，单击"确定"按钮，查看图表的变化（图 4-43）。

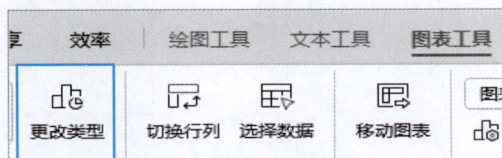

图 4-42　选择更改数据类型

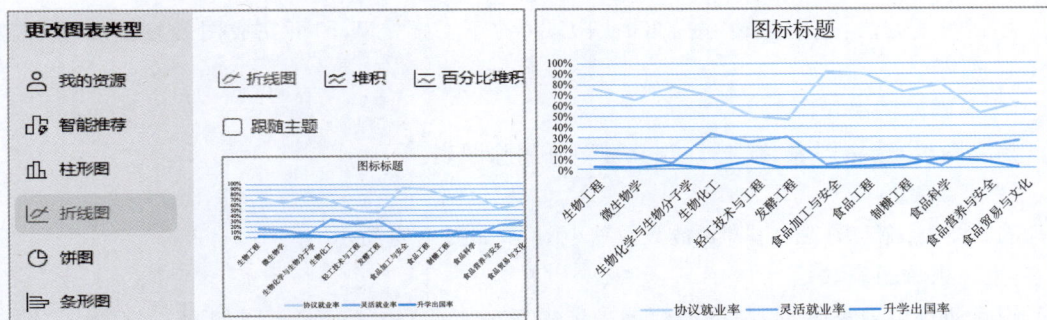

图 4-43　更改图表类型

（四）添加图表标题

给就业率柱形图添加图表标题"2022年就业率统计表"：双击"图表标题"，输入"2022年就业率统计表"，如图4-44所示，单击图表任意位置完成添加图表标题。

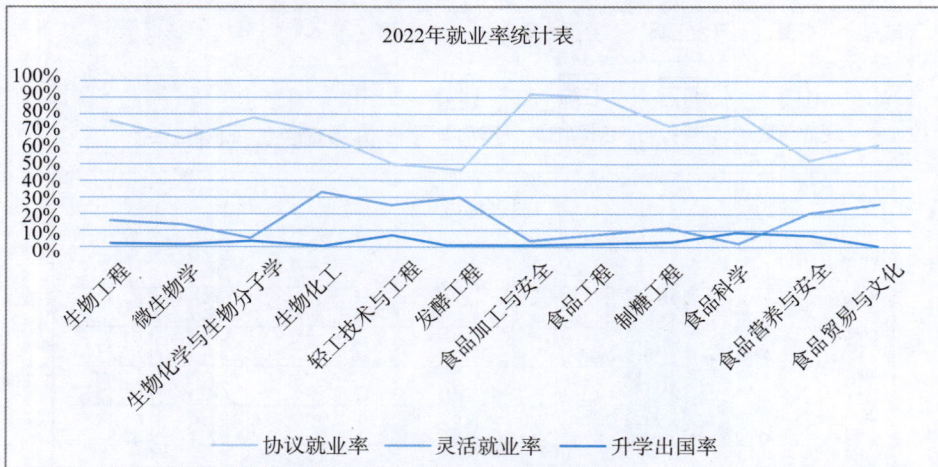

图 4-44　添加图表标题

（五）移动图表

移动图表位置：选中图表，按住鼠标左键拖动，即可移动图表，如图4-45所示。

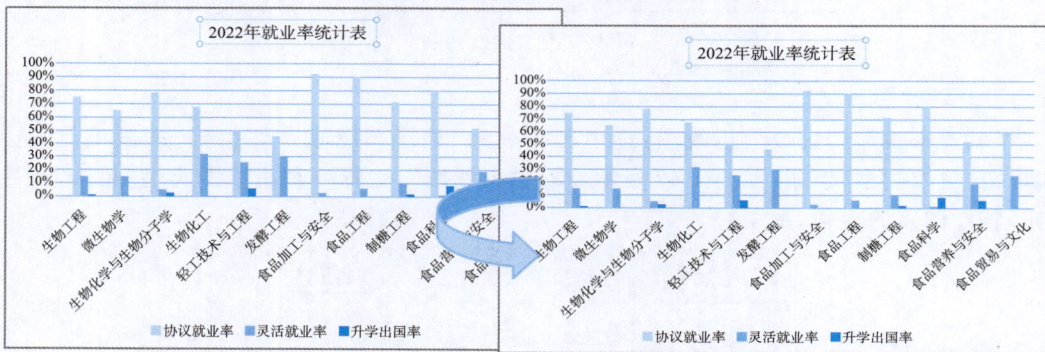

图 4-45　移动图表

（六）复制和粘贴图表

复制图表方法：选中图表，按下 Ctrl＋C，再按下 Ctrl＋V，即可完成图表复制和粘贴，如图 4-46 所示。

（七）删除图表

删除图表：选中图表，按下 Delete 键即可删除图表。

（八）缩放图表

缩放图表：拖动图表边框即可放大或缩小图表，如图4-47所示。

（九）删除图表数据

删除协议就业率数据：在图表数据中选中任一专业"协议就业率"（如图 4-48 所示）即全部协议就业率被选中，按下 Delete 键，即可删除所有协议就业率数据。

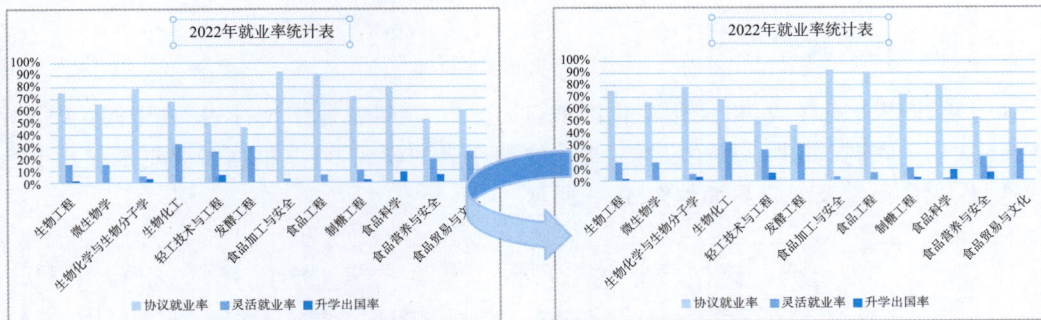

图 4-46　复制和粘贴图表

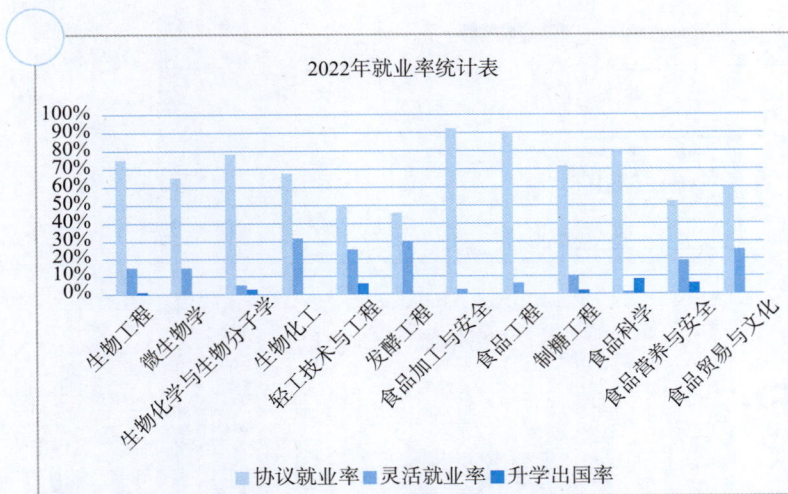

图 4-47　缩放图表

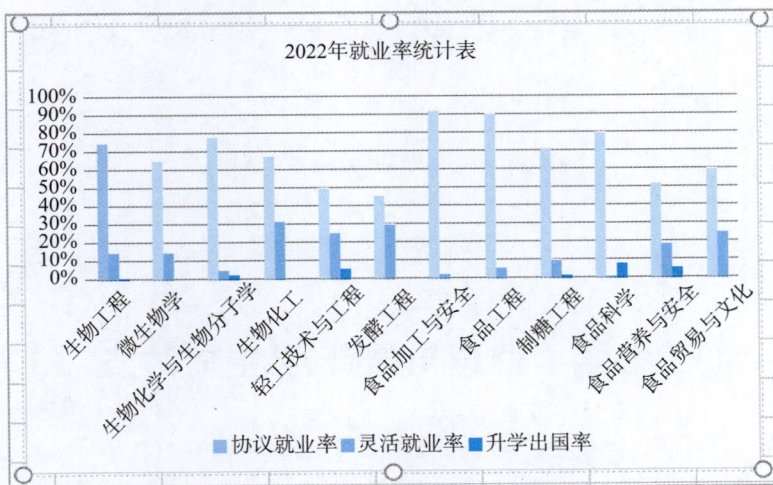

图 4-48　删除图表数据

三、格式化美化图表

通过更改图表的样式,格式化美化图表:选定"2022年就业率统计表"柱形图,单击"图表工具"选项卡,选择其中一种预设样式即可更改图表的样式,可以根据需要更改显示颜色,样式选择、配色设置及效果界面如图4-49所示。

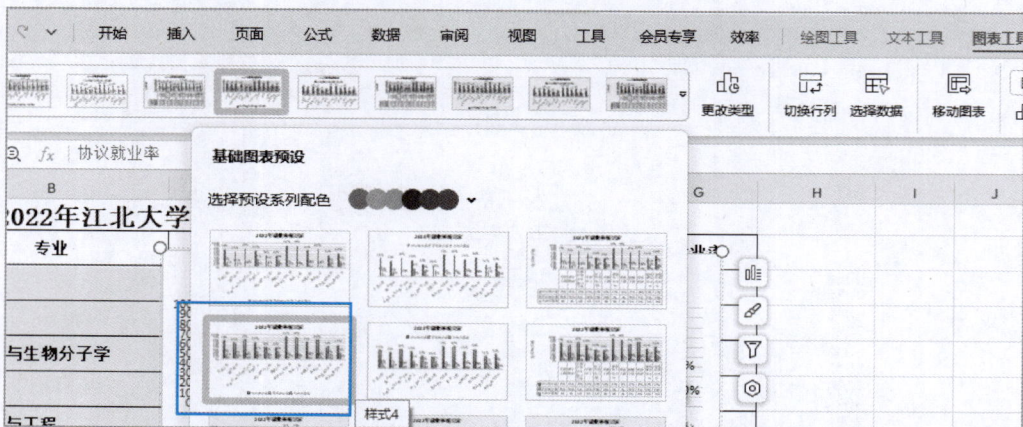

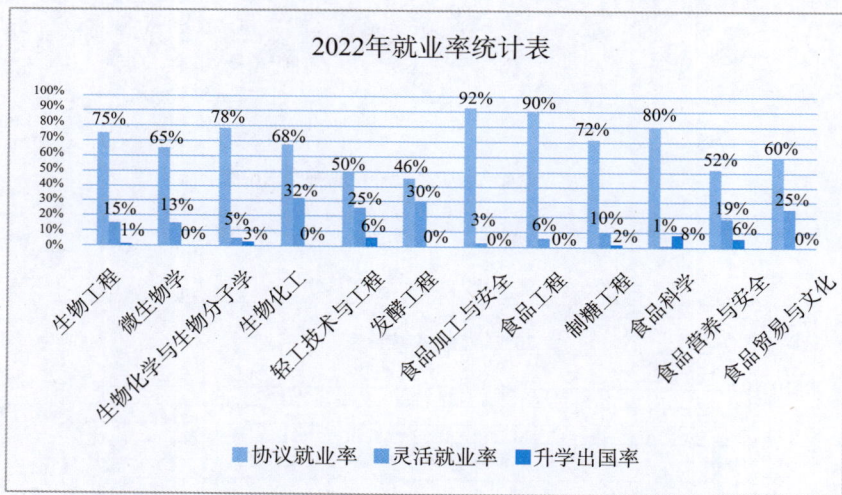

图 4-49　格式化美化图表

一级真题题目

一级真题素材

一级真题操作演示视频

任务四　管理与统计"学生成绩表"

💻 任务导入

作为班主任的张老师,每学期都需要统计学生的成绩,并对学生的成绩进行对比分析,从而引导学生树立正确的学习态度和方法,制订合理的学习计划和目标,培养良好的思想品质和保持心理健康,进而帮助学生提高学习成绩和个人素质。使用 WPS 表格中的数据处理相关功能,就能很快捷地统计出张老师需要的数据。

图 4-50 所示即为学生成绩表效果。

学 生 成 绩 表

序号	学号	姓名	性别	平时成绩	期末成绩	总成绩	平均分
1	001	王*山	男	75	85	160	80
2	002	慕*春	男	85	82	167	83.5
3	003	费*云	女	85	85	170	85
4	004	赵*辉	男	90	85	175	87.5
5	005	陈*奇	男	88	86	174	87
6	006	赵*刚	男	70	88	158	79
7	007	范*华	男	65	78	143	71.5
8	008	范*友	女	90	91	181	90.5
9	009	李*果	男	80	85	165	82.5
10	010	许*军	男	90	85	175	87.5
11	011	刘*亮	女	80	86	166	83
12	012	张*琳	女	85	81	166	83
13	013	马*莲	女	65	85	150	75
14	014	俞*姬	男	65	82	147	73.5
15	015	杨*香	女	70	84	154	77

图 4-50　学生成绩表效果

学习目标

1. 知识目标

(1) 清晰认知 WPS 表格中数据排序的基本概念,包括升序、降序排列规则,以及自定义排序的原理。

(2) 清晰认识数据筛选是从大量数据中提取符合特定条件数据子集的操作过程,明白筛选并非删除数据,而是暂时隐藏不符合条件的数据行,以便聚焦查看和分析关键信息。

(3) 清晰认识数据分类汇总的概念,明确其在数据处理流程中的位置和作用。

2. 能力目标

(1) 能够对数据进行排序,依据单一或多个字段对数据进行升序、降序排列,自定义排序规则以满足特定数据整理需求。

(2) 熟练运用筛选功能,实现自动筛选,按条件筛选出特定数据,如筛选大于、小于某数值,包含特定文本的数据,以及自定义复杂筛选条件。

(3) 掌握数据的分类汇总,可根据指定字段对数据进行分类,并对其他字段进行求和、平均值、计数等统计运算,灵活运用分级显示查看汇总结果。

3. 素养目标

(1) 鼓励学生突破常规排序思路,尝试创新数据排序组合方式,以满足多样化的数据处理需求。

(2) 培养学生在数据处理过程中的严谨态度,认识到准确设置筛选条件对获取正确数据结果的重要性,逐步养成认真细致的操作习惯。

(3) 激发学生对信息技术工具在数据处理领域应用的兴趣,鼓励学生主动探索 WPS 表格等软件的更多高级功能,提升信息技术素养。

📋 任务描述

本任务我们将与张老师一起完成,管理与统计"学生成绩表",通过对表格数据进行排序、筛选、分类汇总,以不同形式的数据处理分析学生学习情况。

⏱ 知识准备

一、数据清单

1. 标题行

数据清单的第一行通常为标题行,又称为字段名,包含每列数据的名称,这些名称应具有唯一性且能准确描述该列数据的内容,例如"姓名""年龄""性别""成绩"等。

2. 记录行

标题行以下的每一行都是一条具体的记录,记录中包含对应各个字段的具体数据,比如某一行可能是"张三,25,男,85",分别对应"姓名""年龄""性别""成绩"字段。

3. 字段列

每一列的数据类型应尽量保持一致,例如"年龄"列应为数值型数据,"姓名"列应为文本型数据。

二、数据排序

(一)基本排序

1. 简单排序

选中想要排序的数据列中的任意一个单元格。单击工具栏上的"数据"选项卡,找到"排序"按钮并单击。在弹出的排序对话框中,选择升序或降序排序。也可以直接单击工具栏上显示为"A,Z"或"Z,A"的"排序"按钮,来快速实现升序或降序排列。

2. 多关键字复杂排序

选中包含需要排序数据的整个区域。单击"数据"选项卡下的"排序"按钮,在弹出的对话框中,选择"主要关键字"作为第一个排序条件,并设置其排序方式;接着,单击"添加条件"按钮,添加"次要关键字"作为第二个排序条件,并设置其排序方式,以此类推,设置好所有需要的排序条件后,单击"确定"按钮。

(二)自定义排序

按特定文本序列排序选中要排序的数据区域,单击"数据"选项卡中的"排序"按钮,在"排序"对话框中,单击"次序"下拉菜单,选择"自定义序列"选项,然后在"输入序列"框中输入自定义的排序序列,如"星期一,星期二,星期三,星期四,星期五,星期六,星期日",输入时每个元素之间用逗号分隔,单击"添加"按钮,将其添加到自定义序列列表中,单击"确定"按钮,此时会自动按照输入的自定义序列进行排序。

(三)特殊排序

1. 按单元格颜色或条件格式图标排序

选中要排序的数据区域,单击"数据"选项卡,在"排序和筛选"组中,单击"排序"按钮。

单击"自定义排序",在"排序选项"对话框中,可以选择"单元格颜色"或"条件图标",并设置排序的顺序。

2. 按字体颜色排序

操作与按颜色或条件格式图标排序类似,格式在"排序选项"对话框中选择"字体颜色",然后设置排序的单元格顺序。

三、数据筛选

(一)自动筛选

1. 打开表格与选中区域

打开 WPS 表格,选中需要进行筛选的数据区域,该区域应包含数据以及列标题。

2. 启用筛选

单击菜单栏中的"数据"选项卡,然后单击"筛选"按钮,此时每列标题旁会出现下拉箭头。

3. 设置筛选条件

(1)简单条件筛选:单击需要筛选列的下拉箭头,会列出该列中所有不同的数据项,勾选想要筛选出来的数据项即可。

(2)复杂条件筛选:若要进行更复杂的筛选,如筛选出数值在某个范围内的数据,可单击下拉菜单的"按内容""按颜色"或"搜索包含多个关键字"等选项,再选择具体的筛选条件。

4. 查看筛选结果

设置完筛选条件后,WPS 表格将自动显示符合条件的数据,不符合条件的数据会被隐藏。

5. 清除筛选

若要恢复显示所有数据,可再次单击"数据"选项卡中的"筛选"按钮,也可在列标题的下拉箭头中选择"清除筛选"。

(二)高级筛选

(1)设置条件区域:在表格的空白区域设置筛选条件。条件区域应包含与筛选列对应的标题,以及具体的筛选条件,每个条件占一行,不同条件之间用列分隔。

(2)打开高级筛选对话框:单击"数据"选项卡中"筛选",选择"高级筛选"。

(3)选择区域与设置条件:在弹出的对话框中,选择需要筛选的数据区域和之前设置好的条件区域。

(4)确定筛选:设置完成后,单击"确定"按钮,即可根据条件筛选出数据。

(三)自定义筛选

(1)进入自定义筛选界面:在自动筛选状态下,单击列标题的下拉箭头,选择"文本筛选"。

(2)设置条件:在弹出的对话框中,可设置多个筛选条件,并指定这些条件是"与"还是"或"的关系。

(3)完成筛选:设置好后单击"确定"按钮,即可显示符合自定义条件的数据。

（四）颜色筛选

（1）启用筛选并单击下拉箭头：先按照自动筛选的步骤（1）、（2）操作，启用筛选功能后，单击列标题旁边的下拉箭头。

（2）选择按颜色筛选：在下拉菜单中选择"按颜色筛选"，然后选择相应的颜色，即可筛选出具有该颜色的单元格所在行的数据。

四、数据分类汇总

（1）准备数据：确保数据已输入完整且格式正确，将需要进行分类汇总的数据按照要分类的字段进行排序。比如要按"部门"进行汇总，就先按"部门"列对数据排序，使相同部门的数据排列在一起。

（2）打开分类汇总功能：在 WPS 表格中，单击"数据"选项卡，单击"分类汇总"按钮并单击，会弹出"分类汇总"对话框。

（3）设置分类汇总参数。

①分类字段：从下拉菜单中选择要作为分类依据的列，如"产品类别""销售区域"等列。

②汇总方式：根据需求选择合适的汇总方式，包括"求和""平均值""计数""最大值""最小值"等。

③选定汇总项：勾选需要进行汇总计算的列，通常是除分类字段外的，包含数值等需要汇总数据的列，如"销售额""数量"等。

④设定其他选项：根据需要勾选"替换当前分类汇总""每组数据分页"等复选框。若勾选"替换当前分类汇总"，在重新进行汇总计算时会替换上次的汇总结果；勾选"每组数据分页"，WPS 表格会在每组分类汇总数据之后插入分页符。

（4）完成分类汇总。

设置好所有参数后，单击"确定"按钮，WPS 表格将按照设置对数据进行分类汇总，并在表格中显示结果。结果会以分级显示的方式呈现，可通过单击汇总行旁边的"＋"或"－"来展开或折叠每个分类的详细数据。

任务实施

一、创建学生成绩表数据清单

创建数据清单即创建表格，按照图 4-51 所示内容创建"学生成绩表"数据清单表格。表格包含"序号""学号""姓名""性别""平时成绩""期末成绩""总成绩""平均分"。数据清单中每一行是一条记录，每一列是一个字段，标题为字段名。

二、数据排序

（一）简单排序

对"学生成绩单"按照"总成绩"由高到低进行简单排序：选定"总成绩"副标题所在单元格，单击"数据"选项卡，如图 4-52（a）所示，单击"排序"按钮下拉菜单中的"降序"按钮。结果如图 4-52（b）所示，表格整体按照总成绩由高到低排序。

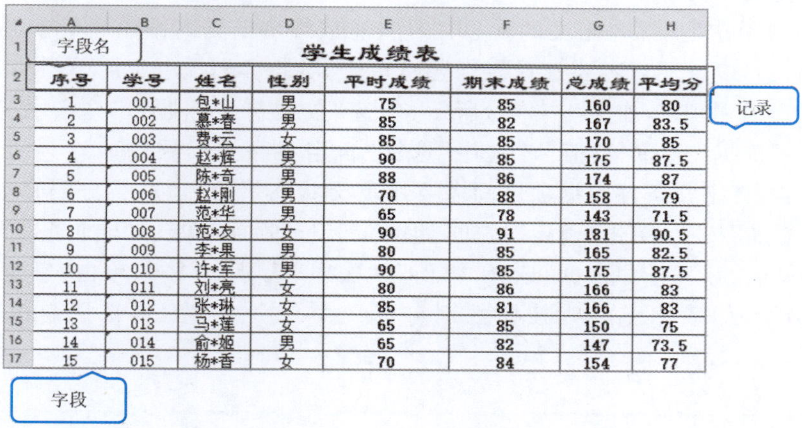

序号	学号	姓名	性别	平时成绩	期末成绩	总成绩	平均分
1	001	包*山	男	75	85	160	80
2	002	慕*春	男	85	82	167	83.5
3	003	费*云	女	85	85	170	85
4	004	赵*辉	男	90	85	175	87.5
5	005	陈*奇	男	88	86	174	87
6	006	赵*刚	男	70	88	158	79
7	007	范*华	男	65	78	143	71.5
8	008	范*友	女	90	91	181	90.5
9	009	李*果	男	80	85	165	82.5
10	010	许*军	男	90	85	175	87.5
11	011	刘*亮	女	80	86	166	83
12	012	张*琳	女	85	81	166	83
13	013	马*莲	女	65	85	150	75
14	014	俞*姬	男	65	82	147	73.5
15	015	杨*香	女	70	84	154	77

图 4-51　创建数据清单

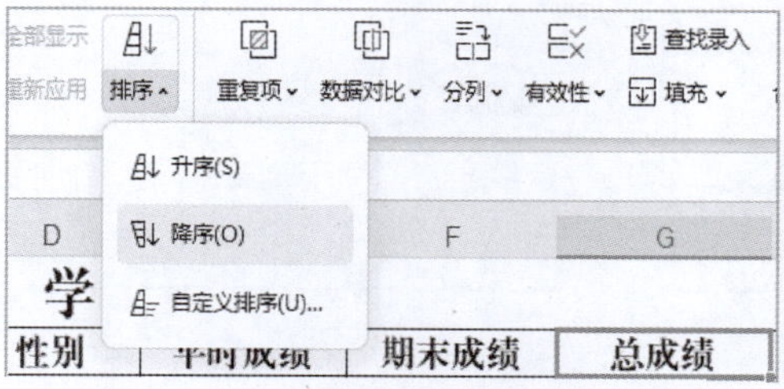

（a）

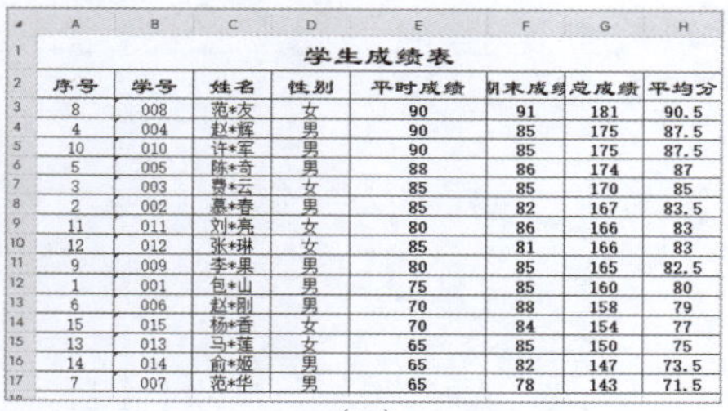

学生成绩表

序号	学号	姓名	性别	平时成绩	期末成绩	总成绩	平均分
8	008	范*友	女	90	91	181	90.5
4	004	赵*辉	男	90	85	175	87.5
10	010	许*军	男	90	85	175	87.5
5	005	陈*奇	男	88	86	174	87
3	003	费*云	女	85	85	170	85
2	002	慕*春	男	85	82	167	83.5
11	011	刘*亮	女	80	86	166	83
12	012	张*琳	女	85	81	166	83
9	009	李*果	男	80	85	165	82.5
1	001	包*山	男	75	85	160	80
6	006	赵*刚	男	70	88	158	79
15	015	杨*香	女	70	84	154	77
13	013	马*莲	女	65	85	150	75
14	014	俞*姬	男	65	82	147	73.5
7	007	范*华	男	65	78	143	71.5

（b）

图 4-52　简单排序

（二）多关键字复杂排序

按照“性别”对“总成绩”进行由低到高多关键字排序：选中需要排序的单元格区域“A2:H17”（注意不要选择主标题），单击“数据”功能选项卡，单击排序按钮下拉菜单中的“自定义排序”，如图 4-53(a)所示，勾选“数据包含标题”，“主要关键字列”选择“性别”，“排序依据”选择“数值”，“次序”选择“升序”；单击“添加条件”，“次要关键字列”选择“总成绩”，“排序依据”选择“数值”，“次序”选择“升序”，单击“确定”按钮，结果如图 4-53(b)所示，表格整体先按照“性别”，再按照“总成绩”由高到低排序。

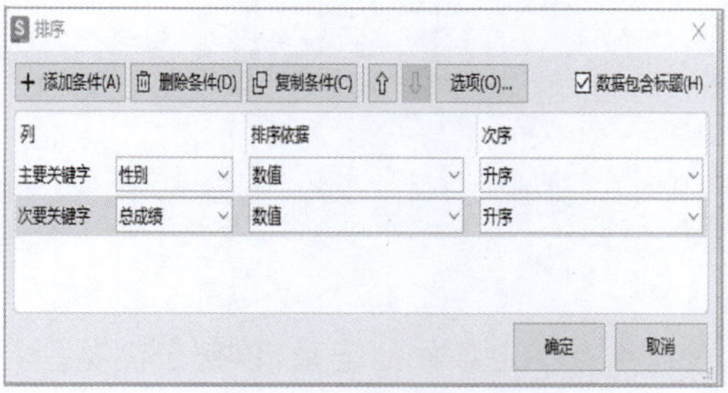

（a）

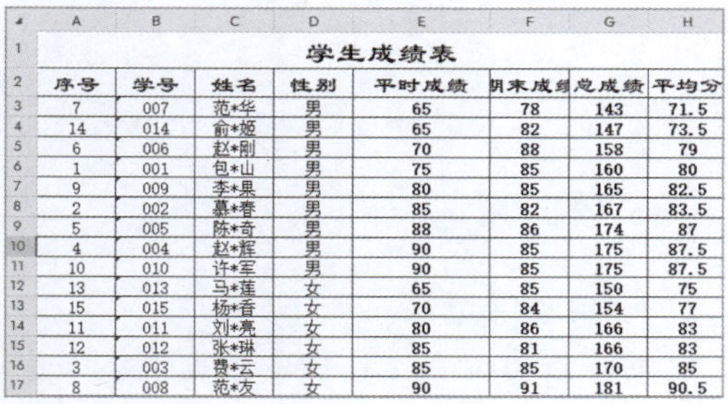

学生成绩表

序号	学号	姓名	性别	平时成绩	期末成绩	总成绩	平均分
7	007	范*华	男	65	78	143	71.5
14	014	俞*姬	男	65	82	147	73.5
6	006	赵*刚	男	70	88	158	79
1	001	包*山	男	75	85	160	80
9	009	李*果	男	80	85	165	82.5
2	002	慕*春	男	85	82	167	83.5
5	005	陈*奇	男	88	86	174	87
4	004	赵*辉	男	90	85	175	87.5
10	010	许*军	男	90	85	175	87.5
13	013	马*莲	女	65	85	150	75
15	015	杨*香	女	70	84	154	77
11	011	刘*亮	女	80	86	166	83
12	012	张*琳	女	85	81	166	83
3	003	费*云	女	85	85	170	85
8	008	范*友	女	90	91	181	90.5

（b）

图 4-53　多关键字复杂排序

教学视频：多关键字复杂排序

（三）自定义序列排序

将"学生成绩表"按照自定义的女、男顺序、总成绩由低到高排序。选中需要排序的单元格区域"A2:H17"（注意不要选择主标题），单击"数据"功能选项卡，单击排序按钮下拉菜单中的"自定义排序"，如图4-54（a）所示，勾选"数据包含标题"，"主要关键字列"选择"性别"，"排序依据"选择"数值"，"次序"选择"自定义序列"，在输入序列对话框中输入"女,男"（注意：自定义条件数据项之间需要用英文状态下的","进行分隔），如图4-54（b）所示，单击"添加"按钮，单击"确定"按钮；如图4-55（a）所示，单击"添加条件"，"次要关键字列"选择"总成绩"，"排序依据"选择"数值"，"次序"选择"升序"，单击"确定"按钮，结果如图4-55（b）所示，表格整体先按照性别自定义女、男的顺序，再按照总成绩由高到低排序。

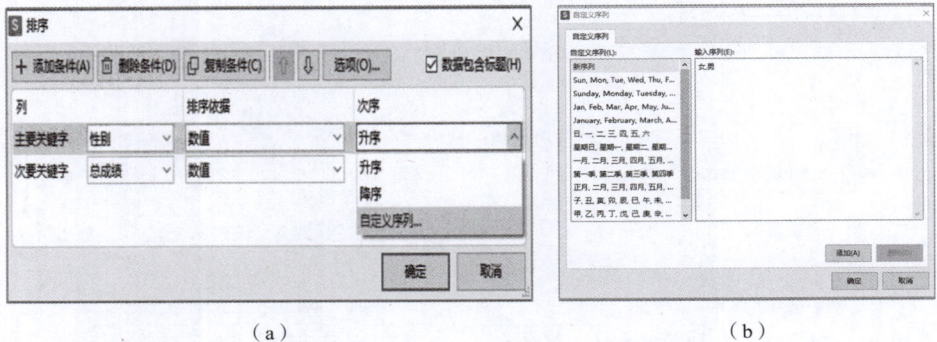

（a）　　　　　　　　　　　　（b）

图4-54　自定义序列排序

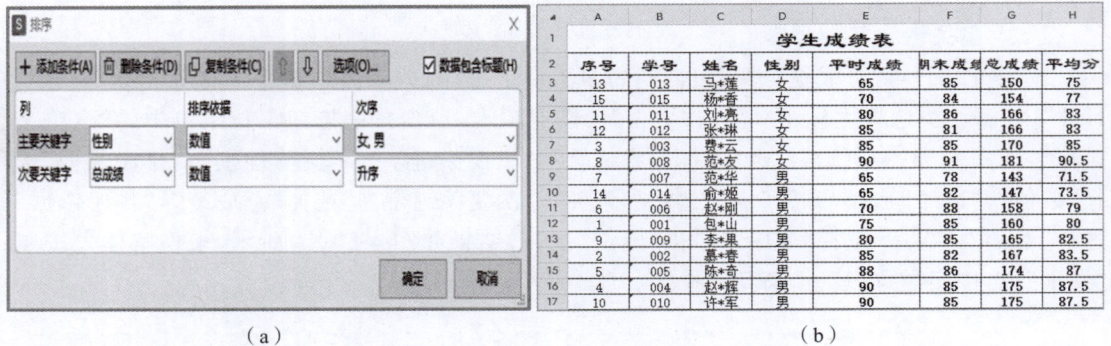

教学视频：
自定义序列
排序

（a）　　　　　　　　　　　　（b）

图4-55　自定义序列排序效果图

三、数据筛选

（一）自动筛选

自动筛选可以在工作表的数据清单中快速查找具有特定条件的记录，以便于浏览。

例如要筛选出"学生成绩表"中的男生：选中副标题行，单击"数据"功能选项卡，单击"筛选"按钮（副标题行每个标题右下角会出现一个绿色的倒三角），如图4-56（a）所示，单击"性别”旁边的倒三角，勾选男，单击“确定”按钮，结果如图 4-56(b)所示即可筛选出“学生成绩表”中的男生。

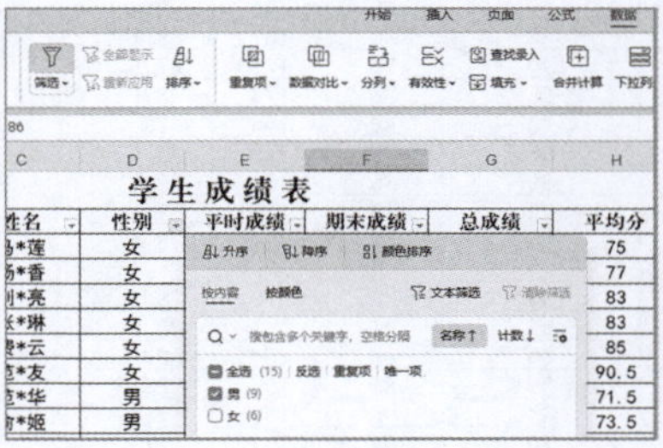

(a)

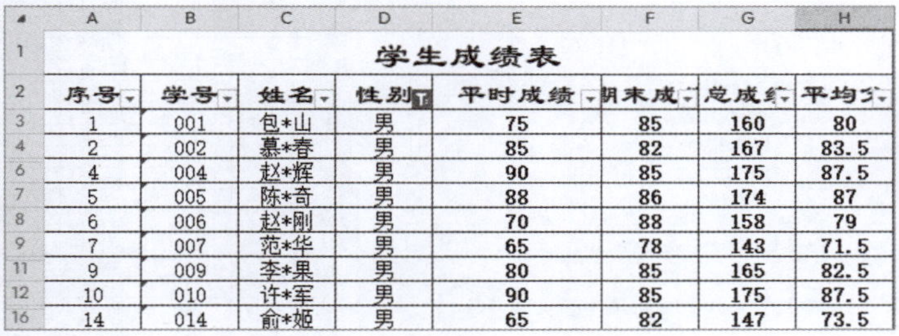

序号	学号	姓名	性别	平时成绩	期末成绩	总成绩	平均分
1	001	包*山	男	75	85	160	80
2	002	慕*春	男	85	82	167	83.5
4	004	赵*辉	男	90	85	175	87.5
5	005	陈*奇	男	88	86	174	87
6	006	赵*刚	男	70	88	158	79
7	007	范*华	男	65	78	143	71.5
9	009	李*果	男	80	85	165	82.5
10	010	许*军	男	90	85	175	87.5
14	014	俞*姬	男	65	82	147	73.5

(b)

教学视频：数据自动筛选及自定义筛选

图 4-56　自动筛选

(二) 自定义筛选

筛选出“学生成绩表”中姓范的同学：选中副标题行，单击“数据”功能选项卡，单击“筛选”按钮(副标题行每个标题右下角会出现一个绿色的倒三角)，如 4-57(a)所示，单击“姓名”旁边的倒三角，在搜索框中输入“范”的姓氏，姓范的同学自动被勾选出，单击“确定”按钮，结果如图 4-57(b)所示，即可筛选出“学生成绩表”中的“范”姓同学。

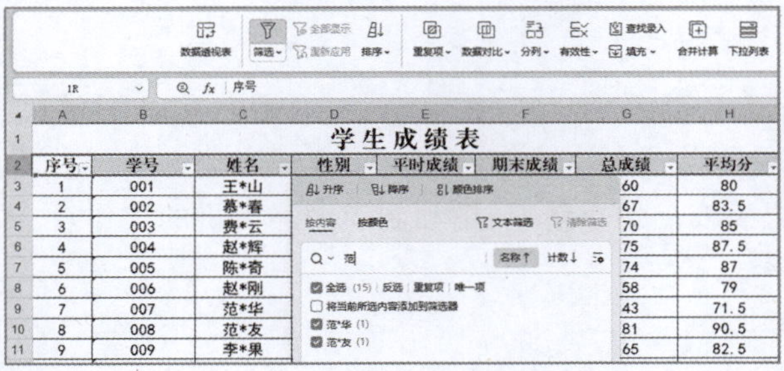

(a)

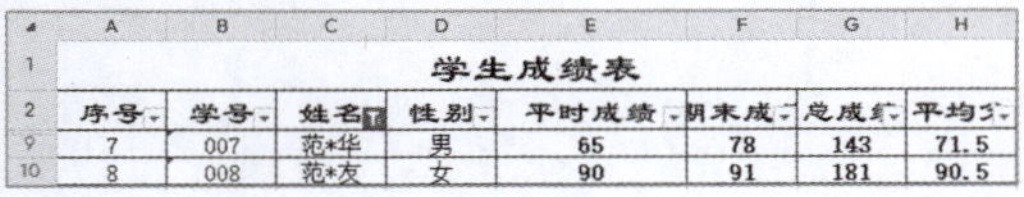

序号	学号	姓名	性别	平时成绩	期末成绩	总成绩	平均分
7	007	范*华	男	65	78	143	71.5
8	008	范*友	女	90	91	181	90.5

(b)

图 4-57　自定义筛选

四、数据分类汇总

按照“性别”对学生成绩表的“总成绩”进行汇总：先按性别排序，选中数据单元格区域“A2:H17”，单击“数据”功能选项卡，单击“分类汇总”按钮，如图 4-58(a)所示，“分类字段”选择“性别”，“汇总方式”选择“求和”，“选定汇总项”勾选“总成绩”，“替换当前分类汇总”“每组数据分页”“汇总结果显示在数据下方”这些参数选择默认值，单击“确定”按钮。结果如图 4-58(b)所示，即可对“学生成绩表”按“性别”对“总成绩”进行汇总。

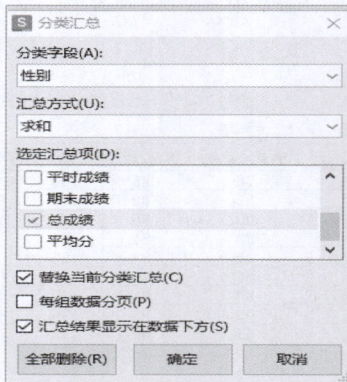

（a）　　　　　　　　　　　　　　（b）

图 4-58　数据分类汇总

任务五　制作"超市销售统计表"数据透视表及打印表格

任务导入

财务王晶每个月都需要制作"连锁超市销售统计表"，在制表的过程中有以下常见问题：

（1）领导会要求王晶从不同方面给他提供商品销售情况，单独制表增加大量的工作量。

（2）超市销售产品内容多时不方便查看。

（3）打印出来的超市销售统计表不美观。

本任务我们将学习使用数据透视表取数，来解决领导多方面用表的需求。使用冻结窗格来解决查看内容的问题，并学习 WPS 表格页面打印相关设置，制作出如图 4-59 所示的效果。

图 4-59　效果

学习目标

1. 知识目标

（1）明白数据透视表是一种用于快速汇总和分析大量数据的工具，它可以对数据进行分组、计算、排序和筛选，以一种更直观、更易于理解的方式呈现数据的内在关系和规律。

（2）理解冻结窗口是 WPS 表格中用于固定表格行或列的功能。

（3）学会根据表格内容及纸张大小，合理设置页面方向（横向或纵向）、页边距，保证表格在纸张上的位置合适。

2. 能力目标

（1）熟练掌握将数据字段拖放到数据透视表的不同区域，以实现不同的数据分析目的，如将分类字段拖放到行区域或列区域进行分组显示，将数值字段拖放到值区域进行求和、平均值、计数等计算。

（2）学生要能够根据表格数据的具体情况和查看需求，选择最适合的冻结窗口方式。

（3）能够快速找到并打开 WPS 表格中的打印功能入口，熟悉打印设置界面的各项基本参数，如打印范围（选定区域、整个工作表、工作簿）、打印份数的调整，可独立完成简单表格的打印任务，确保打印出的表格内容完整、无遗漏。

3. 素养目标

（1）面对复杂数据集合，能运用数据透视表快速梳理数据结构，从多个维度分析数据关系，挖掘数据背后隐藏的信息与规律。

（2）在设置冻结窗格过程中，需要准确选择冻结的行或列范围，培养学生严谨细致的操作习惯和态度。让学生明白在数据处理工作中，任何细微的失误都可能导致数据解读的偏差，从而更注重操作的准确性和规范性。

（3）积极参与小组讨论与协作，分享在表格打印学习中的经验和技巧，通过与同学交流、合作完成打印任务，提升团队协作能力和沟通表达能力，从他人经验中获取新的思路和方法。

任务描述

本任务我们将学习使用数据透视表取数来解决领导多方面用表的需求，使用冻结窗格来解决查看内容的问题，并学习 WPS 表格页面打印相关设置。

知识准备

一、数据透视表

（一）数据透视表的功能

（1）快速汇总数据：能够对数据进行快速的求和、计数、平均值、最大值、最小值等计算，无须手动使用公式进行大量的数据处理。

（2）多角度分析数据：可以根据不同的字段进行分组和汇总，让用户能够从多个维度来观察和分析数据,发现数据中的规律和趋势。

(3)数据筛选和排序:方便对数据进行筛选和排序,用户可以根据自己的需求只显示感兴趣的数据,并按照特定的顺序对数据进行排列。

(二)创建数据透视表的步骤

(1)准备数据:确保要分析的数据具有标题行,每列的数据类型应保持一致。

(2)选中数据区域:在 WPS 表格中,选中包含数据和标题的整个区域。

(3)插入数据透视表:单击"插入"选项卡,在"数据透视表"组中,单击"数据透视表"按钮,会弹出"创建数据透视表"对话框。

(4)设置参数:在"创建数据透视表"对话框中,确认数据区域无误后,选择将数据透视表放置的位置,如"新工作表"或"现有工作表"的某个位置,单击"确定"按钮。

(5)设置字段:在数据透视表字段列表中,将需要分析的字段拖放到"行""列""值"等区域。例如,将"产品名称"拖放到"行"区域,将"销售数量"拖放到"值"区域,即可快速统计每种产品的销售数量总和。

(三)数据透视表的常用操作

(1)更改汇总方式:默认情况下,数据透视表中的"值"区域通常使用求和汇总方式。若想更改为其他汇总方式,如计数、平均值等,可右击"值"区域中的字段名称,选择"值字段设置",在弹出的对话框中选择所需的汇总方式。

(2)添加筛选条件:将需要作为筛选条件的字段拖放到"筛选"区域,单击"筛选"按钮,可根据具体条件筛选出符合要求的数据。

(3)排序数据:在数据透视表中,可对"行"或"列"区域的数据进行排序。单击要排序的列标题旁的下拉箭头,选择"升序"或"降序"即可。

(4)更新数据:当源数据发生变化时,在数据透视表上右击,选择"刷新",即可更新数据透视表中的数据,以反映源数据的最新情况。

(四)数据透视表的样式设置

应用样式:WPS 表格提供了多种数据透视表样式,可选中数据透视表单击选项卡中选择喜欢的样式,快速美化数据透视表。

二、数据透视图

(一)创建方法

(1)准备数据:确保数据源是结构化的,每列有唯一的标题,每行有完整的数据记录。

(2)插入数据透视图:单击并拖动鼠标,选择需要分析的数据区域,单击"插入"选项卡,选择"数据透视图"按钮,此时会弹出"创建数据透视图"对话框,选择数据源和目标位置,单击"确定"按钮。

(3)设置数据透视图字段:在数据透视图的字段列表中,通过拖放方式将字段添加到不同的区域,如行、列、值和筛选器区域。

(二)功能应用

(1)数据分组:例如按"日期""月份"或"年份"等对数据进行分组,在时间序列分析中非常有用。

(2)数据筛选:通过将需要筛选的字段拖到筛选器区域,在数据透视图中使用下拉菜单进行筛选,也可使用切片器更直观地筛选数据。

(3)自定义计算字段:在数据透视图工具栏中,选择"分析"选项卡,单击"字段、项目和集"按钮,选择"计算字段",输入字段名称和公式即可。

(4)图表类型切换:可根据数据特点和分析目的,在"设计"选项卡中单击"更改图表类型",选择"柱状图""折线图""饼图"等不同的图表类型。

(三)应用场景

(1)销售分析:帮助零售商了解哪些产品销售额最高、不同地区的销售情况以及不同时间段的销售趋势等。

(2)财务报表:财务团队能够快速生成利润表、资产负债表等财务报表,并进行详细的数据分析。

(3)市场调研:市场调研团队可以利用数据透视图分析市场调研数据,了解消费者偏好和市场趋势,制定相应的市场策略。

三、冻结窗格

WPS 表格冻结窗格是一项非常实用的功能,能在处理大型表格时固定特定的行或列,方便查看和对比数据。

(一)冻结首行

打开 WPS 表格,确保能看到要冻结的首行。单击"视图"选项卡,在"冻结窗格"的下拉菜单中,选择"冻结首行"。若想固定前几行,比如前 3 行,选中第 4 行,单击"视图"选项卡中的"冻结窗格",选择"冻结至第 3 行"即可。

(二)冻结首列

滚动到表格最左侧,确保能看到要冻结的首列。单击"视图"选项卡,在"冻结窗格"的下拉菜单中,选择"冻结首列"。若想固定前几列,比如前 4 列,选中第 5 列,单击"视图"选项卡中的"冻结窗格",选择"冻结至第 D 列"即可。

(三)冻结多行和多列

确定要冻结的行和列的位置,将鼠标放到要冻结的最后一行和最后一列的交叉处单元格。比如要冻结前 3 行和前 2 列,就单击"C4"单元格。

单击"视图"选项卡中的"冻结窗格",选择"冻结至 3 行 B 列"这样的选项,即可同时冻结指定的多行和多列。

(四)取消冻结

单击"视图"选项卡中的"冻结窗格",选择"取消冻结窗格",即可恢复表格的正常滚动。

四、WPS 表格打印

(一)基本打印设置

1. 打印设置界面

打开打印设置界面有以下几种方式。

(1)单击左上角"打印预览和打印"功能按钮。

(2)按下 Ctrl+P 组合键。

(3)单击"文件"菜单,选择"打印"选项。

2. 选择打印机

在"打印机"下拉菜单中,选择要使用的打印机。如果电脑连接了多台打印机,需确保选择正确。

3. 设置打印范围

(1)"打印整个工作表",选择此选项,将打印当前工作表的所有内容。

(2)"打印选定区域",先在表格中选中需要打印的区域,再选择该选项,仅打印选中部分。

(3)"打印特定页码",若只需要打印某些页面,可在"页码范围"中输入具体页码。

4. 设置打印份数

在"份数"框中输入需要的打印份数。若需要多份打印,直接输入相应数字。

5. 设置纸张信息

在"纸张信息"处可以修改纸张大小,如"A4""A3""B5"等,以及纸张方向为"纵向"或"横向"。

6. 设置打印方式

可选择"单面打印""双面打印""反片打印"。

7. 设置缩放

(1)"将所有列打印在一页",可避免表格列数过多而分页显示。

(2)"将所有行打印在一页",适用于行数较多的表格。

(3)"将整个工作表打印在一页",根据纸张大小和表格内容自动缩放。

(4)"自定义按照比例缩放",输入具体缩放比例。

8. 设置每页版数

可设置表格多页并排,如将 2 页的表格内容打印到一页纸上。

(二)高级打印设置

1. 设置打印标题行或列

在"页面布局"选项卡中,单击"页面"中的"打印标题"按钮,选择"工作表"选项卡,在"顶端标题行"或"左端标题列"栏中,单击右侧"箭头"按钮,然后在工作表中选择需要设置为打印标题的行或列。

2. 调整页面边距

在"页面"选项卡中,选择"页边距"按钮进行自定义设置,也可在打印设置界面单击"页面设置"进行调整。

3. 设置页眉页脚

在"页面设置"中,切换到"页眉/页脚"选项卡,可自定义"页眉""页脚"等信息。

4. 打印网格线、行号列标等

在打印设置中,勾选或取消"打印网格线""打印行号列标""打印注释"等选项。

5. 设置打印背景颜色

若需要打印表格的背景颜色,在打印设置中选择相应选项。

(三)打印预览

完成各项设置后,单击"打印预览"按钮,查看表格在纸张上的布局效果,如文本、图片和表格的布局、字体大小以及边距等是否符合要求。如有问题,可返回设置页面进行调整。

👥 任务实施

一、创建数据源

创建图 4-60 所示"连锁超市销售汇总表"的数据源表,含"销售日期""所在区域""店名""饮料名称""数量""单位""进价""售价""销售额""毛利润"。图片仅显示了部分地区,还可以编辑更多地区。

销售日期	所在区域	店名	饮料名称	数量	单位	进价	售价	销售额	毛利润
10月12日	景观湖区	华润万家雁塔路店	康师傅冰红茶	19	瓶	2.20	2.80	53.2	11.4
10月12日	景观湖区	华润万家雁塔路店	康师傅绿茶	56	瓶	2.20	2.80	156.8	33.6
10月12日	景观湖区	华润万家雁塔路店	康师傅茉莉清茶	64	瓶	2.40	3.00	192	38.4
10月12日	景观湖区	华润万家雁塔路店	康师傅鲜橙多	66	瓶	2.20	2.80	184.8	39.6
10月12日	景观湖区	华润万家雁塔路店	统一鲜橙多	84	瓶	2.10	2.80	235.2	58.8
10月12日	景观湖区	华润万家雁塔路店	娃哈哈营养快线	69	瓶	3.00	4.00	276	69
10月12日	景观湖区	华润万家雁塔路店	芬达橙汁	81	瓶	2.20	2.80	226.8	48.6
10月12日	景观湖区	华润万家雁塔路店	红牛	96	罐	3.50	5.00	480	144
10月12日	景观湖区	华润万家雁塔路店	可口可乐(600ml)	89	瓶	2.35	2.80	249.2	40.05
10月12日	景观湖区	华润万家雁塔路店	百事可乐(600ml)	98	瓶	2.35	2.80	274.4	44.1
10月12日	景观湖区	华润万家雁塔路店	可口可乐(2L)	98	瓶	5.80	6.80	666.4	98
10月12日	景观湖区	华润万家雁塔路店	百事可乐(2L)	60	瓶	5.50	6.50	390	60
10月12日	景观湖区	华润万家雁塔路店	罐装百事可乐	73	罐	2.10	2.50	182.5	29.2
10月12日	景观湖区	华润万家雁塔路店	罐装可口可乐	76	罐	2.10	2.50	190	30.4
10月12日	景观湖区	华润万家雁塔路店	罐装雪碧	89	罐	2.00	2.50	222.5	44.5
10月12日	景观湖区	华润万家雁塔路店	罐装王老吉	86	罐	2.10	3.50	301	120.4
10月12日	景观湖区	华润万家雁塔路店	袋装王老吉	49	袋	1.00	2.00	98	49

图 4-60　创建数据源

二、创建数据透视表

1. 插入数据透视表

单击"插入"功能选项卡下的"数据透视表"按钮,选择单元格区域(默认为数据源表所有内容),以及放置数据透视表的位置(默认为新工作表),单击"确定"按钮,如图 4-61 所示。

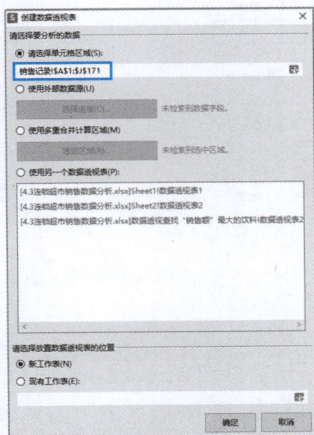

教学视频:
插入数据透视表

图 4-61　插入数据透视表

2. 在数据透视表区域中添加字段

制作一张不同饮料在各地区的销售总额表：在字段列表中勾选"所在区域""饮料名称""销售额"，如图 4-62 所示。文本内容会默认在行中显示，即饮料名称在行中显示，数值内容在列中显示，即各区域各品类销售额在列中显示。为使表格更加直观，需要将所在区域拖动至列标签中，即可生成如图 4-63 所示的各地区饮料数据透视表。

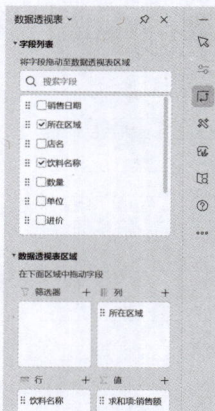

图 4-62 添加字段

图 4-63 生成数据透视表

三、数据透视表编辑

（一）添加或删除数据透视表的字段

添加或删除数据透视表的字段，以便增加或删除数据透视表行和列的内容。如图 4-64 所示，勾选或取消勾选复选框进行添加或删除数据透视表的字段。例如仅统计饮料销售总额、不分地区，仅需取消勾选"所在区域"复选框。

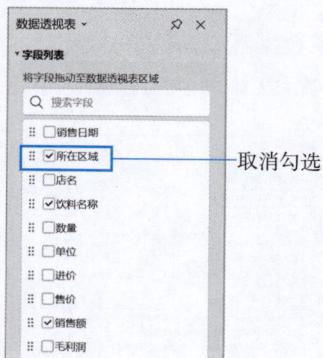

图 4-64 添加、删除字段

（二）更改数据透视表的布局

可以对数据透视表中的数据进行行和列的互换，例如行显示地区，列显示饮料名称：在数据透视表区域中将饮料名称拖至列，所在地区拖至行，将会看到新的数据透视表布局，如图 4-65 所示。

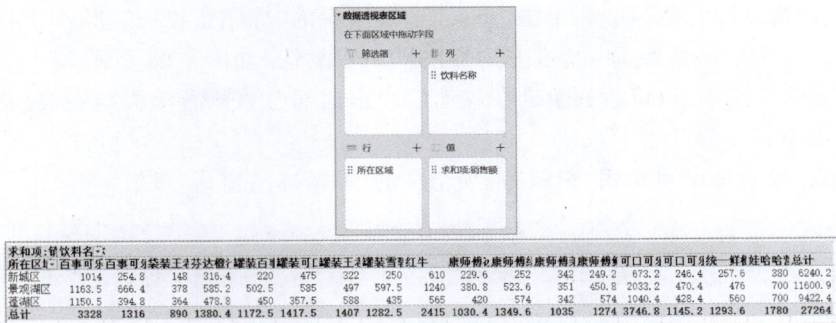

图 4-65　更改数据透视表布局

（三）更改数据透视表中的数据

修改原数据清单"销售记录"表中的数据：将景观湖区华润万家雁塔路店红牛销售价 5 元改为 6 元。选中数据透视表中的数据单元格，单击数据透视表中的"分析"功能选项卡，单击"刷新"按钮，景观湖区红牛的销售额随即从 1240 元更新至 1336 元，总计由 2415 元更新至 2511 元。效果如图 4-66 所示。

图 4-66　更改数据透视表中的数据

（四）删除数据透视表

选中数据透视表，单击"分析"功能选项卡，单击"删除数据透视表"按钮，如图 4-67 所示，数据透视表即被删除。

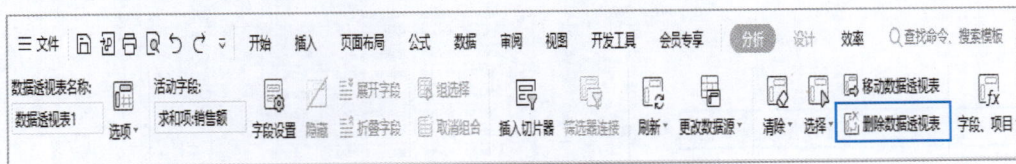

图 4-67　删除数据透视表

四、冻结窗口

冻结"连锁超市销售汇总表"标题行，以方便浏览信息，操作过程如下：

（1）在"连锁超市销售汇总表"工作表中单击"A2"单元格（图 4-68），该单元格的左上角将成为冻结点。

（2）单击"视图"功能选项卡，单击"窗口"选项组中的"冻结窗格"按钮，在下拉菜单中选择"冻结首行"命令。冻结线为一条细线，水平窗口冻结效果如图4-68所示。

（3）拖动垂直滚动条，可看到滚动条移动后表格前部分数据行消失（数据仅被隐藏），标题行却固定在上部。

注意：撤销窗口冻结可单击"窗口"选项组中的"取消冻结窗格"按钮。

教学视频：
冻结窗口

▲	A	B	C	D	E	F	G	H	I	J
1	销售日期	所在区域	店名	饮料名称	数量	单位	进价	售价	销售额	毛利润
26	10月12日	景观湖区	华润万家南二环店	红牛	68	罐	3.50	5.00	340	102
27	10月12日	景观湖区	华润万家南二环店	可口可乐(600ml)	35	瓶	2.35	2.80	98	15.75

图4-68　冻结窗格

五、表格页面打印

WPS表格的页面设置基本与WPS文字页面设置相同。在这里讲3个不同的点。

（一）设置页码

"连锁超市销售汇总表"设置页码：单击"页面"功能选项卡，单击"页眉/页脚"按钮，如图4-69所示，将"页脚"选择为"第1页，共1页"格式，单击"打印预览和打印"按钮查看设置效果，预览效果如图4-70所示。

（二）设置打印标题行

当数据过多，需要分几页显示。第二页之后的标题需与第一页一致，这样可以方便查询数据，此时可以进行设置打印标题操作。

给"连锁超市销售汇总表"设置打印标题行，使第二页也显示标题行：单击"页面"功能选项卡，单击"打印标题"按钮，如图4-71所示，在顶端标题行的标题区域中选择标题行区域"$1:$1"，单击"打印预览和打印"按钮查看设置效果，效果如图4-72所示。

教学视频：
设置页码

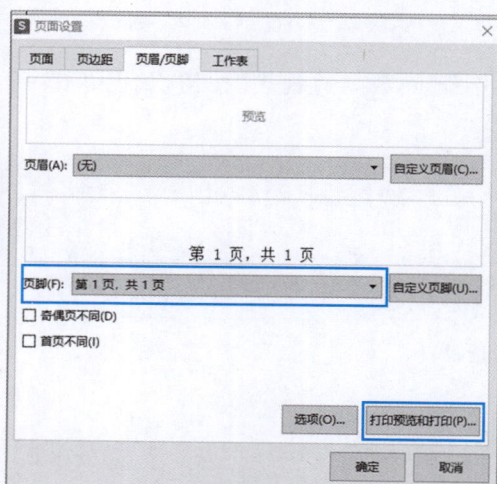

图4-69　插入页脚页码

图4-70　打印预览1

图 4-71　打印标题行

图 4-72　打印预览 2

教学视频：
设置打印
标题行

（三）设置打印区域

当数据过多，仅需打印部分内容，可以选择设置打印区域操作。例如要打印"连锁超市销售汇总表"选中内容：选择需要打印的区域"A1:J17"，单击"页面"功能选项卡，如图 4-73 所示，单击"打印区域"按钮，单击"设置打印区域"按钮，打印预览效果如图 4-74 所示，仅显示选择的区域。

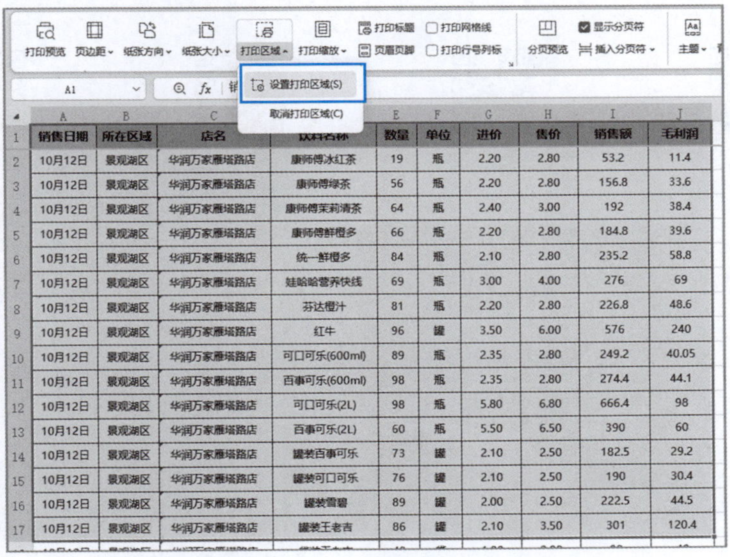

图 4-73　设置打印区域

教学视频：
设置打印
区域

销售日期	所在区域	店名	饮料名称	数量	单位	进价	售价	销售额	毛利润
10月12日	景观城区	华润万家朝晖路店	康师傅冰红茶	19	瓶	2.20	2.80	53.2	11.4
10月12日	景观城区	华润万家朝晖路店	康师傅绿茶	56	瓶	2.20	2.80	156.8	33.6
10月12日	景观城区	华润万家朝晖路店	康师傅茉莉清茶	64	瓶	2.40	3.00	192	38.4
10月12日	景观城区	华润万家朝晖路店	康师傅鲜橙多	66	瓶	2.20	2.80	184.8	39.6
10月12日	景观城区	华润万家朝晖路店	统一鲜橙多	84	瓶	2.10	2.80	235.2	58.8
10月12日	景观城区	华润万家朝晖路店	娃哈哈营养快线	69	瓶	3.00	4.00	276	69
10月12日	景观城区	华润万家朝晖路店	芬达橙汁	81	瓶	2.20	2.80	226.8	48.6
10月12日	景观城区	华润万家朝晖路店	红牛	96	罐	3.50	6.00	576	240
10月12日	景观城区	华润万家朝晖路店	可口可乐(600ml)	89	瓶	2.35	2.80	249.2	40.05
10月12日	景观城区	华润万家朝晖路店	百事可乐(600ml)	98	瓶	2.35	2.80	274.4	44.1
10月12日	景观城区	华润万家朝晖路店	可口可乐(2L)	98	瓶	5.80	6.80	666.4	98
10月12日	景观城区	华润万家朝晖路店	百事可乐(2L)	60	瓶	5.50	6.50	390	60
10月12日	景观城区	华润万家朝晖路店	健怡百事可乐	73	罐	2.10	2.50	182.5	29.2
10月12日	景观城区	华润万家朝晖路店	健怡可口可乐	76	罐	2.10	2.50	190	30.4
10月12日	景观城区	华润万家朝晖路店	健怡雪碧	89	罐	2.00	2.50	222.5	44.5
10月12日	景观城区	华润万家朝晖路店	健怡王老吉	86	罐	2.10	3.50	301	120.4

图 4-74　打印预览 3

项目小结

本项目主要通过 5 个案例任务的操作分析，详细介绍了表格处理的基础知识和操作技能，主要包括表格的新建、数据的录入、公式和函数的使用、插入图表、数据处理、表格的打印等操作。

计算机国考一级
模拟特训题目

计算机国考一级模拟
特训素材

计算机国考一级模拟
特训操作演示视频

数字强国
阅读材料

认识与使用 WPS 演示

项目概述

　　WPS 演示是 WPS Office 办公软件套装的重要组件,专为制作演示文稿而生。它操作便捷且功能丰富,不仅内置海量精美模板,还支持插入多种元素,如文字、图片、图表、音频、视频等,并且能运用丰富的动画和切换效果,让演示文稿生动出彩。无论是教学、商务,还是宣传、生活场景,都能借助它清晰传达信息,有效吸引观众目光。

　　本项目围绕"大国工匠人物展播"演示文稿展开,旨在传播工匠精神,提升信息技术能力。项目涵盖两项主要任务:任务 1 为新建与编辑"大国工匠人物展播"演示文稿,包括母版、封面、目录等各界面设计;任务 2 是美化与提升"大国工匠人物展播"演示文稿,添加动画、触发器、切换效果和超链接及打印输出。通过完成这些任务,学习者能够全面掌握 WPS 演示的各项功能,培养审美与创新能力,确保演示文稿能更有效地展示大国工匠风采。

思维导图

认识与使用WPS演示

- 新建与编辑"大国工匠人物展播"演示文稿
  - 演示文稿的使用场景及分类
  - 幻灯片和演示文稿
  - WPS演示的窗口界面
  - 演示文稿视图方式
  - 模板
  - 母版
  - 幻灯片版式和占位符
  - 配色方案
  - 演示文稿背景
  - 幻灯片的管理与设置
  - 图形、图片的应用
  - 演示文稿支持的音频和视频
  - 演示文稿的设计步骤
  - 演示文稿的设计原则
- 美化与提升"大国工匠人物展播"演示文稿
  - 动画
  - 交互动画
  - 幻灯片切换动画

任务一　新建与编辑"大国工匠人物展播"演示文稿

📺 任务导入

如今,大国工匠以卓越技艺和奋斗精神,为国家发展添砖加瓦。他们的精神激励着无数人。本次我们开展"大国工匠人物展播"演示文稿制作任务。

完成这份演示文稿,能让更多人了解大国工匠。在制作时,大家会学习新建文档、设置母版、设计各种界面等技能。这不仅能提升信息技术能力,还能锻炼思维与创意。相信大家在这次任务里,既能学会制作演示文稿的本领,又能从大国工匠事迹中获得启发,实现自我提升。本任务最终设计的效果如图 5-1 所示。

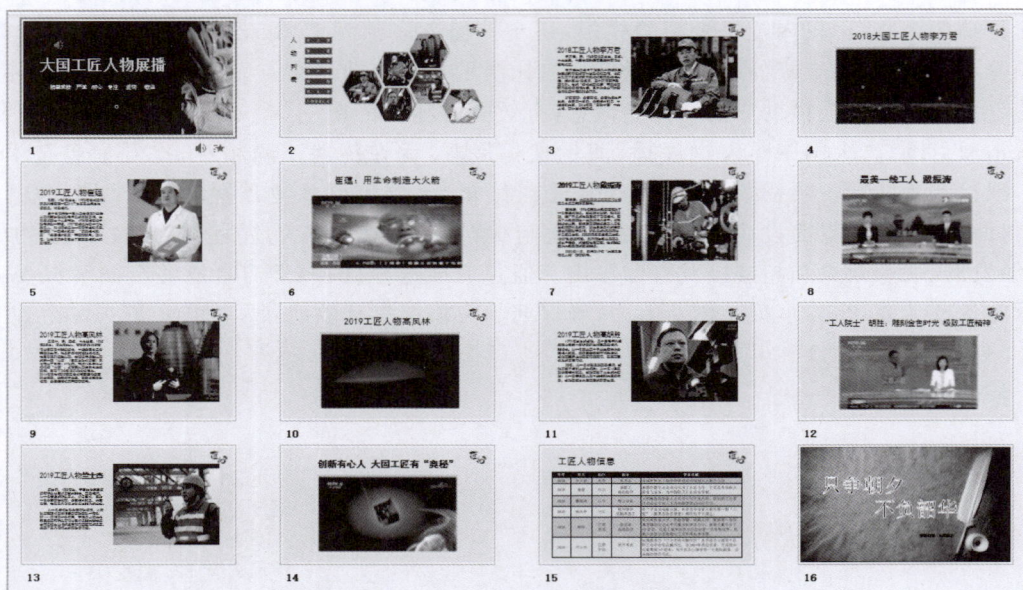

图 5-1　任务效果

📖 学习目标

1. 知识目标

(1)理解演示文稿的相关基础概念,如幻灯片、模板、版式等。

(2)掌握演示文稿设计要素,包括配色、母版等设置方法。

(3)熟悉演示文稿的操作知识,如视图、音视频格式、背景设置等。

2. 能力目标

(1)熟练运用 WPS 演示软件完成文稿新建、保存及各界面设计。

(2)依据主题创意设计文稿布局和风格,运用设计原则优化页面。

（3）能解决文稿制作中的常见问题，并根据反馈优化设计。

3. 素养目标

（1）提升信息获取、整理和运用能力，增强数字化学习与创新意识。

（2）提高审美能力，注重细节，追求视觉效果的精致与协调。

（3）培养耐心、细心、严谨的工作态度和良好的时间管理、任务规划能力。

📋 任务描述

本任务旨在掌握演示文稿制作的基础知识和技能，完成"大国工匠任务展播"演示文稿的初步设计与制作。具体内容包括：母版设计、封面设计、目录界面设计、内容页面设计以及结束界面设计。

⏱ 知识准备

WPS 演示是 WPS Office 中用于制作演示文稿的工具，操作简便、功能齐全。它内置海量模板适配多场景，支持插入多种元素，可运用动画和切换效果增强表现力。制作完成后，它便于多方式分享，适用于线上线下展示，助力用户高效传达信息，提升沟通效能。

一、演示文稿的使用场景及分类

WPS 演示文稿应用广泛。在教学中辅助授课和成果展示；在商务上助力汇报、谈判和培训；宣传时用于产品和品牌推广；在生活里记录家庭聚会和展示个人作品。WPS 演示文稿从用途层面出发，主要分为阅读型、演说型和宣讲型三种。

二、幻灯片和演示文稿

幻灯片是演示文稿的基本组成单位，如同书籍中的书页。通常情况下，一个完整的演示文稿由多张幻灯片共同构成，它们相互关联，共同传达特定的主题信息。在 WPS 演示软件中，演示文稿的默认文件扩展名为".pptx"，这种格式便于文件的存储、传输以及在不同设备和软件上的兼容使用。

三、WPS 演示的窗口界面

WPS 演示窗口界面，如图 5-2 所示。最上方是功能选项卡，涵盖"开始""插入"等选项，能完成"新建""保存""设置格式""添加元素"等基础操作。功能选项卡的左侧是"快速访问工具栏"，单击相关按钮可以直接启动相关功能。单击功能选项卡上方的"＋"可以直接快速新建一个文档。每个功能选项卡下都有若干个功能区。有的功能区右下角会有一个斜下箭头，称为"对话框启动器"，可用于打开该功能区的对话框。再往下，左侧是幻灯片/大纲窗格，在"幻灯片"标签下可浏览、管理各张幻灯片，"大纲"标签则能按文本大纲查看和编辑内容。中间占据最大区域的是幻灯片编辑区，用于直接编辑幻灯片内容。右侧还有任务窗格，可进行更改属性、动画等操作。图 5-2 中的窗口界面右下角视图切换按钮，用于常见四种视图的切换。

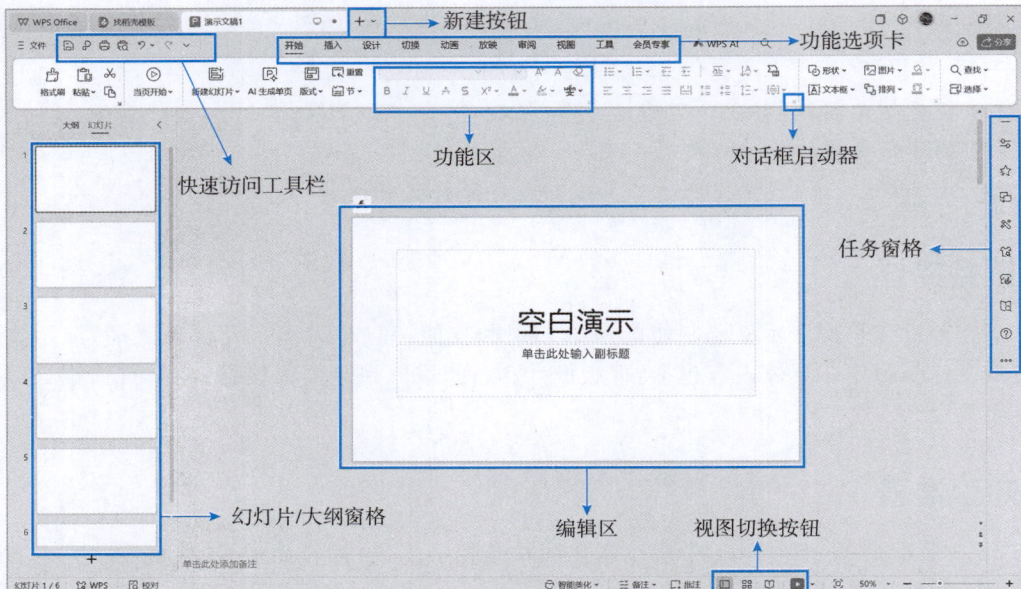

图 5-2　WPS 演示窗口界面

四、演示文稿视图方式

WPS 演示提供了多种视图方式,包括"普通视图""幻灯片视图""幻灯片浏览视图""阅读视图""幻灯片放映视图"和"备注页视图",每种视图方式都有其独特的用途。

普通视图是日常使用最为频繁的视图,左侧可切换幻灯片,右侧既能编辑文本,也能插入图片、图表等元素,方便创作者进行内容的构思与填充,还能随时查看整体布局效果。

幻灯片浏览视图下,所有幻灯片以缩略图形式整齐排列,使用者能快速把握整体结构,轻松调整幻灯片顺序,还能便捷地筛选出需重点展示或修改的内容。

阅读视图以窗口形式呈现演示文稿,模拟真实阅读场景,便于预览效果,提前发现排版、内容问题。

幻灯片放映视图则是正式展示环节的"主角",实现全屏放映,营造沉浸式演示体验,吸引观众注意力,完美呈现内容。按"F5"快捷键,演示文稿会从第一张幻灯片开始播放;按 Shift＋F5 组合键,则会从当前所在幻灯片开始播放。

各种视图的切换方式有两种,一种是通过右下角视图按钮切换,另一种是通过"视图"选项卡下的视图区域切换,如图 5-3 所示。

图 5-3　各种视图方式切换方法

五、模板

模板是专业设计的幻灯片固定模式,WPS 演示提供丰富模板资源,扩展名为".pot"。

优质演示文稿模板可快速提升文稿形象与观赏性,使逻辑结构更清晰,便于观众理解内容。在处理图表、文字、图片时,模板能规范布局和样式,方便操作。典型模板包含"标题""目录""小节""内容""结束"等页面,合理设计让演示文稿更专业美观,能有效吸引观众,增强演示效果。

六、母版

幻灯片母版用于统一幻灯片整体样式,用户可在母版中设定"标题文字字体""字号""颜色""背景填充"等属性。使用母版能快速统一幻灯片风格,方便添加公司标志、页码等元素,提升制作效率,保障演示文稿的一致性与专业性。切换到"视图"功能选项卡,单击"幻灯片母版",即可打开母版视图界面。主母版可以为下面所有的版式设置统一的元素,如单位的 Logo、背景图片等,也可以单独对每种版式个性化设置。一个演示文稿中可以允许有多个母版存在。

七、幻灯片版式和占位符

幻灯片版式是 WPS 演示预先设定的固定布局,为用户提供了多种排版选择。一个标准的母版包含 11 种不同的版式,每种版式都针对不同的内容展示需求进行了优化设计。

占位符在幻灯片中以虚线框的形式呈现,它是用户输入文字、嵌入图片、插入图表等内容的区域。

八、配色方案

配色方案是系统对幻灯片中一些元素(如文字、背景、图形等)颜色的统一设置方式。用户可以根据个人喜好和演示文稿的主题风格,按颜色、色系、风格进行选择,也能够通过自定义的方式来调配独特的颜色组合。

九、演示文稿背景

演示文稿的背景设置方式多样,主要有"纯色填充""渐变填充""图片或纹理填充""图案填充"四种,用户还可以根据需要将图片背景设置为"无"。

十、幻灯片的管理与设置

(一)幻灯片管理

1. 创建与删除

单击"开始"功能选项卡的"新建幻灯片"按钮,可选择不同版式新建幻灯片,也可以在左侧幻灯片缩略图窗格中直接按 Enter 键添加一张新的幻灯片。在左侧幻灯片缩略图窗格中,选中要删除的幻灯片,按 Delete 键即可。

2. 排序与移动

在幻灯片浏览视图或左侧缩略图窗格中,直接拖动幻灯片可调整其顺序。也可选中幻灯片后,使用"剪切"和"粘贴"功能移动幻灯片。

3. 复制与粘贴

选中需要复制的幻灯片,按 Ctrl＋C 组合键复制,再按 Ctrl＋V 组合键粘贴,可快速复制内容相同的幻灯片。

4. 节的使用

WPS 演示文稿的节管理功能,能有效组织幻灯片。在左侧缩略图区右击选择"新增节",重命名划分内容板块。还能展开、折叠、拖动节标题,或右击删除。汇报项目、制作课件时,用它划分阶段、章节,便于浏览与编辑。

5. 添加幻灯片编号、日期和时间

在"插入"功能选项卡下单击"页眉页脚",可以为幻灯片添加幻灯片编号和日期、时间。

(二)幻灯片设置

1. 页面设置

在"设计"功能选项卡下选择"幻灯片大小",可自定义幻灯片的"大小""纸张""方向"等。

2. 主题应用

同样在"设计"功能选项卡中,有多种预设主题可供选择,应用主题可快速统一演示文稿的"字体""颜色""效果"等风格,提升整体美观度。

十一、图形、图片的应用

在 WPS 演示中,对图形、图片进行编辑能够大幅提升图形、图片的表现力,使其更好地融入文档或演示文稿,下面从多个方面介绍 WPS 演示中图形、图片的编辑操作。

(一)效果设置

选中图片后,功能区会自动出现"图片工具"选项卡。单击其中的"效果"按钮,便会弹出丰富的效果菜单,包括"阴影""倒影""发光""柔化边缘""三维旋转"等效果。

(二)大小、位置和旋转

在"图片工具"的"大小"组中,可以通过输入精确的数值来调整图片的高度和宽度,还能勾选"锁定纵横比",以防止图片在缩放时变形。用鼠标直接拖动图片,能快速调整其在页面中的位置。若需要旋转图片,单击"旋转"按钮,可选择预设的旋转角度,也能通过"旋转"属性进行自由角度的旋转。

(三)对比度、亮度和色彩

同样在"图片工具"选项卡中,"调整"组里的"亮度""对比度"和"颜色"功能十分实用。通过"亮度"和"对比度"按钮,能轻松改变图片的明亮程度和色彩对比,让暗淡的图片变得清晰明亮,或者增强对比、突出图片细节。"颜色"选项则可以选择不同的颜色模式,以满足不同的视觉需求。

(四)边框设置

选择"图片工具"的"边框"按钮,在弹出的下拉菜单中可以设置边框的"颜色""粗细"和"线型"。

(五)裁剪图片设置

单击"图片工具"中的"裁剪"按钮,图片周围会出现裁剪框。拖动裁剪框的边缘或角落,就能自由裁剪掉图片中不需要的部分。此外,还能按形状(如"椭圆""心形"等)或比例(如"16∶9""4∶3")进行裁剪,使图片更好地适应排版布局。

（六）对齐分布操作

（1）选中需要对齐的多个图形图片，切换到"绘图工具"或"图片工具"选项卡，单击"对齐"下拉菜单。

（2）在对齐方式区域选择"左对齐""居中对齐""右对齐""顶端对齐""垂直居中"或"底端对齐"等方式，使图形按照所需的对齐方式排列。

（3）在分布区域有"横向分布"和"纵向分布"两种选择，能让图形在水平或垂直方向上间距相等，使页面布局更整齐、美观。

（4）在尺寸区域可以使对象按照"等宽""等高""等尺寸"进行调整，选择对象的尺寸大小由最后一个选择的对象决定。

（七）组合与取消

若要组合图片，选中要组合的多个图片，右击，在弹出的菜单中选择"组合"选项，或者使用"图片工具"下的"组合"按钮，或者使用 Ctrl＋G，即可将多个图片组合成一个整体，方便对它们进行统一的移动、缩放等操作，也能保持它们之间的相对位置关系不变。

若想对组合后的图片进行单独编辑，选中组合后的图片，右击并选择"取消组合"，或者使用"图片工具"下的"取消组合"按钮，或者使用 Ctrl＋Shift＋G，即可将组合的图片还原为各自独立的个体，以便对每个图片进行单独的调整和修改。

十二、演示文稿支持的音频和视频

在演示文稿中添加音频和视频，可丰富内容表现力，提升观众观看体验。WPS 演示支持"MP3""WAV""MID"等音频格式，以及"AVI""MP4"等视频格式。"MP3"格式压缩率高、体积小，"WAV"格式音质无损，"MID"格式适合存储简单音效。"AVI"格式兼容性强，"MP4"格式压缩比高、质量好。选择音、视频格式时，需结合演示文稿需求和设备兼容性确定。

要插入音频和视频，单击"插入"功能选项卡进行下一步的操作。音频和视频都有几种插入方式，插入时可根据自己的需要选择。

十三、演示文稿的设计步骤

（一）确定主题

制作演示文稿的第一步是明确主题，需要根据具体的需求分析来确定。例如，本次"大国工匠人物展播"演示文稿，就是围绕大国工匠的事迹和精神展开，主题的确定为后续的素材收集和内容设计指明了方向。

（二）准备素材

根据确定的主题，收集相关的素材，主要包括图片、声音、动画等文件。这些素材是丰富演示文稿内容的关键，比如在"大国工匠人物展播"中，需要收集各位工匠的照片、工作场景图片和相关视频资料，以及适合的背景音乐等，确保素材能够准确、生动地展现大国工匠的风采。

（三）确定方案

对演示文稿的整体构架进行设计，包括确定幻灯片的数量、各幻灯片的内容布局、页面之间的逻辑关系等。合理的方案设计能够使演示文稿层次分明、条理清晰,让观众更好地理解和接受所传达的信息。

(四)初步制作

将准备好的文本、图片等对象输入或插入到相应的幻灯片中,按照设计方案搭建演示文稿的基本框架。在这一过程中,要注意内容的准确性和排版的合理性,确保信息能够清晰呈现。

(五)美化处理

对幻灯片中相关对象的要素进行设置,如字体的选择、字号的大小调整、动画效果的添加等,通过这些美化处理,提升演示文稿的视觉效果和吸引力。例如,为标题文字选择醒目的字体和较大的字号,为重点内容添加动画效果,使其更加突出。

(六)预演播放

在完成初步制作和装饰处理后,设置播放过程中的一些要素,如幻灯片的切换效果、播放顺序等,然后进行播放查看效果。在预演过程中,仔细检查内容是否完整、排版是否合理、动画和切换效果是否流畅等,根据检查结果进行调整和优化,直到满意后再正式输出播放。

十四、演示文稿的设计原则

(一)对齐原则

版面设计中,对齐原则至关重要,它能够保持整个页面的秩序感。这不仅包括文字的对齐,如"左对齐""居中对齐""右对齐"等,还要求页面内其他元素(如图形、图片等)尽量做到对齐。通过合理的对齐方式,能够使页面看起来更加整洁、美观,便于观众阅读和理解内容。

(二)分离原则

分离原则强调将有关联的信息组织在一起,形成一个个独立的视觉单元。这样可以为读者提供清晰的信息结构,使其能够快速识别和理解不同部分的内容。例如,将同一主题的文字和图片放在一个区域内,通过边框或空白区域与其他内容区分开来。

(三)留白原则

留白并不是简单地留出空白空间,而是让演示文稿中的各个元素有足够的空间"呼吸",避免页面过于拥挤。适当的留白能够减轻观众的视觉压力,突出重点内容,提升演示文稿的整体美感和专业性。

(四)降噪原则

过多的字体种类、每页不同的颜色和版式会对读者造成视觉干扰,影响信息的传达效果。因此,建议单页演示文稿的色彩不超过 3 种;整个演示文稿的字体不超过 2 种。保持简洁的色彩和字体搭配,能够使演示文稿更加简洁明了,让观众专注于内容本身。

1. 重复原则

使用统一的母版可以让演示文稿形成统一的风格,或者让某种元素(如特定的字体、配色方案、符号等)在整个演示文稿中重复出现。这样做能够增强演示文稿的整体性和连贯性,给观众留下深刻的印象。

2. 差异原则

为了避免页面过于单调,吸引观众的注意力,可以让重点信息在字体大小、颜色、加粗等方面与其他内容有所区别,从而形成层次感。例如,将标题文字设置得较大,或者将关键内容加粗、更改颜色,使其更加醒目。

任务实施

一、新建演示文稿

(一) 新建演示文稿

首先启动 WPS Office 软件,单击界面上的"新建"按钮,单击"演示"标签,如图 5-4 所示,就会出现"新建演示文稿"的窗口。此时会出现多种新建方式,如图 5-5 所示,用户既可以单击"空白演示文稿"按钮,从头开始创建一个全新的演示文稿,自由发挥创意和设计;也可以选择一种合适的模板,借助模板的预设布局和样式快速搭建演示文稿框架。选择完成后,软件会进入一个新演示文稿的普通视图,如图 5-6 所示,用户可以在此视图下开始演示文稿的设计与制作工作。

图 5-4 文件新建步骤 1

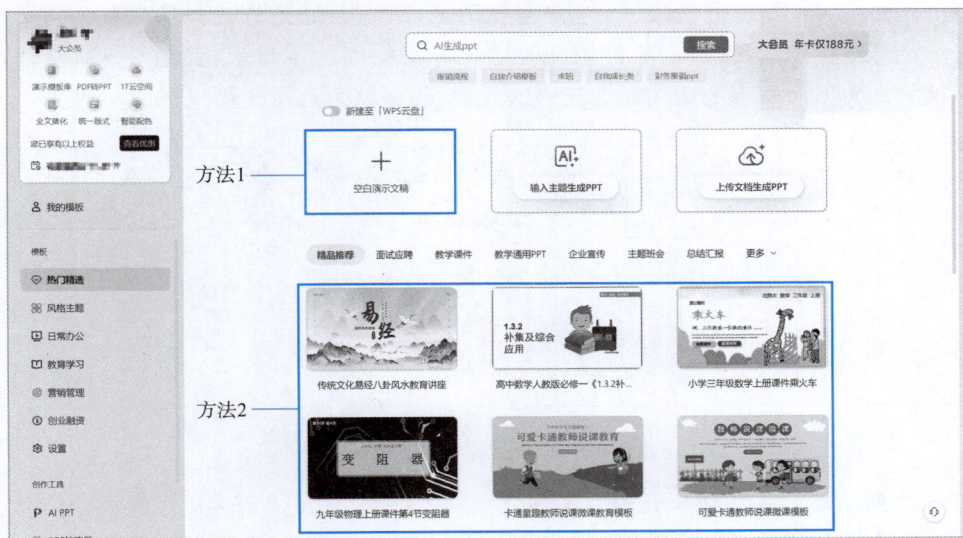

图 5-5 文件新建步骤 2

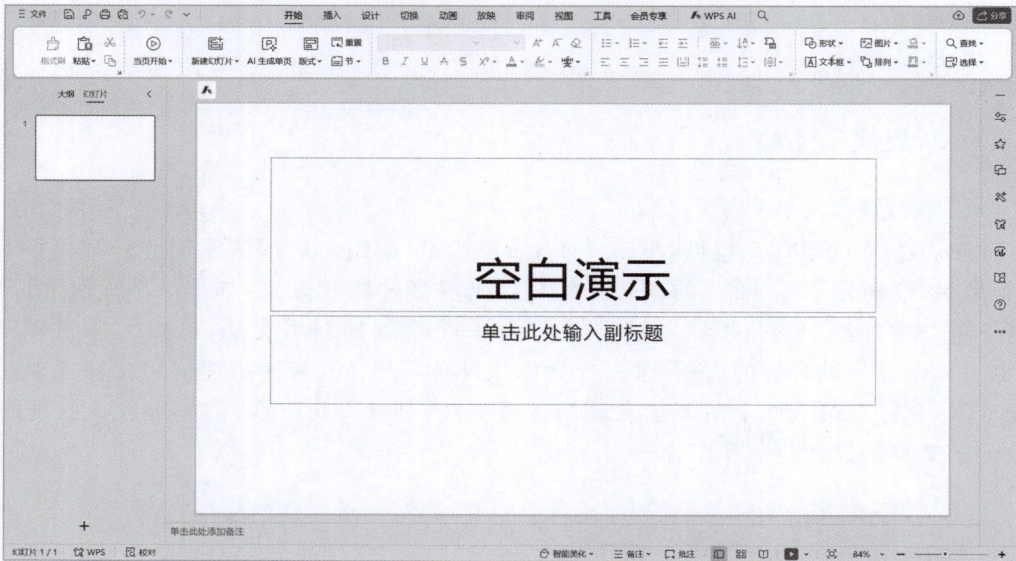

图 5-6　文件新建成功窗口

（二）保存演示文稿

及时保存演示文稿是非常重要的操作，以防止数据丢失。单击"文件"菜单，选择"保存"选项（也可以使用 Ctrl＋S），此时会弹出保存文件的对话框。在对话框中，用户需要选择保存位置，可以是计算机的本地磁盘、外接存储设备或者云存储等。然后给文件起一个有意义的名字，便于识别和管理，最后单击"保存"按钮，完成保存操作。

二、设置母版

（一）打开主母版

单击界面上方的"视图"选项卡，在众多视图选项中选择"幻灯片母版"，如图 5-7 所示。进入幻灯片母版视图后，在左侧的母版列表中选择最上面的主母版，如图 5-8 所示，选择主母版的目的是为下面所有的版式添加统一的元素，确保整个演示文稿风格的一致性。

教学视频：
母版设计

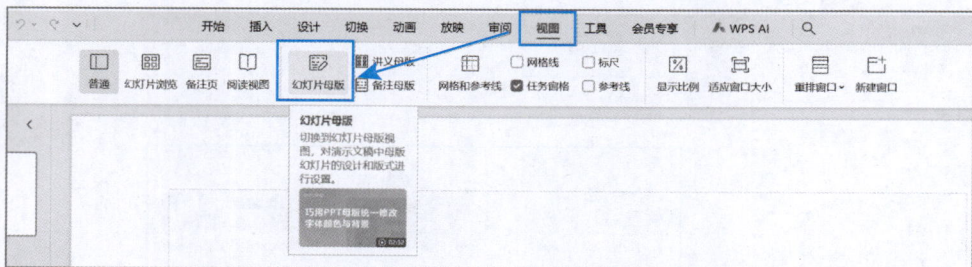

图 5-7　幻灯片母版视图

（二）为所有版式添加统一元素

选中主母版后，切换到"插入"功能选项卡，单击"图片"按钮，选择"本地图片"，在弹出的"插入图片"对话框中从电脑上选择需要插入的图片，单击"确定"按钮。插入图片后，选中图

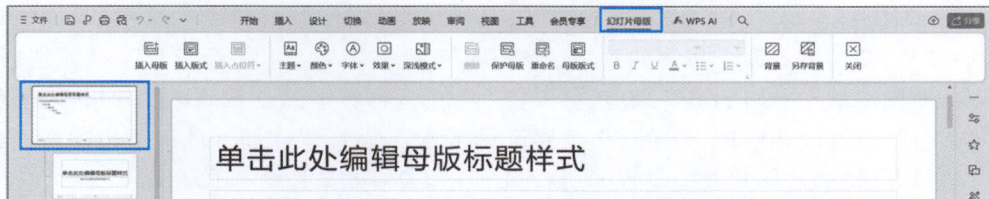

图 5-8　选择幻灯片主母版

片，此时软件会自动出现"图片工具"选项卡。在"图片工具"中选择"设置透明色"功能，用出现的吸管工具吸取要去除的背景颜色。用户也可以使用"智能抠图"对图片抠图。去除图片背景后，将其大小调整到合适尺寸，并移动至幻灯片的右上角位置，使其成为演示文稿所有版式的统一元素。消除图片背景操作过程如图 5-9 所示。

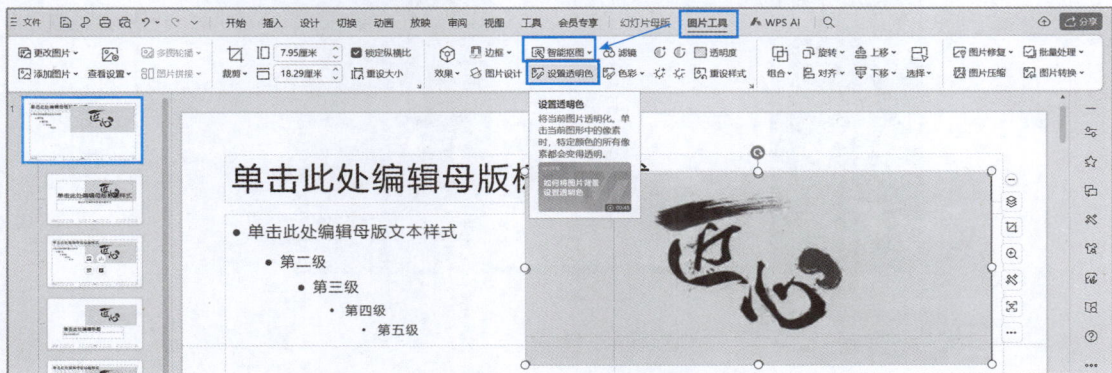

图 5-9　消除图片背景

（三）更改标题版式

1. 更改背景

在左侧的版式选项中，单击选择"标题版式"。随后，在右侧的任务窗格中，单击"属性"按钮，选择"填充"并设置为"纯色填充"，接着将"颜色"设为黑色，如图 5-10 所示。

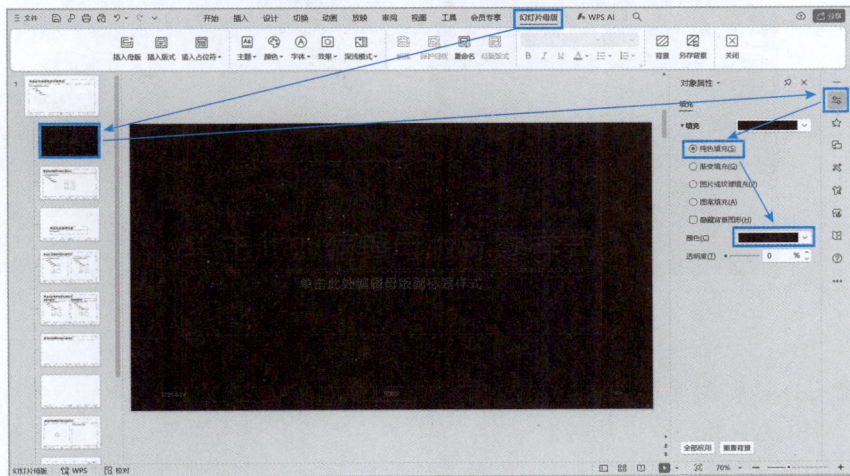

图 5-10　更改标题版式背景

2. 修改图片

利用"插入"功能选项卡将图片插入文档，选定图片后，单击"图片工具"，接着选择"裁剪"工具，对图片的左右两侧进行裁剪，仅保留手部的局部特写。随后调整图片尺寸，确保其高度与幻灯片的高度相匹配，最后将图片移至页面的最右侧，确保图片的上下边和右侧边与幻灯片边缘紧密贴合，图片裁剪过程如图 5-11 所示，最终效果如图 5-12 所示。

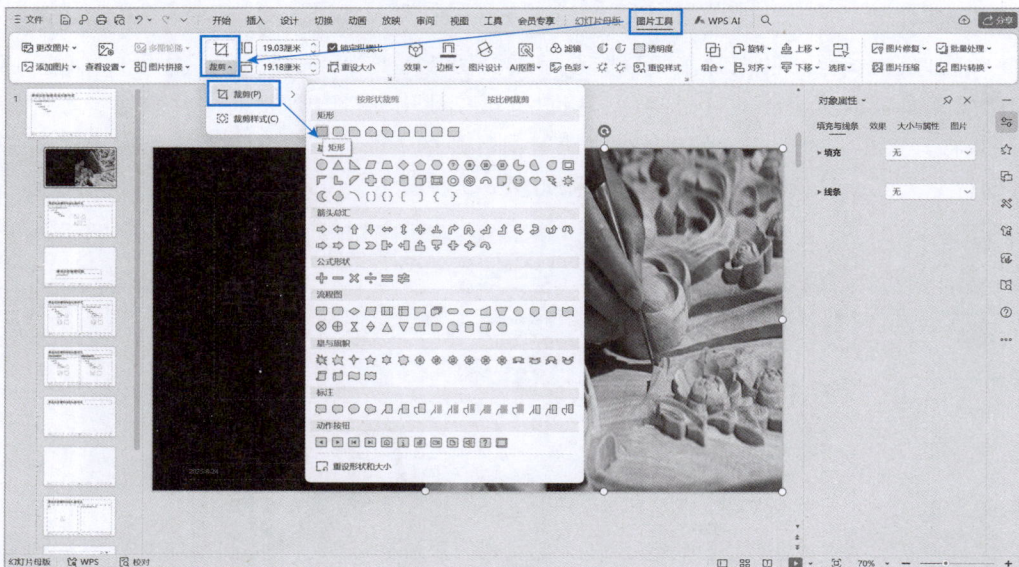

图 5-11　图片裁剪过程

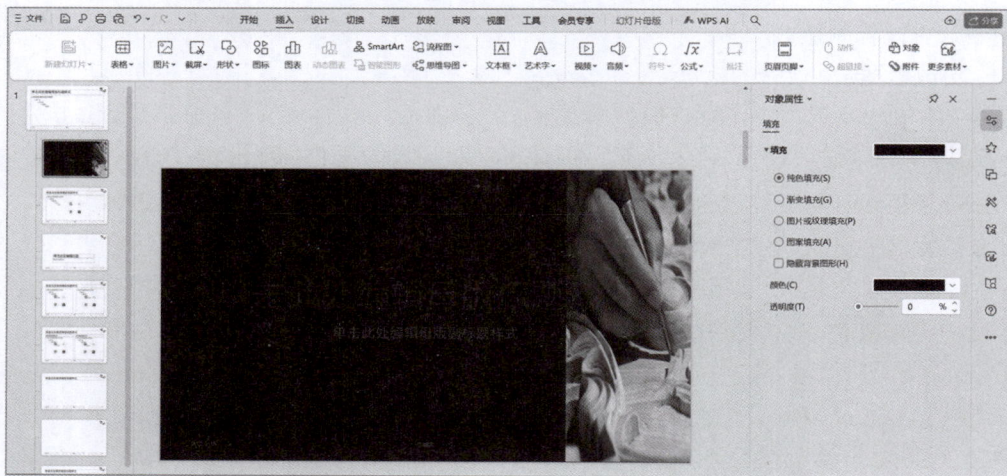

图 5-12　标题版式图片调整的效果

3. 调整主标题和副标题

选取文档中的主标题以及副标题部分，以左侧的黑色区域为参照，将这些标题占位符调整至该区域的中心位置。在进行调整时，务必确保标题的左右两侧留出相等的空白空间，以达到视觉上的平衡和协调，操作结果如图 5-13 所示。

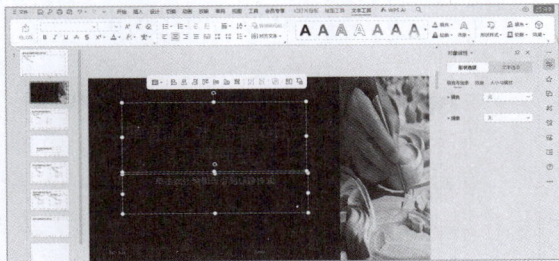

图 5-13　主标题和副标题位置、大小的调整效果

三、设计标题界面

完成母版设置后，关闭母版视图，回到普通视图开始设计标题界面。在标题界面中，主标题使用"汉仪尚巍手书 W"字体、字号设置为"66 号"，副标题设置为"黑体""24 号"。此外，还可以为标题界面插入合适的背景音乐，增强演示文稿的感染力。标题界面设计完成后的效果如图 5-14 所示。

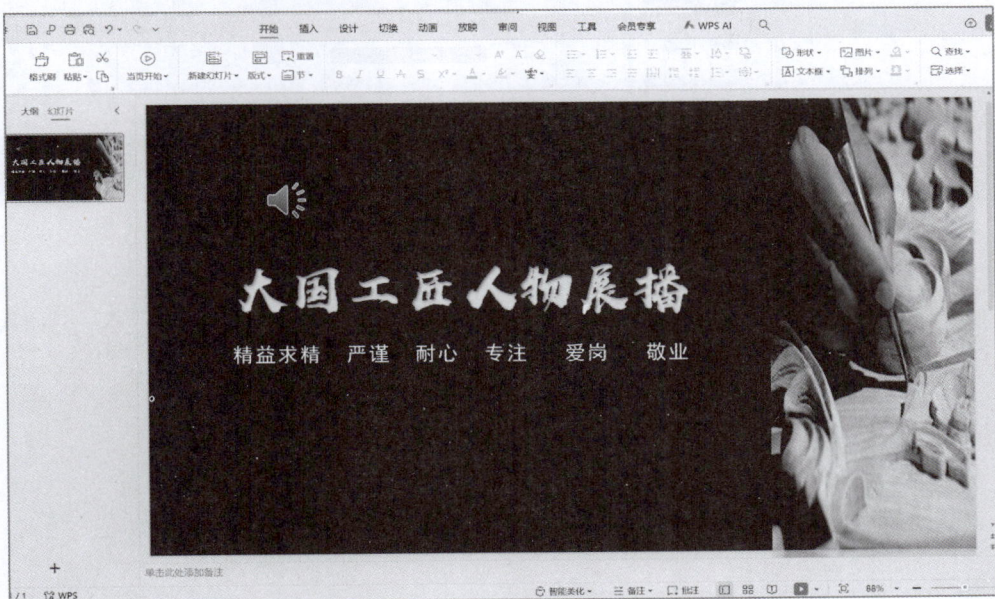

图 5-14　标题界面效果

教学视频：
标题界面
设计

四、设计目录界面

（一）红色矩形列表设计

在左侧幻灯片缩略图处按 Enter 键，插入一张新的幻灯片。选中新插入的幻灯片，右击，在弹出的菜单中选择"版式"，更改为"空白"版式。接着单击"插入"选项卡，选择"形状"中的"矩形"，在工作界面中绘制矩形。绘制完成后，将矩形填充为"深红色"，然后在矩形中输入文字"李万君"，并设置文字字体为"宋体"、字号为"18 号"、颜色为"白色"。按住 Ctrl 键

的同时，用鼠标拖动矩形，复制出 6 个相同的矩形。同时选中 7 个矩形，使用绘图工具中的
"对齐"工具，先单击"水平居中"，再单击"纵向分布"，可以将这 7 个矩形快速排列整齐，具体
排列方式如图 5-15 所示。参照图 5-16 所示目录界面效果，更改其余 6 个矩形中的内容。最
后，选中所有矩形，切换到"文本工具"选项卡，单击段落功能区域下的"分散对齐"，使文字在
矩形中分布更加均匀、美观。在红色矩形组左侧插入纵向文本框，输入"人物列表""黑体"
"28 号"，在"文本工具"的字体选项卡中，设置字符间距为"12 磅"，或者在段落组中设"分散
对齐"。

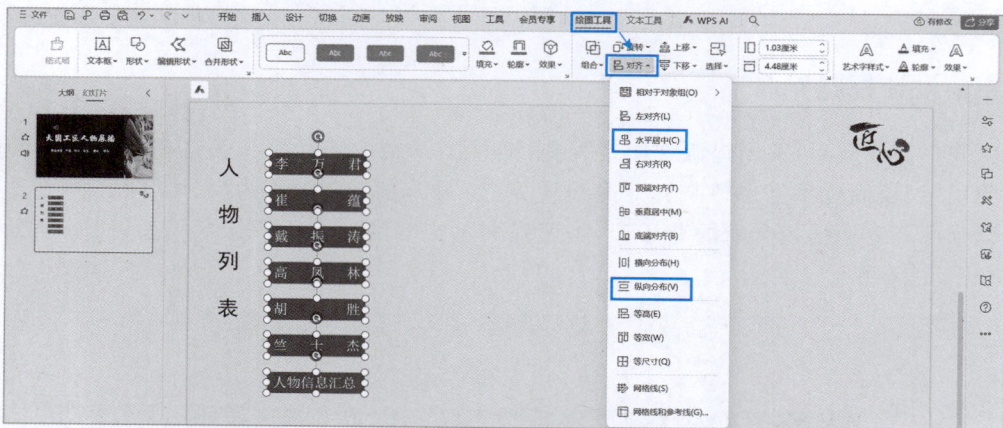

图 5-15　快速对齐图形

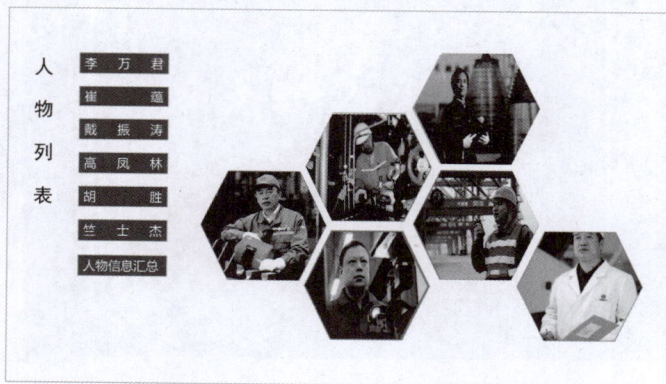

图 5-16　目录界面效果

（二）人物图片的裁剪设计

切换到"插入"选项卡，单击"图片"按钮，再选择"本地图片"，在弹出的对话框中将要插
入的人物图片全部选中后插入。选中其中一个图片，单击"图片工具"中的"裁剪"按钮，将图
片裁剪为六边形。裁剪完成后，设置图片大小为"5.24×6.27 厘米"，并为图片添加蓝色边
框。双击"格式刷"按钮，此时鼠标指针会变成刷子形状，依次单击其余的 5 张图片，即可将
第一张图片的格式（包括裁剪形状、大小、边框等）复制给其余图片。最后，参照图 5-16 目录
界面效果，将裁剪好的图片摆放到合适的位置。

五、设计人物信息内容界面

在左侧幻灯片缩略图处按 Enter 键插入一张新的幻灯片，鼠标右击该幻灯片，更改版式为"图片与标题"（第 3 行第 2 个版式），如图 5-17 所示。在该版式下，将"2018 李万君"文字素材中的文字粘贴到相应位置，将标题文字设置为"黑体""32 号"，内容文字设置为"黑体""16 号"，并设置首行缩进"1.27 厘米"，使段落格式更加规范。然后在图片位置插入相应工匠人物的图片，完成人物信息内容界面的设计，设计效果如图 5-18 所示。

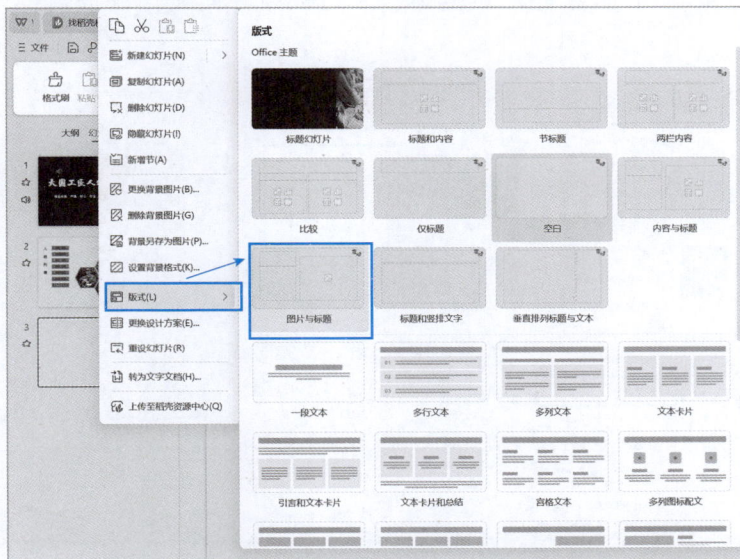

图 5-17　版式选择

教学视频：
人物信息
界面设计

图 5-18　人物信息内容界面

六、设计人物视频界面

在左侧幻灯片缩略图处按 Enter 键插入一张新的幻灯片，更改版式为"标题和内容"（第2 列第 1 个版式），如图 5-19 所示。在标题占位符处输入标题内容"2018 大国工匠人物李万君"，将标题文字设置为"黑体""44 号"，在内容占位符中单击"插入媒体"图标，在弹出的对话框中选择要插入的"2018 李万君.mp4"视频媒体文件。每个工匠人物的事迹都由两张幻灯片组成，一张是文字图片的人物事迹介绍，另一张是视频介绍，其余 5 个工匠人物事迹的设计方式与上述步骤相同，在此不再复述。人物视频界面设计完成后的效果如图 5-20 所示。

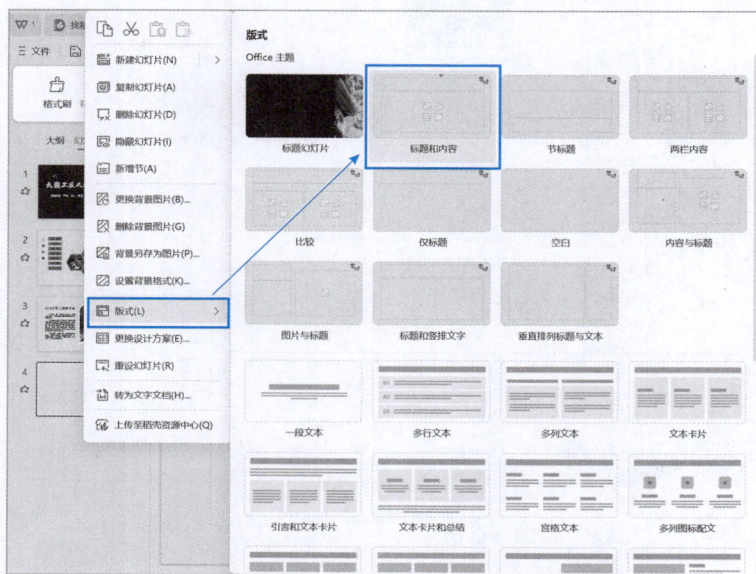

教学视频：
人物视频
界面设计

图 5-19　标题内容版式选择

图 5-20　标题视频内容界面

七、表格内容界面制作

在左侧幻灯片缩略图处按 Enter 键插入一张新的幻灯片,同样更改版式为"标题和内容"。在标题占位符中输入"工匠人物信息",将标题文字设置为"黑体""44 号",并设居中显示。在内容占位符处,单击"插入表格"按钮,在行列参数中输入"7 行""5 列",如图 5-21 所示,然后将素材中的"工匠人物信息汇总.xlsx"的相应内容复制到表格中。对表格标题行的字体进行"加粗"设计,并使其"居中"显示;将标题中的"年度""姓名""地区""职业"等几栏内容也"居中"显示,"突出贡献"栏内容"居左"显示。选中整个表格,通过"表格样式"选项选择一种表格样式,操作过程如图 5-22 所示,最终界面设计效果如图 5-23 所示。

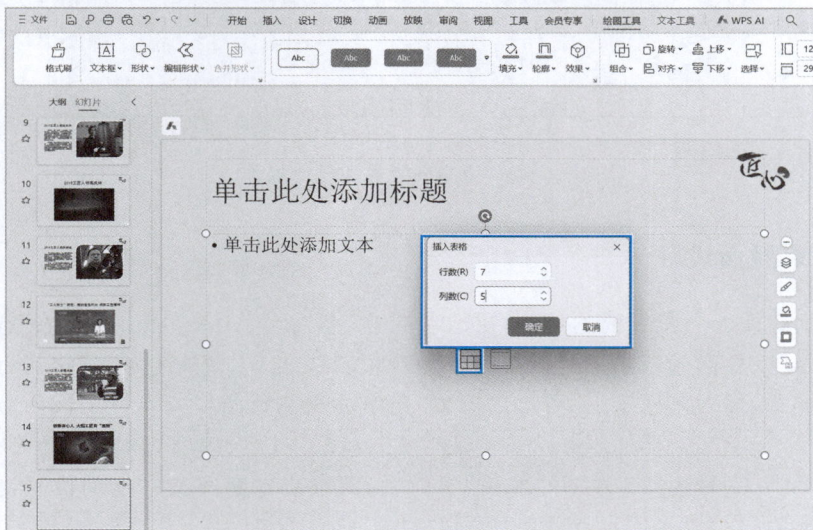

教学视频:
表格界面
设计

图 5-21　插入表格

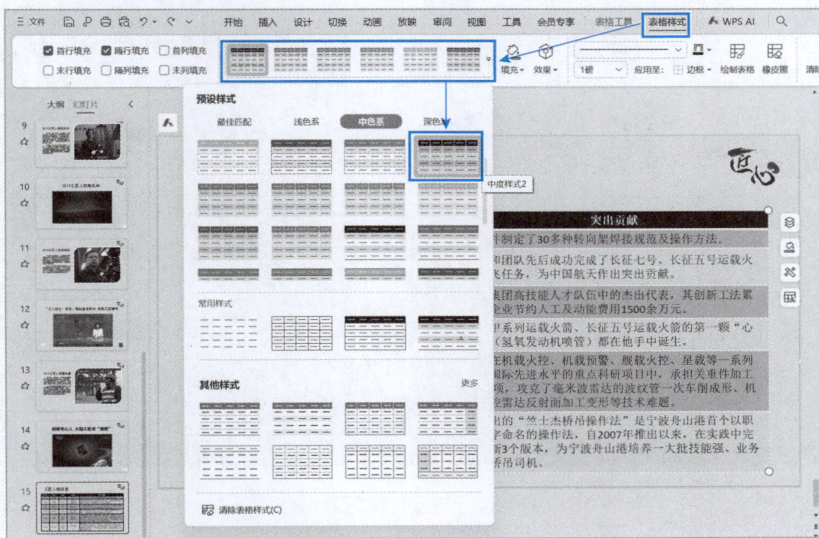

图 5-22　更改表格样式

图 5-23　表格内容界面设计效果

八、结束界面设计

按 Enter 键插入一张新的幻灯片，更改版式为"空白"版式。切换到"插入"选项卡，选择"图片"，插入结束界面的背景图片。接着单击"插入"选项卡中的"艺术字"按钮，选择一种合适的艺术字样式，插入艺术字，并更改内容为"只争朝夕不负韶华"，设置字体为"汉仪尚巍手书 W"、字号为"96 号"。再插入一个文本框，在文本框中输入内容"梦在心里人在路上"，设置字体为"黑体"、字号为"18 号"并"加粗"。最后，调整艺术字和文本框的位置，使其在页面中布局合理、美观，结束界面设计效果如图 5-24 所示。

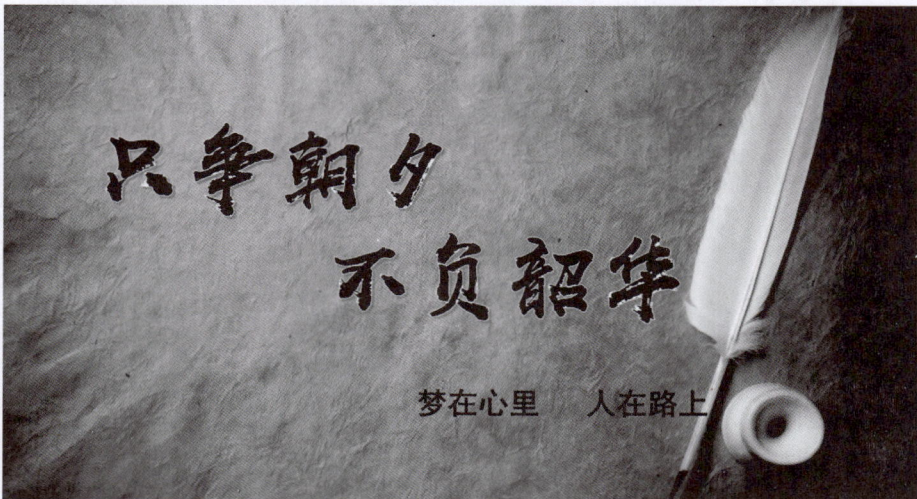

图 5-24　结束界面效果

一级真题
题目

一级真题
素材

一级真题
操作演示
视频

任务二　美化与提升"大国工匠人物展播"演示文稿

🖥 任务导入

在前面的学习内容中,我们完成了"大国工匠人物展播"演示文稿的初步制作,搭建了母版,设计好了各个界面,努力呈现大国工匠的风采。但目前的演示文稿是静态的,缺乏吸引力,难以让观众深入感受工匠精神。所以本任务的目标是对演示文稿进行美化与提升。通过对演示文稿添加动画、触发器动画、切换效果和超链接,让元素动起来,增强交互性,方便观众跳转页面,优化幻灯片过渡,打造沉浸式观看体验,更出色地传播大国工匠精神。

📖 学习目标

1. 知识目标

(1) 了解演示文稿各类动画,如进入、强调、退出和路径动画,明确其特点。

(2) 理解触发器工作原理,知晓如何触发动画实现交互。

(3) 掌握超链接作用,明白其在演示文稿中跳转幻灯片、外部文件和网页的功能。

2. 能力目标

(1) 熟练掌握为各类对象(文本框、图片等)设置动画,精通高级设置,能为同一对象添加多个动画并合理安排参数。

(2) 能灵活运用触发器,根据需求设置触发条件控制动画。

(3) 可依据演示文稿逻辑和内容,灵活用超链接控制播放顺序,增强流畅性与逻辑性。

3. 素养目标

(1) 引导学生自主探索制作技巧,培养自学和自我提升意识。

(2) 通过学习色彩、排版、动画等,提高学生审美,使其能创作美观的演示作品。

(3) 面对复杂任务,鼓励学生勇于创新,培养坚韧不拔的精神,在解决问题中成长。

(4) 团队协作制作演示文稿时,激发学生的创造力和奋斗精神,培养团队合作精神,培育民族精神。

📋 任务描述

本任务主要是"大国工匠人物展播"演示文稿的深度优化,旨在通过添加动画效果、触发器动画、切换效果以及超链接等元素,这不仅能使演示文稿在视觉和听觉上更具吸引力,确保播放节奏与演讲者完美契合,为观众带来沉浸式的观看体验,更有效地传播大国工匠精神。

⏱ 知识准备

一、动画

（一）动画分类

在演示文稿的制作与展示过程中，动画无疑扮演着至关重要的角色。动画可细致地划分为四类，每一类都具备独特的功能与魅力。

1. 进入动画

进入动画决定幻灯片上的对象以何种独特方式出现在观众眼前，比如"飞入""淡入"等效果，能迅速抓住观众的注意力，为内容展示拉开精彩序幕。

2. 强调动画

强调动画就是在演讲者使用演示文稿讲解过程中，为需要着重突出的对象添加的动画，像"放大/缩小""闪烁"等，有效吸引观众对重要信息的关注，增强信息传递效果。

3. 退出动画

退出动画就是控制对象从界面消失的动画方式，常与进入动画配套使用，如"溶解""旋转退出"，使对象的离场更自然流畅，保证演示的连贯性。

4. 路径动画

路径动画就是让对象按照指定路径运动，分为"系统预设路径"和"用户自定义"路径动画。这一类型动画可创造出丰富多样的动态效果，如让图片沿特定轨迹移动，为演示增添趣味性和创意性。

（二）动画的开始方式

动画的开始方式有三种，各有独特用途。

1. 单击

需手动单击才能触发动画，让演讲者对演示节奏精准掌控，常用于强调特定内容时。

2. 与上一动画同时

使当前动画与上一个动画同步播放，适合用于营造多元素协同的场景，增强演示的丰富度。

3. 上一动画之后

当前动画在上一个动画结束后自动播放，有助于实现动画之间的自然过渡，让演示流程更顺畅。

后两种方式能实现动画的自动播放，提升演示的连贯性和流畅性。

（三）动画效果设置

动画的效果设置有三种方式，第一种是通过动画窗格设置，第二种是通过"其他效果选项"窗口设置，第三种是通过高级日程表设置。

1. 动画窗格

在演示文稿制作里，动画窗格功能强大。它能给幻灯片上的各种对象添加丰富的动画，比如"淡入""淡出""飞入"等。同时，还可以为一个对象添加多个动画。动画窗格还能对动画进行多项设置。开始方式有"单击触发""与上一动画同时"或"之后"播放这几种选择。动画方向可灵活调整,像"擦除"动画能从不同方向展示。速度也能自由设定,"快""慢"或"适中"任选。而且,当幻灯片有多个动画时,通过动画窗格可轻松调整播放顺序,让演示逻辑清晰、节奏合适,大大增强了演示文稿的展示效果。

2. 动画的效果设置

通过动画的"其他效果选项"设置窗口,可对动画进行深度个性化定制。"效果"选项可以设置动画的方向、动画播放是否有声音及文本对象的发送方式。"计时"选项不仅能调整延迟时间,控制动画何时启动,还能设置动画持续时间,决定动画展示的时长,以及设置重复次数,使重要元素多次展示以加深印象。不同类型的动画,其设置选项也有所差异。此外,还能为动画设置触发器,实现更灵活的交互控制。

3. 高级日程表

在演示文稿制作中,高级日程表堪称一项强大且实用的功能,它为用户在动画编排方面提供了极大的便利。通过高级日程表,用户能够手动对动画的播放顺序、开始时间和结束时间进行精细调整,从而使演示文稿的动画呈现更加精准和流畅。

进入"动画窗格",单击任意动画右侧小三角图标,在下拉菜单中选择"显示高级日程表"即可开启。若需整体移动动画的开始和结束时间,拖动对应时间块即可;单独调整动画的结束时间和播放时长时,就将鼠标悬停在时间块尾部,待指针变形后左右拖动。这种精确控制方式,能满足不同动画效果需求,让动画配合更协调。

二、交互动画

在演示文稿的制作过程中,交互动画作为增强演示效果、提升观众参与感的重要元素,具有丰富的表现形式和强大的功能。它可以清晰地分为两种类型,一种是应用于幻灯片页面内部交互的触发器动画,另一种则是实现幻灯片之间交互的超链接动画。这两种动画形式在不同的场景下发挥着独特的作用,为演示文稿赋予了更高的互动性和灵活性。

(一) 触发器动画

在演示文稿的制作过程中,触发器动画是一种极具交互性的动画控制机制。它的定义是通过单击特定的触发器来精准控制动画播放的方式。触发器就好比是动画的开关,有着极为强大的功能。它不仅能够控制单个动画的播放,还可以同时控制多个动画,它还能让动画在同一页面内按照用户的需求反复播放,这为用户提供了丰富多样的交互选择,极大地增强了演示文稿的互动性。触发器动画的作用范围主要集中在控制一个页面内部动画的播放顺序上。

(二) 超链接

超链接作为演示文稿中极具实用价值的功能,可细分为四类,极大地拓展了演示文稿的内容连接范围。"原有文件或链接"可使演示文稿连接外部资源,能链接视频、文档等外部文件及网址;"本文档中的位置"主要实现本文档内部幻灯片之间的便捷跳转,在演示文稿的使用过程中发挥着至关重要的作用;"电子邮件地址"实现单击链接可自动打开邮件客户端并填收件人地址,便于客户反馈信息;"链接附件"可丰富演示文稿资料,演示者能将数据表格、研究报告等附件链接其中,观众若对内容感兴趣,单击链接即可查看或下载。

三、幻灯片切换动画

在演示文稿的展示过程中,幻灯片切换效果作为幻灯片之间的转场特效,扮演着不容忽视的角色,是提升演示文稿质量的重要元素。

在种类上,WPS演示提供了 24 种切换效果。使用时,先选中目标幻灯片,在"切换"选项卡中挑选效果,如图 5-25 所示。若要统一所有幻灯片的切换效果,单击"应用到全部";仅对当前幻灯片操作,直接选择效果即可。属性设置方面,"切换"选项卡的"效果选项"可调整切换方向,如"擦除"效果有从"左""右""上""下"等方向可选,还能设置切换速度,快速切换更紧凑,慢速切换更舒缓,并且能添加切换声音,增强演示氛围。

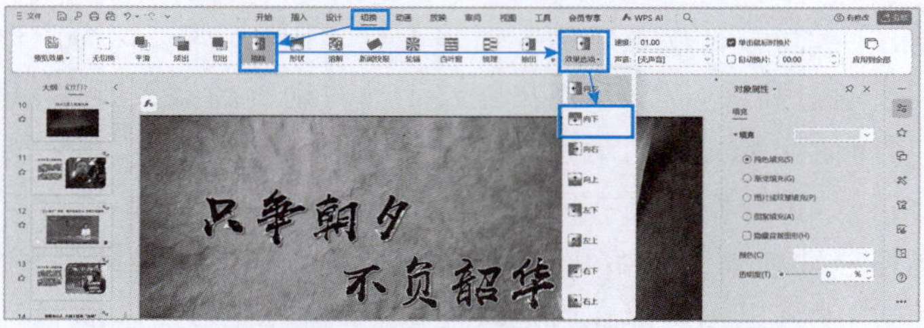

图 5-25　切换效果设置

WPS演示文稿切换效果使用应遵循三大原则。一是简洁统一,避免多种切换效果堆砌,建议一种效果贯穿始终,保持风格一致。二是契合主题,像商务主题选简约切换,创意主题选个性切换。三是适度适量,切换效果不能过于频繁或复杂,以免分散观众对内容的注意力。

任务实施

一、演示文稿动画设置

(一)标题界面动画设计

1. 主标题动画制作

打开上一任务完成的演示文稿,选择第一张标题幻灯片,选中主标题文本,单击"动画"选项卡,在"进入"动画效果库中选择"缩放"。随后,单击右侧任务窗格中的"动画窗格"按钮,此时可看到添加的动画效果已出现在动画窗格中,添加动画过程如图 5-26 所示。

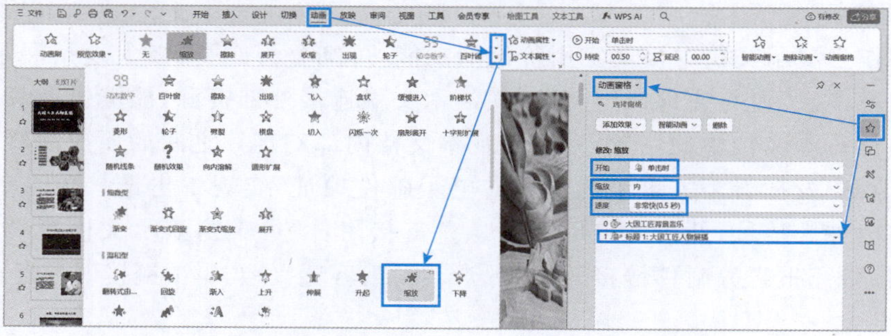

图 5-26　添加动画

2. 副标题动画制作

副标题动画的添加过程与主标题基本相同，可以根据自己的需要，选择一种进入动画。注意观察，当给幻灯片中的对象添加动画以后，要添加动画对象上会自动出现一个动画序号，如果要删除动画，可以在该对象上选中动画序号直接删除，或者在右侧的动画窗格中选中动画直接删除。当用鼠标选择右侧动画窗格的一个动画时，会显示该动画的名称、开始方式和其他的属性，如图 5-27 所示。

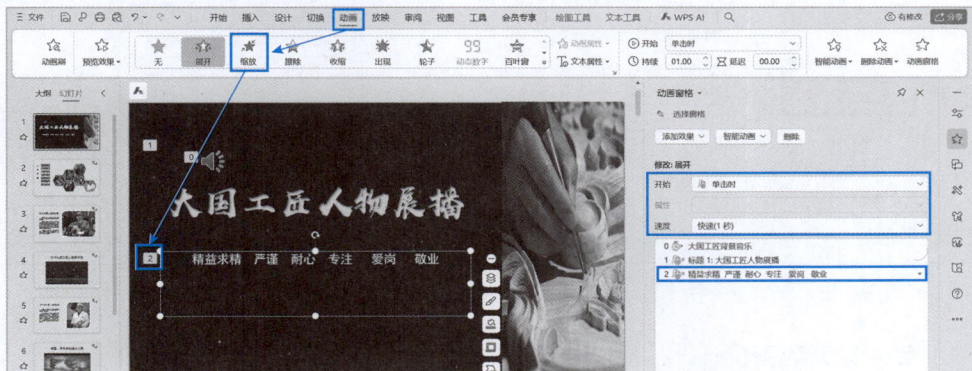

图 5-27　查看动画

3. 动画窗格设置

1）调整播放顺序

在动画窗格中，使用鼠标拖动动画，将音频、主标题、副标题的动画顺序调整为音频在前，主标题次之，副标题最后，确保演示的逻辑顺序合理，如图 5-28 所示。

2）设置动画开始方式

将音频和主标题的动画开始方式设为"与上一动画同时"，让音频播放与主标题动画同步开始，营造出整体的开场氛围；副标题的动画开始方式设为"上一动画之后"，使其在主标题展示后自然出现，避免信息过于集中，动画顺序如图 5-29 所示。

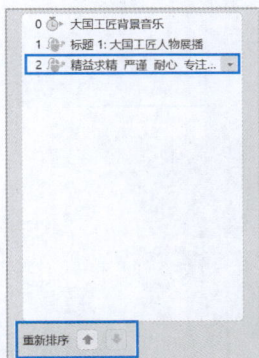

图 5-28　调整播放顺序

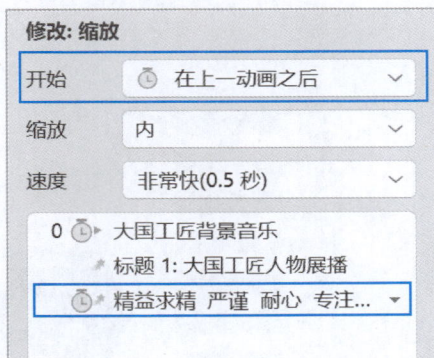

图 5-29　设置动画开始方式

3）高级设置

在动画窗格中，选择副标题动画，单击该动画右侧的三角，选择"效果选项"。在"效果"选项卡下，可设置文本动画的发送方式，如"整批发送"或"按字母逐个出现"。需要注意的是，"效果"选项卡下的参数设置会因为动画的不同而变化。在"计时"选项卡下，对动画的开始方式、延迟时间、速度以及重复功能进行精细化设置，如设置主标题的动画速度为"非常快（0.5 秒）"，使其展示更加干脆利落，设置如图 5-30 所示。

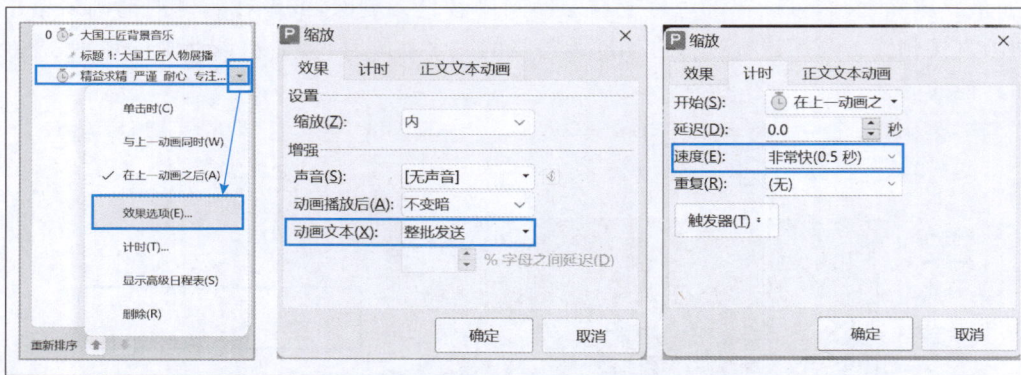

图 5-30　动画的高级设置

（二）目录界面动画设计

1. 为所有图片添加动画

按住 Shift 键，依次选中目录界面中的所有图片，统一为其添加"进入"动画中的"缩放"动画。

2. 触发器动画设置

1）为触发器改名

选中写着"李万君"的矩形，切换到"绘图工具"选项卡，单击"选择"按钮，在弹出的下拉菜单中选择"选择窗格"，如图 5-31 所示，在右侧弹出的选择窗格中，找到与"李万君"矩形对应的矩形对象，将其名字改为"李万君"，操作如图 5-32 所示，方便后续为李万君图片动画设置触发器时能准确选择。

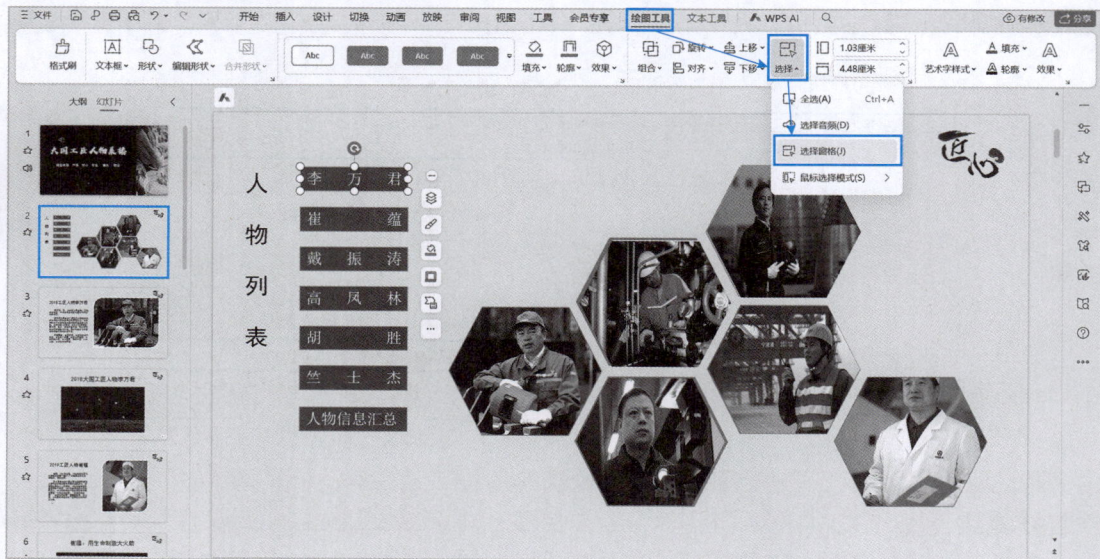

图 5-31　打开选择窗格

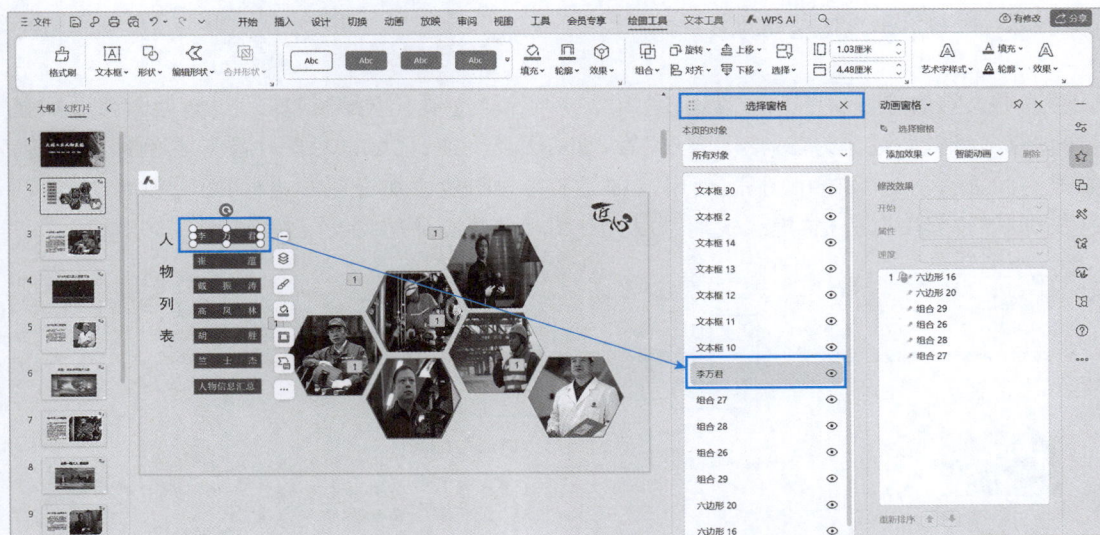

图 5-32　触发器改名

2）设置触发器

选中设置了动画的李万君图片，在动画窗格中单击该动画右侧的小三角，选择"计时"，如图 5-33 所示。在"计时"选项卡下找到"触发器"，单击"单击下列对象时启动效果"右侧的三角，在下拉列表中选择名为"李万君"的触发器，如图 5-34 所示，单击"确定"按钮完成设置。设置完成后，使用了触发器的李万君图片动画序号会变成手的形状，直观地提示用户该动画已设置触发器，在右侧动画窗格的动画名称上也会显示触发器名称。播放该幻灯片，当把鼠标放在写有"李万君"的黑色矩形上时，鼠标会变成交互手的形状，单击该矩形，会播放李万君图片的出现动画，可以反复单击播放，此时该黑色矩形就是李万君图片动画的触发器。请使用相同的方法为其他图片的动画设置触发器。

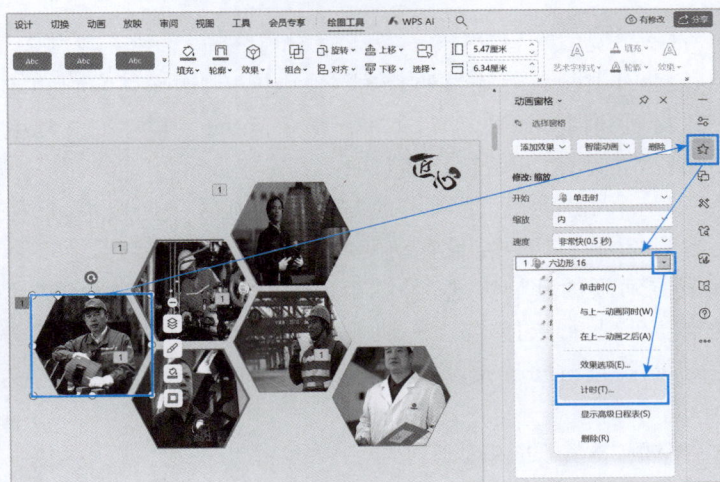

图 5-33　打开计时窗格

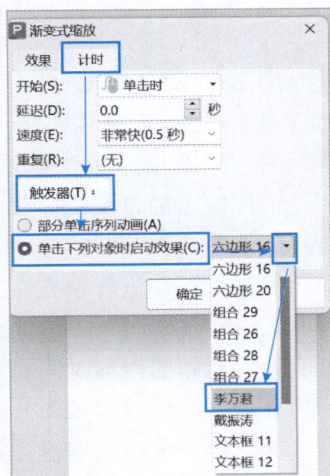

图 5-34　设置触发器

（三）人物信息页面动画设计

1. 图片效果处理

选中人物信息界面的人物图片，利用"图片工具"选项卡下的"裁剪"工具，为图片添加独特的形状效果，如裁剪为"圆形""心形"等，使其更具个性；也可以对图片按照比例进行裁剪，如图 5-35 所示。继续选中图片，使用"边框"工具为图片添加合适的边框，可以设置边框"颜色"、线形的"宽度"、边框"虚线线形"，以提升图片的视觉质感，操作过程如图 5-36 所示。

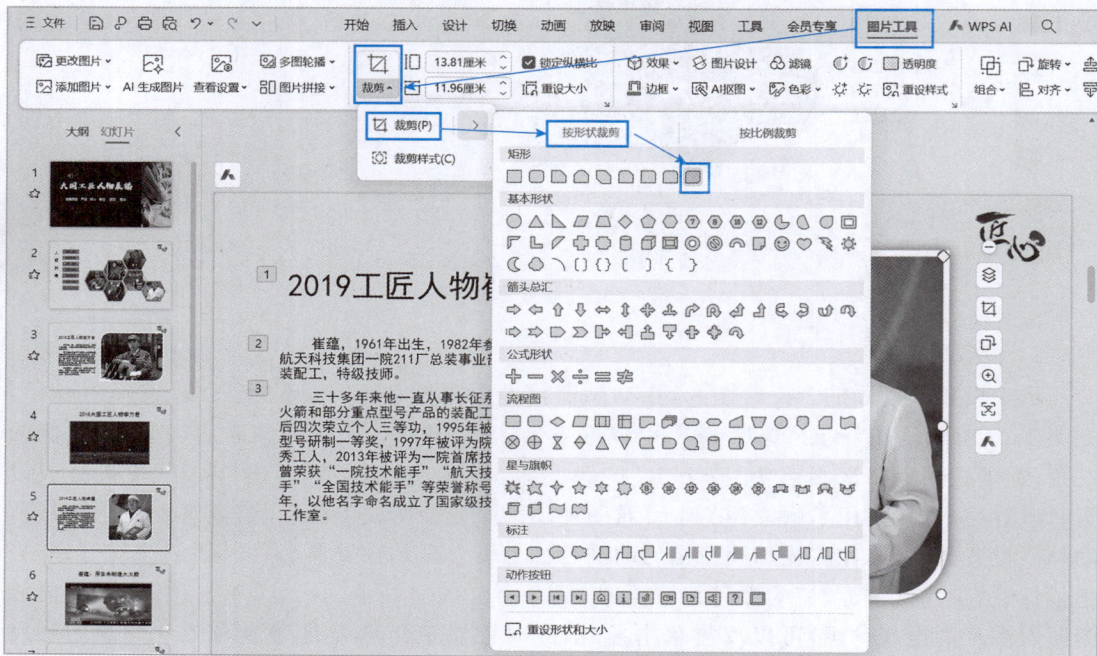

图 5-35　裁剪图片

2. 添加动画效果

给图片添加"渐变"进入动画效果，使其出现更加自然柔和。选中图片，切换到"动画"功能选项卡，"进入"动画效果列表里，找到"渐变"效果，然后单击。单击后，可直接在幻灯片中看到图片应用"渐变"动画效果的预览，并设置"开始""速度"，如图 5-37 所示。

给标题添加自左侧"擦除"进入动画，在"动画"选项卡的"进入"动画效果区域中，选择"擦除"效果。在"动画"选项卡的右侧"动画窗格"中，设置动画的"方向"为"自左侧"，还可对动画的其他属性进行调整。比如设置动画的开始方式，若希望单击时，标题出现"擦除"动画，就选择"单击时"；若想让标题自动出现，可选择"与上一动画同时"或"在上一动画之后"。也能设置动画的持续时间和延迟时间，持续时间越长，标题"擦除"出现的过程越缓慢越能吸引注意力。操作过程如图 5-38 所示。

给幻灯片中的文本内容添加自左侧"擦除"进入动画，让文字内容逐步呈现。选中文字，在"动画"选项卡的"进入"动画效果区域中，找到"擦除"效果并单击。在"动画"选项卡的右侧"动画窗格"中，设置动画的"方向"为"自左侧"。操作过程如图 5-39 所示。

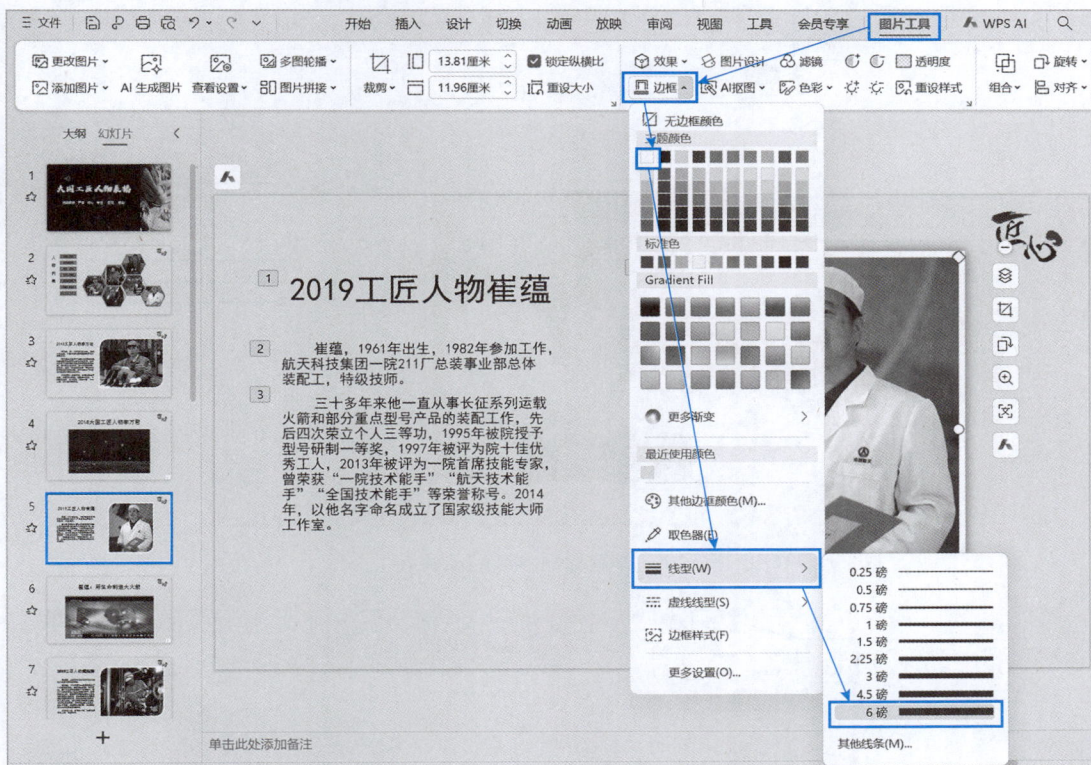

图 5-36 设置边框线型

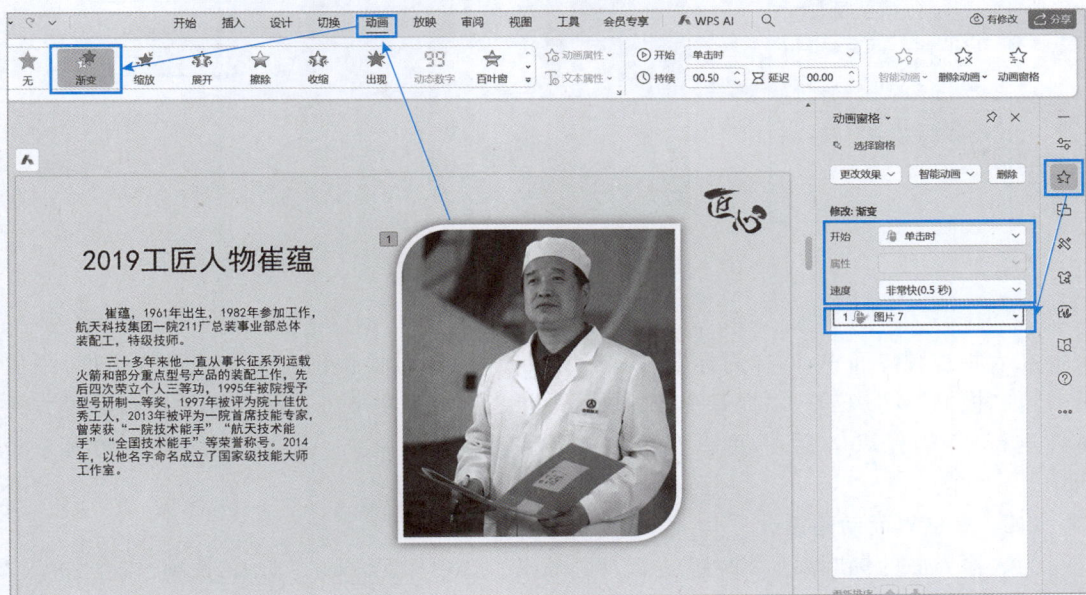

图 5-37 设置图片"淡出"动画效果

图 5-38　设置标题"擦除"动画效果

图 5-39　给文字添加"擦除"动画

在人物视频界面中，同样为标题和视频添加动画，还可根据创意为视频设置边框、添加特效，如"模糊""阴影"等，以提升视频的展示效果。其他人物事迹视频界面的动画设置方式依此进行，为确保风格统一，可以使用格式刷和动画刷快速统一风格，最终效果如图 5-40 所示。

（四）表格界面动画设计

为表格界面的标题添加"渐变"进入动画效果。选中标题，单击"动画"选项卡，在"进入"动画类型中，找到"渐变"动画效果并选择，在右侧弹出的"动画窗格"中，可对动画属性进行进一步调整，操作过程如图 5-41 所示。

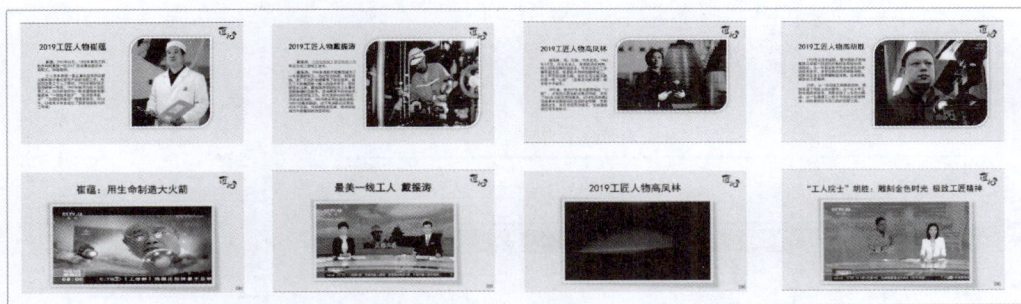

教学视频：
人物界面
动画设置

图 5-40　其他人物界面效果

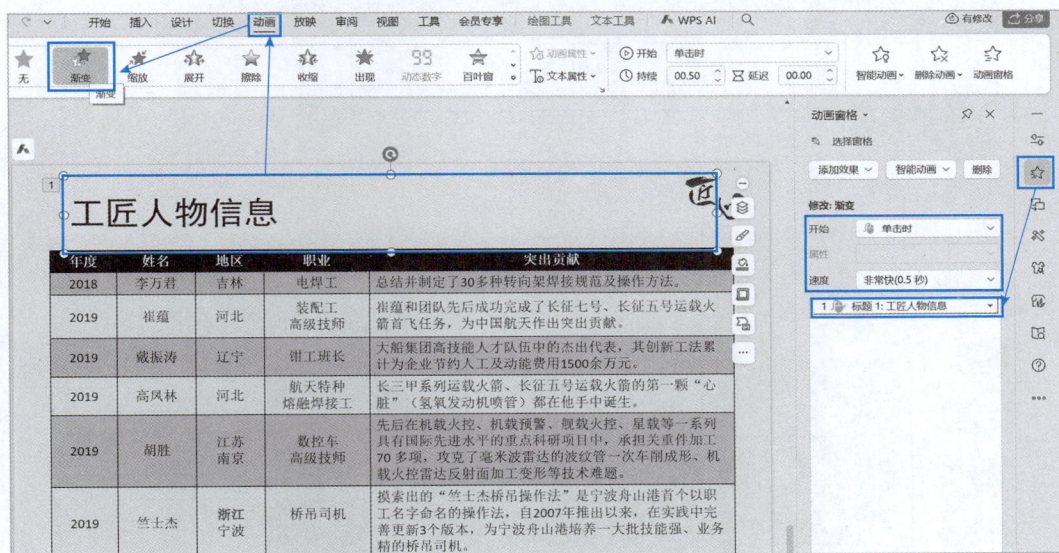

图 5-41　给标题添加"渐变"动画

　　给表格添加自顶部"擦除"进入动画。选中表格，单击"动画"选项卡，在动画类型中找到"进入"动画，点开"进入"动画的"更多选项"按钮，在出现的动画中找到"擦除"效果并单击，同样在右侧弹出的"动画窗格"中，可对动画属性进行进一步设置，如动画的"开始方式""方向""速度"等，如图 5-42 所示。

（五）结束界面动画设置

1. 标题动画设置

　　给结束界面的标题添加"渐变式缩放"进入动画，开始方式设为"上一动画之后"，使其在前面内容展示完毕后自然出现，突出重点。选中标题，单击"动画"选项卡，在动画类型中找到"进入"类型动画，点开"进入"动画的"更多选项"按钮，在出现的动画中找到"渐变式缩放"效果并单击。在右侧的"动画窗格"中，找到刚刚添加的"渐变式缩放"动画，在"开始"中选择"在上一动画之后"。这样就能保证标题在前面内容展示完毕后，会自动以"渐变式缩放"的方式自然出现，具体操作过程如图 5-43 所示。

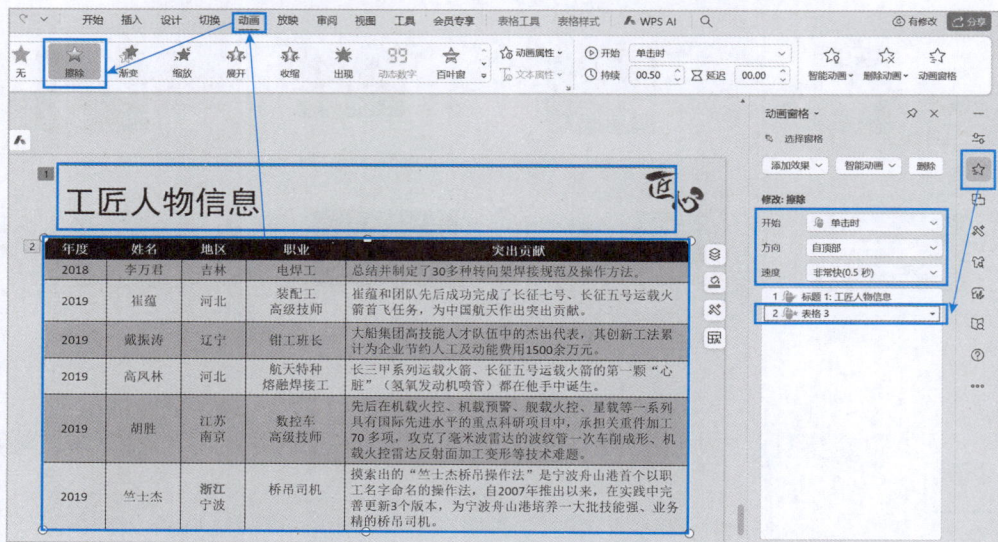

图 5-42　给表格添加"擦除"动画

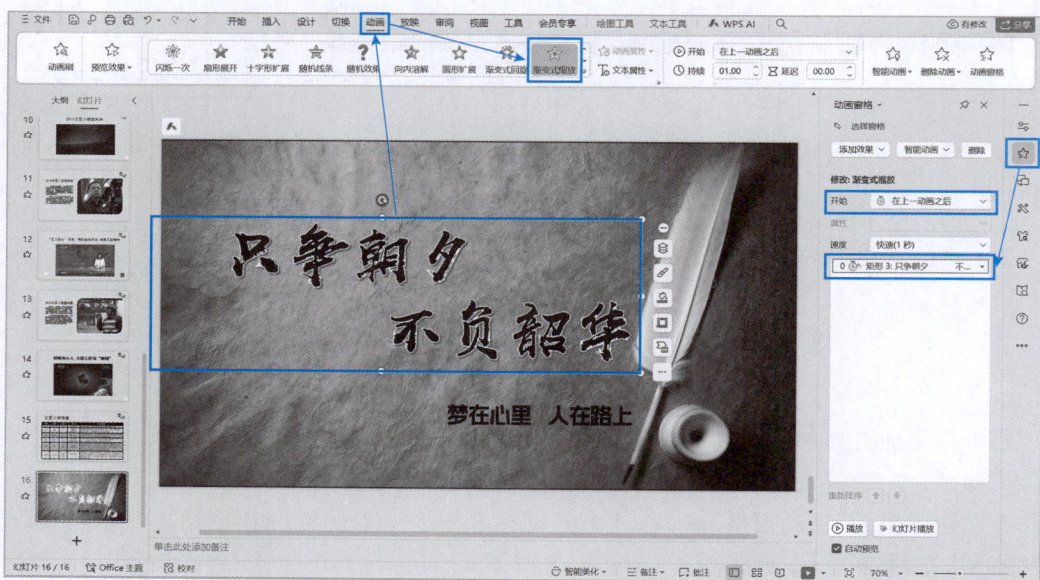

图 5-43　给结束页标题添加动画

2. 副标题动画

为副标题添加自左侧"擦除"进入动画效果,开始方式同样设为"上一动画之后"。选中副标题,用鼠标切换到"动画"选项卡,在"进入"动画类型区域中,找到"擦除"动画效果并选择。在右侧的"动画窗格"中,找到刚刚添加的"擦除"动画,在"开始"中选择"在上一动画之后",在"方向"中选择"自左侧"。经过这样设置后,副标题就会在前面的动画展示完毕后,自动以自左侧"擦除"的方式自然出现,操作过程如图 5-44 所示。

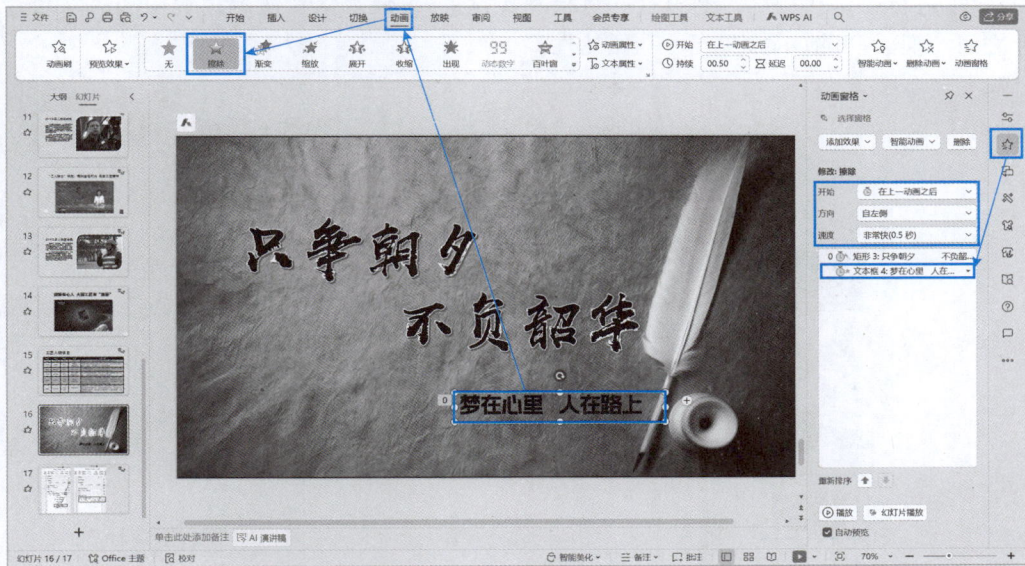

图 5-44　给结束页副标题添加动画

二、超链接设置

1. 给目录界面图片添加超链接到人物信息对应的信息界面

选中目录界面中的李万君图片，右击，选择"超链接"。在弹出的对话框中，选择"本文档中的位置"，然后在幻灯片列表中选择相应人物信息所在的幻灯片，单击"确定"按钮，即可实现从目录图片快速跳转到对应人物信息界面的功能，如图 5-45 所示。

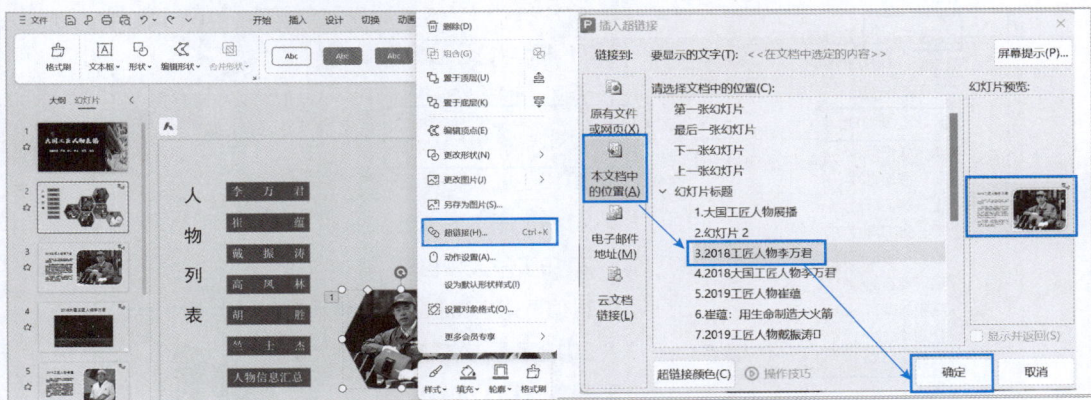

图 5-45　给目录页图片添加相应的超链接

教学视频：
超链接
界面动画
设置

2. 给人物信息视频的幻灯片添加链接到目录界面的超链接

选择人物信息的视频界面幻灯片，单击"插入"，选择"形状"，滑动鼠标找到最底部的"动作按钮"，如图 5-46 所示。在弹出的"鼠标单击"对话框中的"超链接到"选项下选择"幻灯片"，接着在幻灯片标题列表中选择目录界面的幻灯片，完成设置，如图 5-47 所示，播放幻灯片，进行超链接测试。通过这些链接跳转设置，方便观众在演示过程中随时在目录和内容之间切换，提升演示的交互性和便捷性。

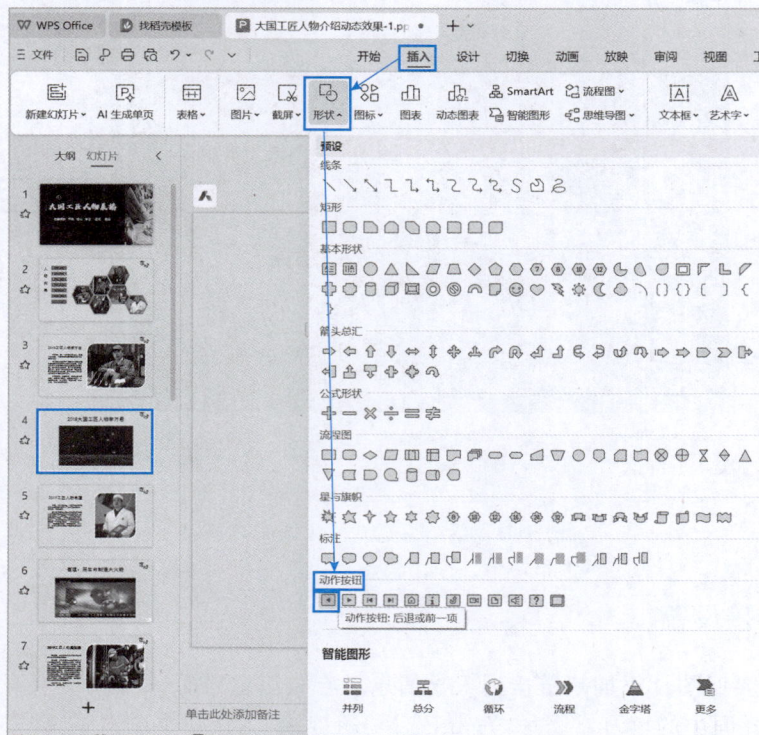

图 5-46　插入动作按钮

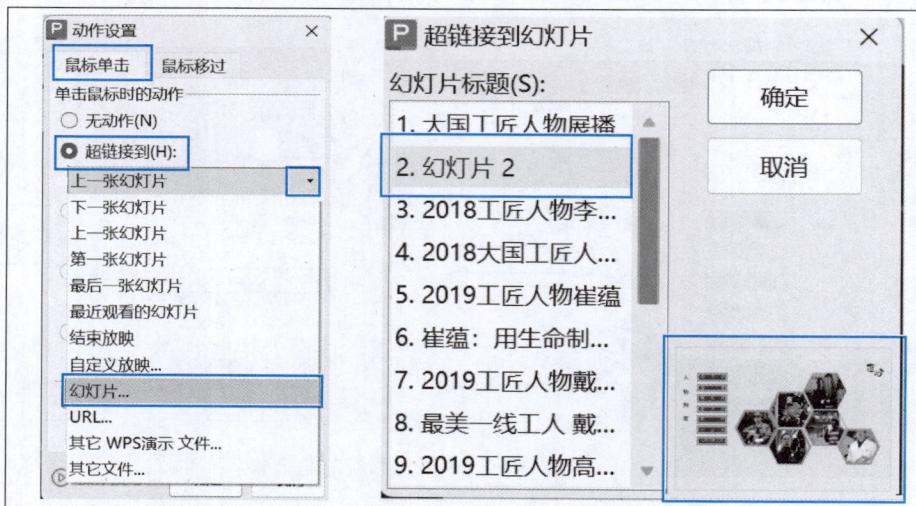

图 5-47　添加链接到目录界面的超链接

其他人物图片和相应视频界面在目录和内容界面来回链接跳转设置与1、2设置方式相同，不再复述。

三、给所有幻灯片设置切换效果

(一) 选择幻灯片

在界面左侧的幻灯片预览窗格中,通过单击来选择想要添加切换效果的单张幻灯片;若要同时为多张不连续的幻灯片设置相同效果,可按住 Ctrl 键,再依次单击需要的幻灯片;若想给所有幻灯片添加相同切换效果,按下 Ctrl＋A 组合键全选,如图 5-48 所示。

图 5-48　选择所有幻灯片

(二) 切换效果选择

单击"切换"选项卡,单击想要的切换效果,这里选择"轮辐"切换效果,如图 5-49 所示。还可以对选择的切换效果进行个性化设置,如给"轮辐"切换效果在"效果选项"的下拉菜单选择"8 根",如图 5-50 所示。如果勾选了右下角"自动预览"选项,当你选中一种切换效果,系统会自动预览。若对效果不满意,可返回重新选择其他切换效果。

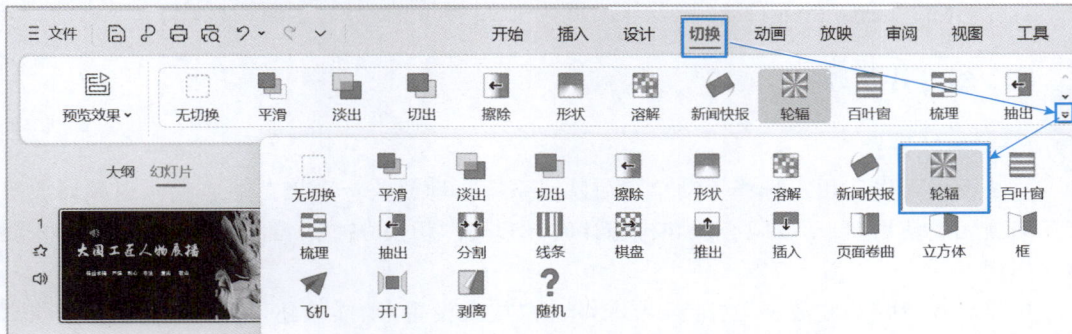

教学视频:
切换效果
设计

图 5-49　选择切换效果

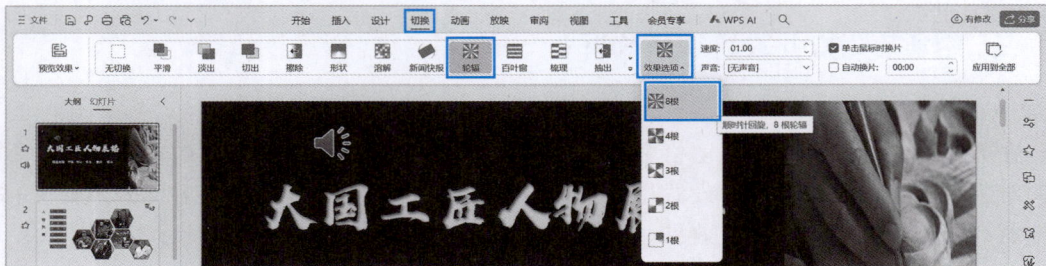

图 5-50　设置切换效果选项

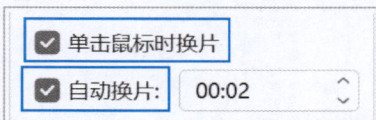

（三）切换效果参数设置

在"切换"选项卡中，可对切换效果的参数进行调整。"速度"用于设置切换效果的持续时间，根据演示节奏和内容，一般将其设置在"0.5 秒"到"2 秒"之间，比如快节奏的产品展示可设置短一些，而讲解复杂内容时可适当延长。"声音"选项用于为切换效果添加音效，如添加轻柔的"风声"、清脆的"铃声"等，以增强演示的氛围感，但注意不要让音效过于突兀。速度和声音的设置如图 5-51 所示。

（四）设置切换方式

默认情况下，幻灯片切换是通过单击来执行的。若希望幻灯片自动切换，可勾选"自动换片"，并设置自动切换的时间，这种设置适合自助演示或展览场合，如图 5-52 所示。

（五）应用到其他幻灯片

若想将相同的切换效果应用到其他幻灯片，单击"应用到全部"按钮，所选效果就会自动应用到整个演示文稿的所有幻灯片上，大大提高了设置效率，如图 5-53 所示。

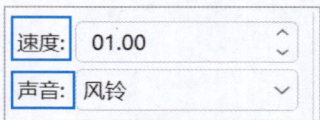

图 5-51　设置切换效果参数　　　图 5-52　设置切换方式　　　图 5-53　设置应用范围

完成上述所有设置后，单击左上角的"文件"按钮，选择"保存"或"另存为"，将演示文稿保存在合适位置，或者按 Ctrl＋S 保存。之后单击"放映"按钮或按 F5 键，进入全屏模式播放幻灯片，体验设置好的各种效果，若修改可按 ESC 键取消放映，返回调整。

四、幻灯片放映

（一）放映设置

放映设置可以让用户选择手动单击放映或系统自动放映。系统自动放映时视频播放等交互动画无法使用，自动放映必须和排练计时、幻灯片"切换"中的"自动切片"结合使用才能发挥作用。

操作步骤：切换到"放映"功能选项卡，单击"放映设置"功能按钮，可以选择"手动放映"或"自动放映"，如图 5-54 所示。

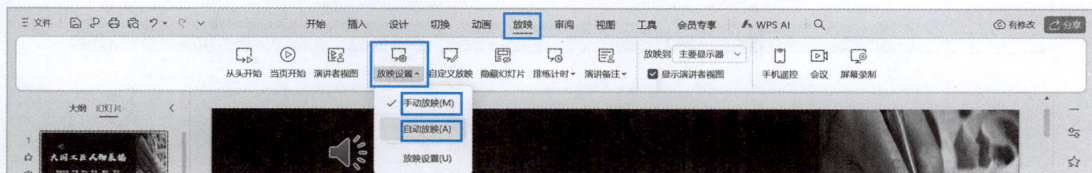

图 5-54　放映设置

（二）自定义放映

WPS 演示的自定义放映功能允许用户根据自身需求，从演示文稿中挑选特定幻灯片并自由调整顺序，创建多个不同的放映方案，以满足在不同场景或针对不同受众进行有针对性演示的需求。

单击"放映"功能选项卡，单击"自定义放映"，在弹出的对话框中单击"新建"按钮，在出现的对话框中，将自定义放映命名为"李万君崔蕴戴振涛"，从左侧的所有幻灯片中依次选择封面页、李万君相关页面、崔蕴相关页面、戴振涛相关页面并添加到右侧，单击"确定"按钮。放映时，单击"放映"功能选项卡下的"自定义放映"按钮，选择刚才设置的自定义放映名称，单击"放映"即可。设置过程如图 5-55 所示。

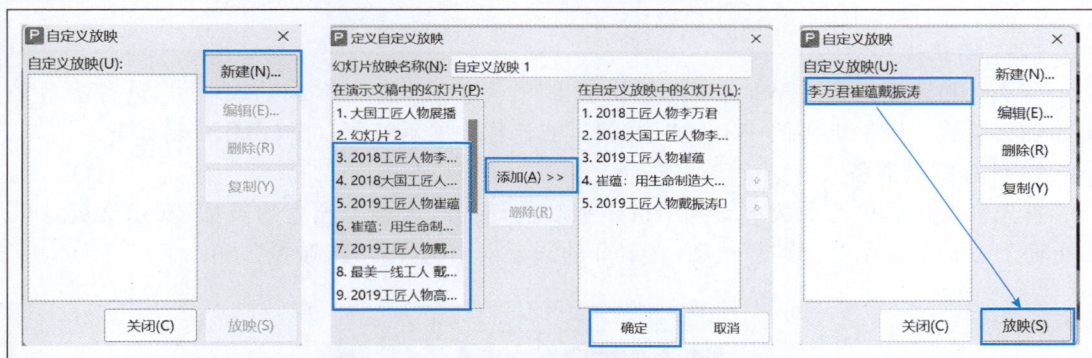

图 5-55　自定义放映建立及使用

（三）排练计时

排练计时功能可以让用户在正式使用演示文稿之前先预演一遍，即进行一次模拟讲演，一边播放幻灯片，一边根据实际需要进行讲解，将每张幻灯片所用的时间都记录下来，后期再灵活调整时间的分配。演讲者可以根据自己的需要选择排练演示所有幻灯片，或者只针对当前幻灯片排练计时。具体操作步骤如下。

（1）打开"大国工匠人物展播"演示文稿，选中第一张幻灯片，切换到"放映"功能选项卡。

（2）单击"排练计时"，此时会进入排练状态，可以使用鼠标完成各种交互及视频的播放。在"录制"工具栏中，可使用"下一项"按钮切换到下一张幻灯片，系统会自动记录每张幻灯片的停留时间，也可以使用"暂停"按钮暂停排练计时，如图 5-56 所示。

（3）完成排练后，会弹出提示框，询问是否保存幻灯片排练时间，单击"是"。

（4）再次单击"幻灯片放映"选项卡，勾选"设置"组中的"自动放映"，演示文稿就会按照排练计时的时间自动放映。

图 5-56　排练计时状态

（四）手机遥控放映

当手机和计算机上的 WPS 演示应用是同一个用户时，演讲者可以使用手机进行演示文稿的翻页播放。用手机遥控 WPS 演示放映，能让你在展示时更自由，操作步骤如下。

1. 计算机端准备

首先确保计算机上的版本支持手机遥控功能，打开"大国工匠人物展播"演示文稿。单击页面上方菜单栏中的"放映"选项，在展开的选项卡中选择"手机遥控"，如图 5-57 所示。

图 5-57　选择"手机遥控"功能

2. 手机端操作

提前在手机上安装最新版的 WPS Office 移动应用。打开手机端 WPS 演示应用，单击"首页"选项，在 App 顶端的"搜索"栏中单击"扫描"图标，进入扫码界面。

3. 建立连接

用手机扫描计算机屏幕上显示的二维码，注意手机和计算机需处于同一个 Wi-Fi（无线局域网）环境内，否则无法成功连接。连接成功后，手机会显示出遥控按钮，演示文稿也会进入放映模式。

4. 遥控放映

直接向左滑动手机上的遥控按钮即可开始播放。放映过程中，通过手机就能轻松控制演示文稿翻页，实现上一页、下一页的切换，还能进行暂停等操作，让演示更加灵活方便。

手机遥控播放 WPS 演示文稿如图 5-58 所示。

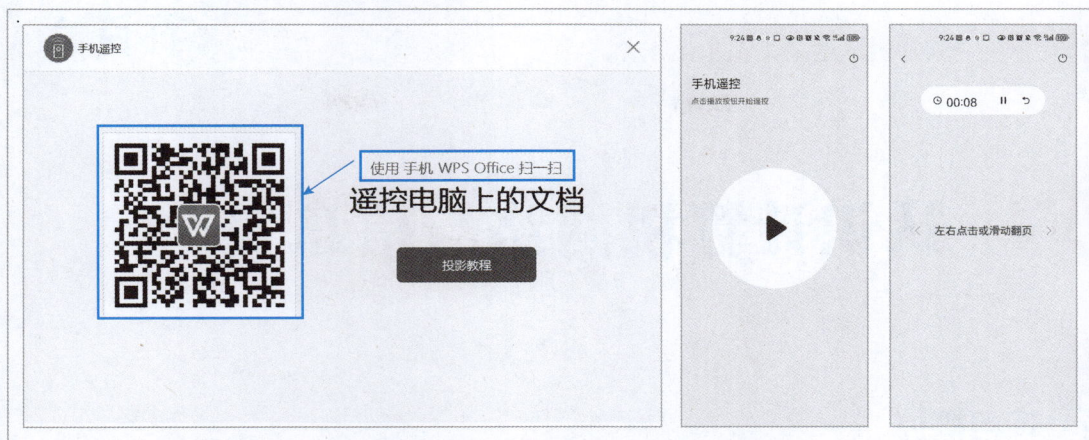

图 5-58　手机遥控播放 WPS 演示文稿

一级真题题目

一级真题素材

一级真题操作演示视频

📝 项目小结

本项目主要通过"大国工匠人物展播"演示文稿的制作,讲解了演示文稿的基础知识和操作技能,包括演示文稿的新建与母版的应用,各种幻灯片界面的设计技巧,各种媒体元素的编辑及应用,动画的添加,触发器动画和超链接的设置,幻灯片的切换效果及放映设置。

计算机国考一级模拟特训题目　　计算机国考一级模拟特训素材　　计算机国考一级模拟特训操作演示视频　　数字强国阅读材料

认识计算机网络与信息安全

项目概述

计算机网络与信息安全是当今通信与计算机领域的热门课题。本项目将从计算机网络基础、Internet 概述、电子邮件、信息安全基础和信息素养五个任务，介绍计算机网络与信息安全的相关知识，涉及网络安全技术基础、网络安全体系结构和计算机病毒等多个领域的发展情况，以全新、全面、深刻的理念分析了网络应用领域中存在的安全问题及提升信息素养的方法。

思维导图

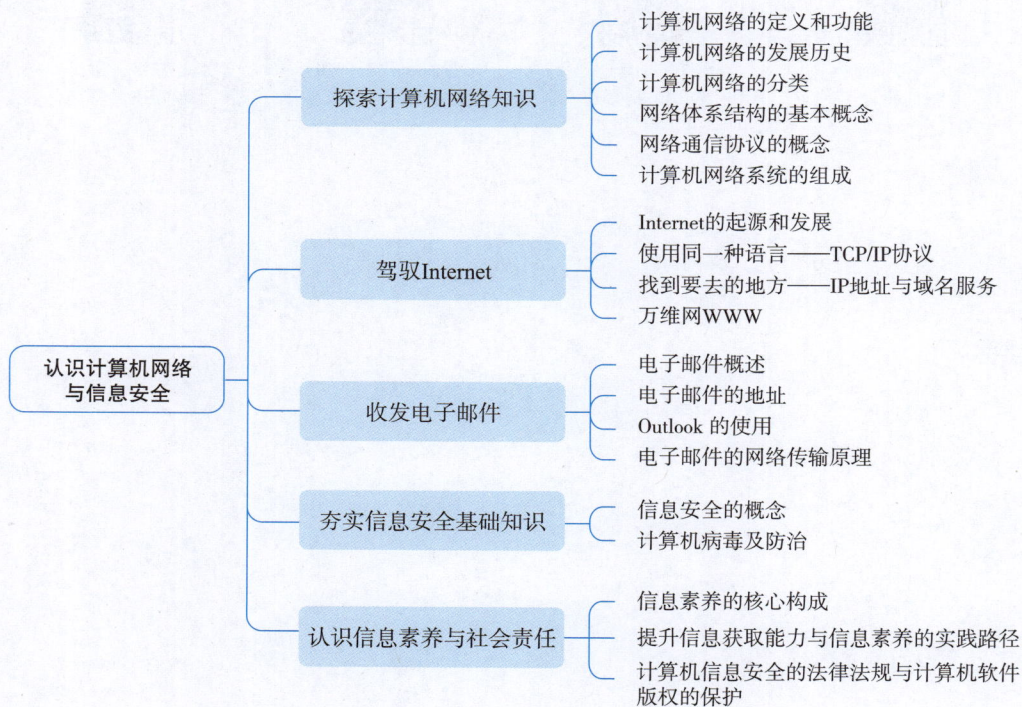

任务一　探索计算机网络知识

📟 任务导入

20世纪出现了计算机,计算机与通信技术的结合并随之大发展,出现了计算机网络,进而催生了Internet,它是20世纪最伟大的科技成就之一。它的出现促进了经济腾飞,促进了整个社会发展,就连人们的工作、生活方式都发生了极大的变化。信息作为客观世界三大基本要素之一,显得越来越重要。在信息社会里,信息甚至比物质和能源更重要。

📖 学习目标

1. 知识目标

(1) 掌握计算机网络定义、功能、组成及发展历程。
(2) 熟悉网络分类(覆盖范围、拓扑结构等)及特点。
(3) 理解OSI七层模型、TCP/IP协议模型及常见通信协议。
(4) 了解网络硬件设备、软件系统的作用与分类。

2. 能力目标

(1) 能收集整理网络知识资料并制作成果文档。
(2) 可分析网络发展趋势及不同网络类型差异。

3. 素养目标

(1) 培养学生自主探究与信息整合能力。
(2) 增强学生团队协作与沟通表达意识。

📋 任务描述

学习计算机网络发展史、了解计算机网络基础知识,掌握网络工作的原理,为网络建设实践奠定理论基础。

⏱ 知识准备

计算机网络是把一定地理范围内的计算机通过通信线路互相连接起来,在特定的通信协议和网络系统软件的支持下,彼此互相通信并共享资源的系统。

一、计算机网络的定义和功能

(一)计算机网络的定义

计算机网络是指将地理位置不同的具有独立功能的多台计算机及其外部设备,通过通信线路和通信设备连接起来,在网络操作系统、网络管理软件及网络通信协议的管理和协调下,实现资源共享和信息传递的计算机系统。

（二）计算机网络的功能

计算机网络的功能主要是实现计算机之间的资源共享、网络通信和对计算机的分布处理。

1. 资源共享

资源共享是计算机网络中最基本的功能之一，它指的是通过共享计算机系统的硬件、软件和数据来实现资源的高效利用。通过资源共享，多个用户可以同时运行在同一个计算机网络上，共享硬件资源和软件，提高整个系统的性能和效率。此外，资源共享还可以实现不同用户之间的资源互补和协作，提高系统的灵活性和可靠性。

2. 网络通信

它使得不同区域的计算机用户能够通过网络互相发送和接收信息、数据和文件。通过数据通信，可以实现资源共享、信息传输和文件共享等功能，提高工作效率和灵活性。

3. 分布处理

把要处理的任务分散到各个计算机上运行，而不是集中在一台大型计算机上，这样不仅可以降低软件设计的复杂性，而且还可以大大提高工作效率并降低成本。

（三）计算机网络的组成

计算机网络通常由三个部分组成，分别是：通信子网、资源子网和通信协议。

通信子网是计算机网络中负责数据通信的部分。

资源子网是计算机网络中面向用户的部分，负责全网络面向应用的数据处理工作。

通信协议是通信双方必须共同遵守的规则和约定，它的存在与否是计算机网络与一般计算机互联系统的根本区别。

二、计算机网络的发展历史

（一）面向终端的计算机网络（第 1 代计算机网络：1954－1969 年）

在计算机时代早期，因为计算机主机价格相当昂贵，而通信线路和通信设备价格相对便宜，为了共享计算机主机资源和进行信息的综合处理，形成了第 1 代以单主机为中心的联机终端系统。单主机为中心的联机终端系统又称为分时多用户系统，支持多个终端（终端是指与主机相连的计算机，但仅拥有键盘、显示器等一些必要的输入/输出设备，但无独立的硬盘和数据处理能力）分时共享单台主机的资源。为了让远程终端也能共享主机的资源，可以通过 Modem（调制解调器）和 PSTN（公用电话网）向地理上分布的多台远程终端用户提供共享资源服务，组成以单计算机为中心的远程联机系统，如图 6-1 所示。其具体做法是在终端机较集中的远程地区，利用集中器或多路复用器把附近群集的终端连起来，再通过 Modem及高速线路与远程中心计算机的前端机相连。这样的远程联机系统既提高了线路的利用率，又节约了远程线路的投资。

（二）多主机互联网络（第 2 代计算机网络：1969—1974 年）

随着计算机网络技术的发展，到 20 世纪 60 年代末期，逐渐形成了由多个单主机系统相连接的计算机网络，这样连接起来的计算机网络体系有三个特点：一是多个终端联机系统互联，形成了多主机互联网络；二是网络结构体系由主机到终端变为由主机到主机；三是通信任务也在逐步演变，并从主机中分离出来，由专门的 CCP（通信控制处理机）来承担。随着网络规模的扩大，CCP 逐步构建成了一个独立的网络体系，称为通信子网。而在通信子网基础上连接起来的计算机主机和终端则形成了资源子网，如图 6-2 所示。多主机互联网络在逻

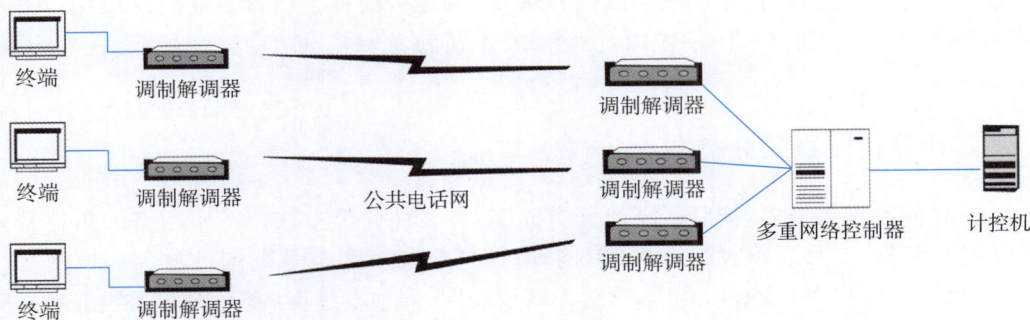

图 6-1　单机系统的典型结构示意图

辑结构上可以分成两部分:资源子网和通信子网。资源子网是计算机网络的外层,它由提供资源的主机和请求资源的终端组成。资源子网负责全网的信息处理。通信子网是计算机网络的内层,它将各种计算机互联起来实现数据传输、交换和通信的任务处理。

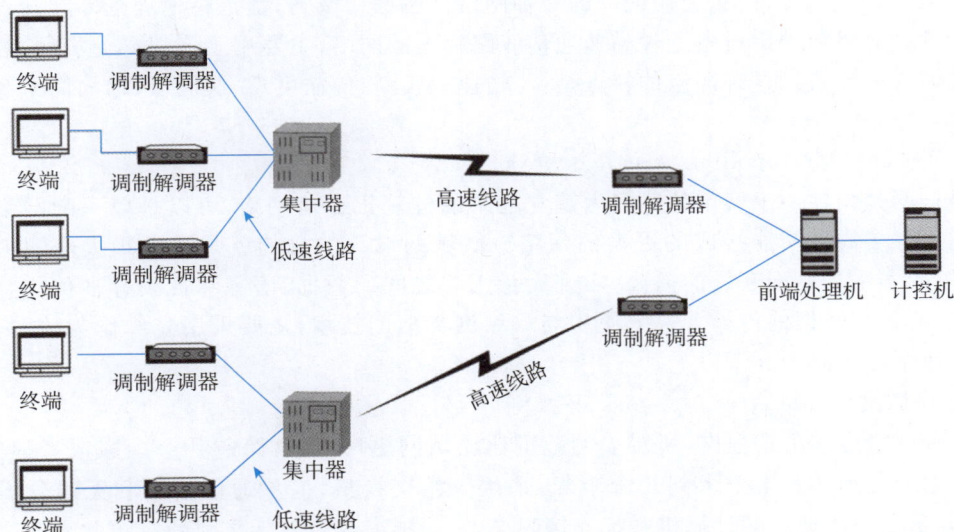

图 6-2　多主机互联网络示意图

(三) 计算机网络互联阶段(第 3 代计算机网络:1974—1990 年)

计算机网络系统是一个非常复杂的系统,计算机之间相互通信涉及许多复杂的技术问题,为实现计算机网络通信,计算机网络采用的是分层解决网络技术问题的方法。但是,由于存在不同的分层网络系统体系结构,这些体系结构之间很难实现互联。为此,国际标准化组织(International Organization for Standardization,ISO)于 20 世纪 80 年代颁布了一个称为"开放系统互联基本参考模型"的国际标准 ISO7498(OSI/RM),即著名的 OSI 七层模型。从此,网络产品有了统一标准,从而促进了计算机网络的发展和互联,使计算机网络进入了一个崭新的阶段。网络互联和高速计算机网络成为新一代的计算机网络的发展方向。

(四) 高速网络技术阶段(第 4 代计算机网络:1990 年之后)

计算机网络化,协同计算机能力发展以及全球互联网络的盛行,计算机的发展与网络融为一体。目前,计算机网络已经真正融入社会各行各业,被社会各行各业广泛应用。另外,虚拟网络 FDDI 及 ATM 技术的应用,使网络技术蓬勃发展并迅速走向市场,走进平民百姓的生活。

三、计算机网络的分类

计算机网络种类繁多,按照不同的分类标准,有多种分类方法。按照网络的拓扑结构,可分为总线型网、星形网、树状网和环形网等;按网络规模和覆盖范围可分为局域网、城域网、广域网和互联网等;按通信介质,可分为双绞线网、同轴电缆网、光纤网和无线卫星网等;按信号频带占用方式,可分为基带网和宽带网等。

(一)按照网络的规模及覆盖范围

按计算机网络覆盖的地理范围可以把各种网络类型划分为局域网、城域网、广域网和互联网(即 Internet)4 种。

1. 局域网(Local Area Network,LAN)

局域网是我们最常见、应用最广的一种网络。所谓局域网,是指将地理范围在几百米到几千米的计算机与外围设备通过高速通信线路相连的网络,主要用于连接办公场所、建筑物或者校园内的设备。这种网络的特点是:传输速率较高、传输可靠、误码低、结构简单和容易实现。

2. 城域网(Metropolitan Area Network,MAN)

城域网是指在一个城市的范围内建立起来的计算机通信网络,可以是单一的网络也可以是通过许多局域网连接成的更大的网络。城域网设计的目的就是要满足大范围内的企业、机关的多个局域网互联的需要,实现大量用户之间的数据、语音和视频等多种信息的传输功能,通常在数据的传输方式上使用与局域网类似的技术,主要采用光纤作为传输介质,传输的速率在 100Mbit/s 以上。

3. 广域网(Wide Area Network,WAN)

这种网络也称为远程网,所覆盖的范围比城域网更广,通常跨越几个国家或者地区,所覆盖的地理范围从几十千米到几千千米,采用分组交换机、卫星通信信道和无线分组交换网,将分布在不同地区的计算机系统连接起来,实现国家或者洲际之间的资源共享。广域网因为所连接的用户多,总出口带宽有限,所以用户的终端连接速率一般较低,通常为 9.6Kbit/s~45Mbit/s,如前邮电部的 China Net 等。

4. 互联网(Internet)

互联网因其英文单词"Internet"的谐音,又称为"因特网"。无论从地理范围,还是从网络规模来讲它都是最大的一种网络,它可以是全球计算机的互联。这种网络的最大特点就是不定性,整个网络中的计算机随着网络的接入与退出,每时每刻都在不断地变化。互联网信息量大、传播广,无论你身处何地,只要连上互联网,就可以与网上其他用户交流。

(二)按网络的拓扑结构

网络拓扑结构(Network Topology)是指通过网络的节点和通信线路间的几何关系表示网络结构。

1. 总线型网络

总线型(Bus Topology)网络如图 6-3 所示,网络中所有的计算机共享一条数据通道。其特点是网络结构简单,设备少、造价低,安装和使用方便。节点的插入、删除都比较方便,易于网络的扩展。但网络安全性低,介质的故障会导致网络瘫痪,同时监控也比较困难。

2. 星形网络

星形(Star Topology)网络如图 6-4 所示,网络中各计算机通过点到点的链路与中心设备相连,其特点是:

(1) 通信协议简单。

(2) 单个站点故障不会影响全网;电路利用率低,连线费用高;每个站点需要有一个专用链路。

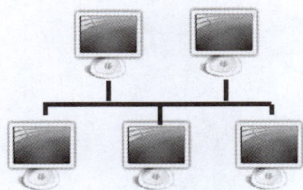

图 6-3 总线型网络

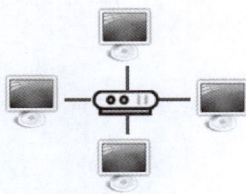

图 6-4 星形网络

3. 树状网络

树状网络如图 6-5 所示,树状网络是星形网络的扩展,采用分层结构,具有根节点和分支节点,适用于分级管理和控制系统。树状网络结构的特点是:

(1) 通信线路连接简单,网络管理软件相对操作简便,维护方便。

(2) 资源共享能力差,可靠性低。

4. 环形网络

环形(Ring Topology)网络如图 6-6 所示,环形网络中各计算机设备通过通信介质以环形的方式连接起来,形成一个封闭的环路。环形网络结构的特点是:

(1) 传输速率高,传输距离远。

(2) 各节点的地位和作用相同。

(3) 各节点传输信息的时间固定。

(4) 容易实现分布式控制。

(5) 节点的故障会形成整个网络的崩溃。

5. 混合结构

混合结构如图 6-7 所示,是由以上几种拓扑结构混合而成。每种拓扑结构都有各自的优缺点,设计网络时应根据自己的实际情况选择适合的拓扑方式。

图 6-5 树状网络

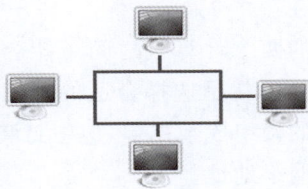

图 6-6 环形网络

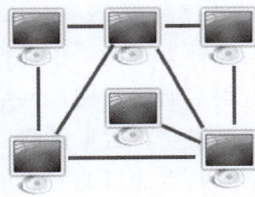

图 6-7 混合结构

四、网络体系结构的基本概念

网络体系结构是计算机网络的各层及其协议的集合,指通信系统的整体设计,它为网络硬件、软件、协议、存取控制和拓扑提供标准。其采用的是国际标准化组织(ISO)在 1979 年提出的开放系统互连(OSI-Open System Interconnection)的参考模型。

(一) OSI 模型:七层

基本结构如图 6-8 所示。

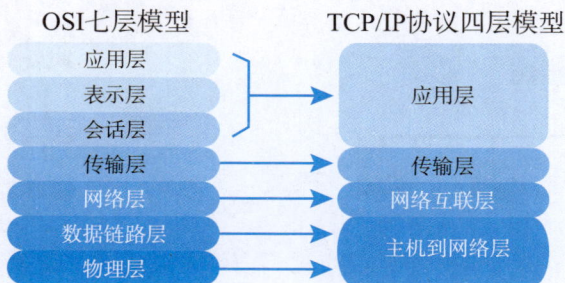

图 6-8　网络体系结构

1. 物理层(Physical Layer)

规定通信设备的机械特性、电气特性、功能特性和规程特性,以实现建立、维护和拆除物理链路连接。具体地讲,机械特性规定了网络连接时所需接插件的规格尺寸、引脚数量和排列情况等;电气特性规定了在物理连接上传输 bit 流时线路上信号电平的大小、阻抗匹配、传输速率和距离限制等;功能特性是指对各个信号先分配确切的信号含义,即定义了 DTE 和 DCE 之间各个线路的功能;规程特性定义了利用信号线进行 bit 流传输的一组操作规程,是指在物理连接的建立、维护、交换信息时,DTE 和 DCE 两者在各电路上的动作系列。在这一层,数据的单位称为"比特(bit)"。

物理层的主要设备:中继器、集线器、适配器。

2. 数据链路层(Data Link Layer)

在物理层提供比特流服务的基础上,建立相邻节点之间的数据链路,通过差错控制确保数据帧(frame)在信道上无差错传输,并执行各链路上的操作序列。

数据链路层在不可靠的物理介质上提供可靠的传输。该层的作用包括:物理地址寻址,数据的成帧,流量控制,数据的检错、重发等。在这一层,数据的单位称为"帧"。

数据链路层主要设备:二层交换机和网桥。

3. 网络层(Network Layer)

在计算机网络中进行通信的两个计算机之间可能会经过很多个数据链路,也可能还要经过很多通信子网。网络层的任务就是选择合适的网间路由和交换节点,确保数据及时传送。网络层将数据链路层提供的帧组成数据包,包中封装有网络层报头,其中含有逻辑地址信息源站点和目的站点地址的网络地址。

如果你在谈论一个 IP 地址,那么你是在处理第 3 层的问题,这是"数据包"问题,而不是第 2 层的"帧"。IP 是第 3 层问题的一部分,此外还有一些路由协议和地址解析协议(ARP)。

有关路由的一切事情都在第 3 层处理。地址解析和路由是第 3 层的重要目的。网络层还可以实现拥塞控制、网际互联等功能。在这一层,数据的单位称为"数据包(packet)"。

网络层协议的代表包括:IP、IPX、RIP、ARP、RARP、OSPF 等。

网络层主要设备:路由器。

4. 传输层(Transport Layer)

第 4 层的数据单元也称作处理信息的传输层(Transport Layer)。但是,当你谈论 TCP 等具体的协议时又有特殊的叫法,TCP 的数据单元称为"段(segments)",而 UDP 协议的数据单元称为"数据报(datagrams)"。第 4 层负责获取全部信息,因此,它必须跟踪数据单元碎片、乱序到达的数据包和其他在传输过程中可能发生的危险。第 4 层为上层提供端到端(最终用户到最终用户)的透明的、可靠的数据传输服务。所谓透明的传输是指在通信过程中传输层对上层屏蔽了通信传输系统的具体细节。

传输层协议的代表包括:TCP、UDP、SPX 等。

5. 会话层(Session Layer)

在会话层及以上的高层次中,数据传送的单位不再另外命名,统称为"报文"。会话层不参与具体的传输,它提供包括访问验证和会话管理在内的建立和维护应用之间通信的机制。如服务器验证用户登录便是由会话层完成的。

6. 表示层(Presentation Layer)

这一层主要解决用户信息的语法表示问题。它将欲交换的数据从适合于某一用户的抽象语法,转换为适合于 OSI 系统内部使用的传送语法。即提供格式化的表示和转换数据服务。数据的压缩和解压缩,加密和解密等工作都由表示层负责。例如图像格式的显示,就是由位于表示层的协议来支持。

7. 应用层(Application Layer)

应用层为操作系统或网络应用程序提供访问网络服务的接口。

应用层协议的代表包括:Telnet、FTP、HTTP、SNMP 等。

(二) TCP/IP 协议模型:四层

TCP/IP 参考模型分为四个层次:应用层、传输层、网络互联层和主机到网络层,基本结构如图 6-8 所示。在因特网协议簇中,TCP 层是位于 IP 层之上,应用层之下的传输层。分层在一个"协议栈"的不同级别说明不同的功能。这些协议定义通信如何发生,例如在系统之间的数据流、错误检测和纠错、数据的格式、数据的打包和其他特征。

五、网络通信协议的概念

网络协议为通信双方信息交换而建立的规则、标准或约定的集合。例如,网络中一个计算机用户和一个大型主机的操作员进行通信,由于这两个数据终端所用字符集不同,因此操作员所输入的命令彼此不兼容。为了能进行通信,规定每个终端都要将各自字符集中的字符先变换为标准字符集的字符后,才进入网络传送,到达目的终端之后,再变换为该终端字符集的字符。因此,网络通信协议也可以理解为网络上各台计算机之间进行交流的一种语言。

常见的网络通信协议有:TCP/IP 协议、IPX/SPX 协议、NetBEUI 协议等。

(一) TCP/IP 协议

TCP/IP(Transmission Control Protocol/Internet Protocol,传输控制协议/网际协议),

又叫网络通信协议,这个协议是 Internet 国际互联网络的基础。协议具有很强的灵活性,支持任意规模的网络,几乎可以连接所有服务器和工作站。在使用 TCP/IP 协议时需要进行复杂的设置,每个节点至少需要一个"IP 地址""子网掩码""默认网关"和"主机名",对于一些初学者来说使用不太方便。

(二)IPX/SPX 及其兼容协议

IPX/SPX(Internetwork Packet Exchange/Sequences Packet Exchange,网际包交换/顺序包交换)是 Novell 公司的通信协议集。IPX/SPX 具有强大的路由功能,适合于大型网络使用。当用户端接入 NetWare 服务器时,IPX/SPX 及其兼容协议是最好的选择。但在非 Novell 网络环境中,一般不使用 IPX/SPX。

(三)NetBEUI 协议

NetBEUI(NetBios Enhanced User Interface ,NetBios 增强用户接口)协议是一种短小精悍、通信效率高的广播型协议,安装后不需要进行设置,特别适合于在"网络邻居"传送数据。

六、计算机网络系统的组成

计算机网络系统是一个集计算机硬件设备、通信设施、软件系统及数据处理能力为一体的,能够实现资源共享的现代化综合服务系统。计算机网络系统的组成可分为三个部分,即硬件系统、软件系统和网络信息系统。

(一)硬件系统

硬件系统是计算机网络的基础。硬件系统有计算机、通信设备、连接设备和辅助设备组成。硬件系统中设备的组合形式决定了计算机网络的类型。下面介绍几种网络中常用的硬件设备。

1. 服务器

服务器是一台速度快,存储量大的计算机,它是网络系统的核心设备,负责网络资源管理和用户服务。服务器可分为文件服务器、远程访问服务器、数据库服务器、打印服务器等,是一台专用或多用途的计算机。在互联网中,服务器之间互通信息,相互提供服务,每台服务器的地位是同等的。服务器需要专门的技术人员对其进行管理和维护,以保证整个网络的正常运行。

2. 工作站

工作站是具有独立处理能力的计算机,它是用户向服务器申请服务的终端设备。用户可以在工作站上处理日常工作并随时向服务器索取各种信息及数据,请求服务器提供各种服务(如传输文件、打印文件等)。

3. 网卡

网卡又称为网络适配器,它是计算机之间直接或间接传输介质互相通信的接口,它插在计算机的扩展槽中。一般情况下,无论是服务器还是工作站都应安装网卡。网卡的作用是将计算机与通信设施相连接,将计算机的数字信号转换成通信线路能够传送的电子信号或电磁信号。网卡是物理通信的瓶颈,它的传输速度直接影响用户将来的软件使用效果和物理功能的发挥。目前,常用的有 10Mbps、100Mbps 和 10Mbps/100Mbps 自适应网卡,网卡的总线形式有 ISA 和 PCI 两种。

4. 调制解调器

调制解调器（Modem）是一种信号转换装置。它可以把计算机的数字信号"调制"成通信线路的模拟信号，将通信线路的模拟信号"解调"回计算机的数字信号。调制解调器的作用是将计算机与公用电话线相连接，使得现有网络系统以外的计算机用户，能够通过拨号的方式利用公用电话网访问计算机网络系统。这些计算机用户被称为计算机网络的增值用户。增值用户的计算机上可以不安装网卡，但必须配备一个调制解调器。

5. 集线器

集线器（Hub）是局域网中使用的连接设备。它具有多个端口，可连接多台计算机。在局域网中常以集线器为中心，用双绞线将分散的工作站与服务器连接在一起，形成星形拓扑结构的局域网系统。这样的网络连接，在网上的某个节点发生故障时，不会影响其他节点的正常工作。

集线器分为普通型和交换型（Switch），交换型的集线器传输效率比较高，目前用得较多。集线器的传输速率有 10Mbps、100Mbps 和 10Mbps/100Mbps 自适应的。

6. 网桥

网桥（Bridge）也是局域网使用的连接设备。网桥的作用是扩展网络的距离，减轻网络的负载。在局域网中每条通信线路的长度和连接的设备数都是有最大限度的，如果超载就会降低网络的工作性能。对于较大的局域网可以采用网桥将负担过重的网络分成多个网络段，当信号通过网桥时，网桥会将非本网段的信号排除掉（即过滤），使网络信号能够更有效地使用信道，从而达到减轻网络负担的目的。由网桥隔开的网络段仍属于同一局域网，网络地址相同，但分段地址不同。

7. 路由器

路由器（Router）是互联网中使用的连接设备。它可以将两个网络连接在一起组成更大的网络。被连接的网络可以是局域网也可以是互联网，连接后的网络都可以称为互联网。路由器不仅有网桥的全部功能，还具有路径的选择功能。路由器可根据网络上信息拥挤的程度，自动地选择适当的线路传递信息。

（二）软件系统

计算机网络中的软件按其功能可以划分为数据通信软件、网络操作系统和网络应用软件。

1. 数据通信软件

数据通信软件是指按照网络协议的要求，完成通信功能的软件。

2. 网络操作系统

网络操作系统是指能够控制和管理网络资源的软件。网络操作系统的功能体现在两个级别上：在服务器机器上，为在服务器上的任务提供资源管理；在每个工作站机器上，向用户和应用软件提供一个网络环境的"窗口"。这样向网络操作系统的用户和管理人员提供一个整体的系统控制能力。网络服务器操作系统要提供目录管理，文件管理，安全防护，网络打印，存储管理，通信管理等主要服务。常用的网络操作系统有：Net Ware 系统、Windows NT 系统、Unix 系统和 Linux 系统等。

3. 网络应用软件

网络应用软件是指网络能够为用户提供各种服务的软件。如浏览查询软件、传输软件、远程登录软件、电子邮件等。

任务实施

一、资料收集与整理

将学生分组,收集计算机网络从诞生到当下的发展历程资料,涵盖关键时间节点的重大突破、不同阶段网络技术的革新;收集不同类型网络在结构、性能、适用场景方面的资料。将收集到的资料制作成内容丰富、图文并茂的文档或者演示文稿。

二、小组讨论与分析

小组成员围绕收集的资料展开讨论。分析计算机网络从面向终端到如今高速网络技术阶段的发展趋势;探讨网络速度提升、覆盖范围扩大、智能化程度提高等趋势背后的推动因素;对比不同类型网络的特点。

三、成果展示与汇报

每个小组推选一名代表向全班同学汇报,其他小组同学认真聆听,并针对汇报内容提问。

一级真题
解析

四、教师点评与总结

教师对各小组的汇报进行点评,对整个学习过程进行总结。

任务二　　驾驭 Internet

任务导入

国际互联网 Internetwork,简称 Internet,又称因特网,始于 1969 年的美国,是全球性的网络,是一种公用信息的载体,是大众传媒的一种。Internet 是由一些使用公用语言互相通信的计算机连接而成的网络,即广域网、局域网及终端设备按照统一的通信协议组成的国际计算机网络。Internet 拥有数千万台计算机和上亿个用户,是全球信息资源的超大型集合体,所有采用 TCP/IP 协议的计算机都可加入 Internet,实现信息共享和相互通信。

Internet 代表着当代计算机体系结构发展的一个重要方向。由于 Internet 的迅猛发展,人类社会的生活理念也因此发生了巨大的变化,Internet 使全世界真正成了一个"地球村"和"大家庭"。

学习目标

1. 知识目标

(1)掌握 Internet 发展历程、核心协议 TCP/IP 功能。

（2）熟悉 IP 地址格式、类型及域名系统。

（3）理解万维网工作原理与关键技术。

2. 能力目标

（1）能完成局域网连接 Internet 的配置与测试。

（2）会使用网络监测工具分析优化网络性能。

（3）具备团队协作完成网络任务的能力。

3. 素养目标

（1）树立对网络技术发展的敬畏与探索人力。

（2）提升自主探究与问题解决的职业素养。

📋 任务描述

学习因特网的主要功能和服务、理解万维网的工作方式，学会获取 Internet 信息和资源，正确判断、处理网络中的信息。

⏱ 知识准备

一、Internet 的起源和发展

Internet 的应用范围由最早的军事、国防，扩展到美国国内的学术机构，进而迅速覆盖了全球的各个领域，而它的运营性质也由以科研、教育为主逐渐转向商业化。

Internet 的原型是 1969 年美国国防部研究计划署（Advanced Research Projects Agency，ARPA）为军事实验用途而建立的网络，名为 ARPANET，起初只有 4 台主机，当时的美国在 ARPA 制定的协定下将美国西南部的大学加利福尼亚大学洛杉矶分校（UCLA）、斯坦福大学研究学院（Stanford Research Institute）、加利福尼亚大学（UCSB）和犹他州大学（University of Utah）的 4 台主要的计算机连接起来，其设计目标是使网络中的一部分因战争原因遭到破坏时，其余部分仍能正常运行。20 世纪 80 年代初期，ARPA 和美国国防部通信局成功研制出用于异构网络的 TCP/IP，并将其投入使用。1986 年，在美国国会科学基金会（National Science Foundation）的支持下，ARPA 用高速通信线路把分布在各地的一些超级计算机连接起来，以 NFSNET 代替 ARPANET，然后经过十几年的发展逐步形成了 Internet。第一个检索互联网的应用是在 1989 年发明出来，是由 Peter Deutsch 和他的全体成员在 Montreal 的 McFill University 创造的，他们为 FTP 站点建立了一个档案，后来命名为 Archie，这个软件能周期性地遍历开放的文件下载站点抓取站点的文件并且构建一个可以检索的软件索引。1991 年，第一个连接互联网的友好接口在 Minnesota 大学被开发出来。

1994 年 4 月 20 日，"中国国家计算与网络设施"（简称 NCFC，国内称为"中关村教育与科研示范网"）工程通过美国 Sprint 公司连入 Internet 的 64Kbps 国际专线开通，实现了与 Internet 的全功能连接。从此，中国被国际正式承认为真正拥有全功能 Internet 的国家。此事被中国新闻界评为 1994 年中国十大科技新闻之一，被国家统计公报列为中国 1994 年重

大科技成就之一。

在网络应用范围方面,近年来 Internet 逐渐放宽了对商业活动的限制,并朝商业化的方向发展。现在,Internet 早已从最初的学术科研网络变成了一个拥有众多商业用户、政府部门、机构团体和个人的综合型计算机信息网络。目前,Internet 已经是世界上规模最大、发展最快的计算机互联网。

二、使用同一种语言——TCP/IP 协议

Internet 是全球性的计算机网络,连接到 Internet 中的网络各种各样,计算机从大型机到微型机多种多样。这些计算机运行在不同的操作系统下,使用不同的软件,为确保彼此间正确地交流信息,在通信时必须遵守共同的网络协议。

通信协议是计算机之间交换信息所使用的一种约定和规程。在 Internet 中采用 TCP/IP 协议,即传输控制协议(Transmission Control Protocol,TCP)和因特网互联协议(Internet Protocol,IP)。IP 负责将数据从一处传到另一处,TCP 保证传输的正确性。TCP 和 IP 协同工作,其作用是在发送和接收计算机系统之间维持连接,提供无差错的通信服务,保证数据传输的正确性。

三、找到要去的地方——IP 地址与域名服务

(一) IP 地址

为了确保通信时能相互识别,接入 Internet 的每台主机都必须有一个唯一的标识,即主机的 IP 地址。IP 协议就是基于 IP 地址实现信息传递的。

IP 地址由 32 位(即 4 Byte)二进制数组成,为了书写方便,常将每个字节作为一段并以十进制数来表示,每段间用“.”分隔。例如 202.92.215.1 就是一个合法的 IP 地址。

IP 地址由网络标识和主机标识两部分组成。常用的 IP 地址有 A、B、C、D 四类,每类均规定了网络标识和主机标识在 32 位中所占的位数。它们的表示范围如下。

A 类地址:0.0.0.0~127.255.255.255. 其中,127.0.0.0~127.255.255.255 是保留地址,用做循环测试用的。0.0.0.0~0.255.255.255 也是保留地址,用做表示所有的 IP 地址。

B 类地址:128.0.0.0~191.255.255.255. 其中,169.254.0.0~169.254.255.255 是保留地址。

C 类地址:192.0.0.0~223.255.255.255。

D 类地址:224.0.0.0~239.255.255.254。

其中,A 类用于大型网络;B 类用于中型网络;C 类用于小型网络,该类网络会分配给一般的局域网络,用前三组数字表示网络的地址,最后一组数字作为网络上的主机地址;D 类为多播地址或称为组播地址。

(二) 域名系统

32 位二进制数的 IP 地址对计算机来说非常有效,但用户使用和记忆都很不方便。为此,Internet 引进了字符形式的 IP 地址,即域名。域名采用层次结构的基于“域”的命名方案,每一层由一个子域名组成,子域名间用“.”分隔。例如“www.sohu.com”,其中“www”后为主机域名。

四、万维网 WWW

（一）万维网的概念

万维网 WWW 是 World Wide Web 的简称，也称为 Web、3W 等。万维网 WWW 是基于客户机/服务器方式的信息发现技术和超文本技术的综合。万维网 WWW 服务器通过超文本标记语言（HTML）把信息组织成图文并茂的超文本，利用链接从一个站点跳到另一个站点。这样一来彻底摆脱了以前查询工具只能按特定路径一步步地查找信息的限制。

（二）万维网的工作方式

万维网的工作方式如图 6-9 所示，浏览器就是在用户计算机上的 Web 客户程序。Web 文档所驻留的计算机则运行服务器程序，因此这个计算机也称为 Web 服务器。客户程序向服务器程序发出请求，服务器程序向客户程序响应客户所需要的 Web 文档，在浏览器中显示的 Web 文档称为页面（Page）。

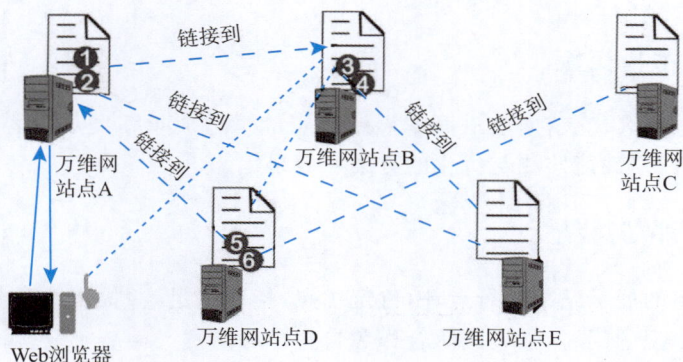

图 6-9　万维网的工作方式

万维网必须解决的问题。

（1）怎样标志分布在整个互联网上的万维网文档？

使用统一资源定位符 URL（Uniform Resource Locator）来标志万维网上的各种文档，使每一个文档在整个互联网的范围内具有唯一的标识符 URL。

（2）使用什么协议实现 Web 页面的传送？

在浏览器与 Web 服务器程序之间进行交互所使用的协议，是超文本传送协议 HTTP（Hypertext Transfer Protocol）。HTTP 是一个应用层协议，它使用 TCP 连接，进行可靠的传送。

（3）如何编写 Web 文档，如何在文档中嵌入超链接？

超文本标记语言 HTML（Hyper Text Markup Language）使得 Web 页面的设计者可以很方便地用一个超链接从本页面的某处链接到因特网上的任何一个 Web 页面。

（4）在万维网中用户如何方便地找到信息？

为了在万维网上方便地查找信息，用户可使用各种的搜索工具（即搜索引擎），如 Google，百度等。

任务实施

一、模拟网络配置

在实验室环境中，学生根据所学知识，进行局域网连接 Internet 的模拟配置。选择合适的网络设备，如路由器、交换机、网卡等，按照正确的步骤进行硬件连接和软件设置。配置完成后，进行网络连通性测试，确保局域网内的计算机能够正常访问 Internet。通过实际操作，提高学生的动手能力和解决实际问题的能力。

二、网络性能监测

使用专业的网络监测工具，如 Ping、Traceroute、Netstat 等，对实验室网络或校园网络的性能进行监测。

三、小组展示与交流

每个小组推选一名代表，向全班同学展示小组的学习成果。展示内容包括模拟网络配置的过程和结果、网络性能监测与优化的方案和效果等。

四、教师点评与总结

教师对各小组的展示结果进行点评，肯定优点，指出不足，并提出改进建议。同时，总结任务实施过程中出现的问题，强调团队合作和自主学习的意义。

任务三　收发电子邮件

任务导入

在当今数字化信息飞速流转的时代，电子邮件作为一种极为重要的信息交互方式，已然深度融入人们的日常工作、学习和生活之中。它跨越了时空的限制，实现了信息的快速传递与共享，无论是商务合作中的文件传输、学术交流里的成果分享，还是个人之间的情感沟通，电子邮件都发挥着关键作用。而深入探究电子邮件背后的原理、机制以及相关操作，对于我们高效利用这一工具，保障信息安全与准确传递具有重要意义。在本次学习任务中，我们将全方位剖析电子邮件的工作流程、地址构成、常用客户端软件的使用等内容，助力大家熟练掌握电子邮件的相关知识与技能。

学习目标

1. 知识目标

（1）掌握电子邮件定义、特点及"存储转发式"工作机制。

（2）理解电子邮件地址格式组成及各部分作用。

（3）熟悉 Outlook 账户设置、邮件操作流程及附件处理方法。

（4）了解 SMTP、POP3 等邮件传输协议及网络传输原理。

2. 能力目标

（1）能准确书写与解读电子邮件地址。

（2）熟练使用 Outlook 完成电子邮件全流程操作。

（3）通过模拟实验实现电子邮件收发与回复。

（4）运用思维导图梳理电子邮件知识体系。

3. 素养目标

（1）培养学生严谨规范的信息处理习惯。

（2）增强学生实践操作与问题解决能力。

（3）帮助学生树立安全、高效的网络通信意识。

📋 任务描述

本次学习任务聚焦于电子邮件这一重要的信息通信工具。我们将深入学习电子邮件的基础概念，包括其定义、特点等。重点掌握电子邮件地址的构成规则，学会准确解读和书写电子邮件地址。通过对 Outlook 这一典型电子邮件客户端软件的学习，熟练掌握电子邮件的各项操作流程，如账户的添加与管理、邮件的撰写与编辑技巧、邮件的高效收发策略、邮件的详细阅读与回复方法以及附件的灵活处理等。同时，了解电子邮件在网络中的传输原理，为更好地使用电子邮件以及解决可能出现的问题奠定坚实的基础。通过本次学习，大家将具备在各种场景下熟练运用电子邮件进行信息交流的能力，为后续的工作、学习以及生活中的信息沟通提供有力支持。

⏱ 知识准备

一、电子邮件概述

（一）电子邮件的定义与特点

电子邮件（Electronic Mail，E-mail），又被亲切地称为电子信箱，是一种借助电子手段实现信息交换的通信模式。它在互联网这片广阔的信息海洋中，犹如一艘高速行驶的信息传递"快艇"，成为一项使用极为广泛的服务。

（二）电子邮件的工作机制

电子邮件采用的是"存储转发式"服务模式，这一模式是其高效运行的核心机制，属于异步通信方式。在这种机制下，邮件发送者就如同将信件投递到一个虚拟的"电子信箱"中，无论收件人当下是否在线，邮件都会被立即送到对方远程主机的电子邮箱中存储起来。当收件人打开计算机连接网络后，就可以随时从自己的信箱中读取信件。

二、电子邮件的地址

（一）电子邮件地址的重要性

所有在 Internet 上拥有信箱的用户都各自拥有一个独一无二的信箱地址，邮件服务器正是依据这些地址，如同快递员依据收件地址派送包裹一样，将邮件精准地传送到各个用户的信箱之中。

（二）电子邮件地址的格式与组成

电子邮件地址有着严格且固定的格式：<用户标识>@< 主机域名 >。该格式由三个紧密关联的部分组成。第一部分代表用户信箱的账号，对于同一邮件接收服务器而言，这个账号必须是独一无二的，它就像是用户在该服务器上的专属"身份标识"。第二部分"@"作为分隔符，起到连接用户账号与邮件接收服务器域名的桥梁作用，其独特的符号形式也成为电子邮件地址的显著标识。第三部分是用户信箱的邮件接收服务器域名，用以清晰标识其所在的位置，如同详细的家庭住址中的街道名称和门牌号。例如，xiaoming@company.com，第一部分"xiaoming"代表用户信箱的账号，在该公司的邮件服务器下具有唯一性；第二部分"@"是分隔符；第三部分"company.com"是用户信箱的邮件接收服务器域名，表明该邮箱隶属于该公司的邮件服务器系统。

三、Outlook 的使用

（一）添加邮箱账户

在利用 Outlook 尽情享受电子邮件服务之前，首要任务是对 Outlook 进行账号设置。这就如同入住酒店前需要办理入住登记手续一样。打开 Outlook 后，在"文件"→"信息"中单击"添加账户"按钮，如图 6-10 所示。

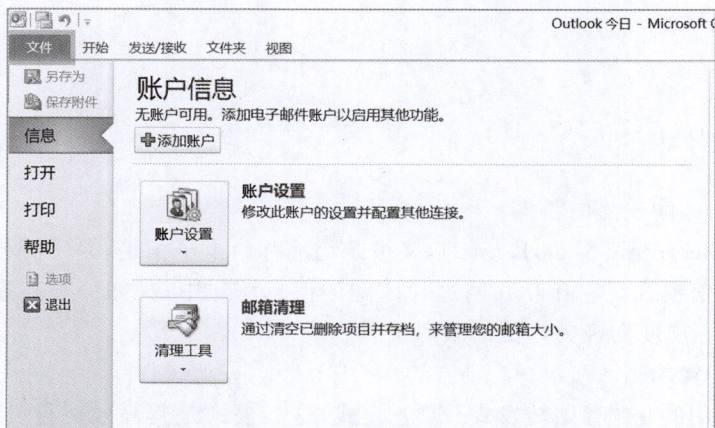

图 6-10　添加账户

此时会弹出如图 6-11 所示的"添加新账户"对话框，如同酒店前台的登记表格，用户需要在这里选择"电子邮件账户"单选按钮，然后单击"下一步"按钮，进入详细信息填写页面。

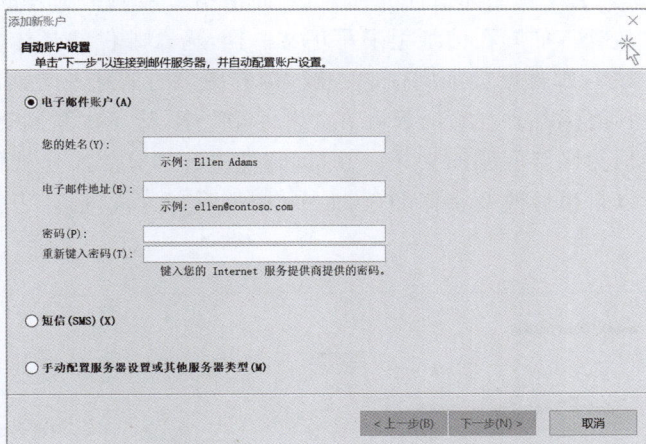

图 6-11　"添加新账户"对话框

在图 6-12 中准确填写 E-mail 地址和密码等关键信息,就像填写自己的身份信息一样重要。填写完成后单击"下一步"按钮,Outlook 会如同智能助手一般,迅速联系邮箱服务器进行账户配置。

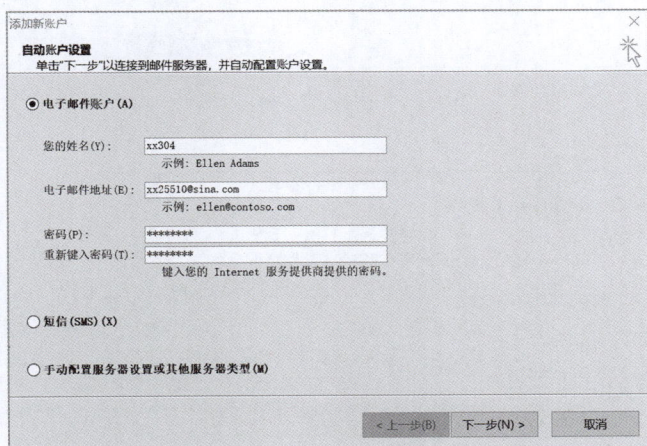

图 6-12　填写 E-mail 地址和密码等关键信息

稍等片刻,联机登录到服务器,如图 6-13 所示,登录到服务器完成时,就表明账户设置成功,用户已经顺利"入住"Outlook 的邮件服务系统,可以开始收发邮件了。

(二) 撰写与发送邮件

账号设置完成后,就如同拿到了酒店房间的钥匙,可以正式开始使用电子邮件服务了。具体操作步骤如下:单击"开始"选项卡中的"新建电子邮件"按钮,此时会出现一个撰写新邮件的窗口,这个窗口就像是一张空白的信纸,等待用户书写内容,如图 6-14 所示。用户需要将插入点依次放置在相应位置,填写收件人地址,如"laoshi@example.com",抄送地址(若有需要),如"xuesheng1@example.com;xuesheng2@example.com"(当存在多个抄送人时,中间使用英文标点状态下的";"隔开,就像在地址簿中依次罗列多个联系人地址一样），以及邮件的主题。主题就如同信件的标题，要简洁明了地概括邮件的核心内容。接着，将插入点光标置于内容区，如同在信纸上书写正文一样，输入邮件的具体内容。完成内容撰写后，单击"发送"按钮，邮件就会如同信鸽一般，带着用户的信息飞向收件人的邮箱。如果是在脱机状态下撰写邮件，邮件会暂时保存在"发件箱"中，待下次联网时，就会自动被发送出去，确保信息不会因为网络问题而丢失。并且，邮件内容部分的操作就像在使用 Word 文档一样便捷，用户可以自由地改变字体颜色、大小，调整对齐方式，插入表格、图片等，丰富邮件的表现形式。

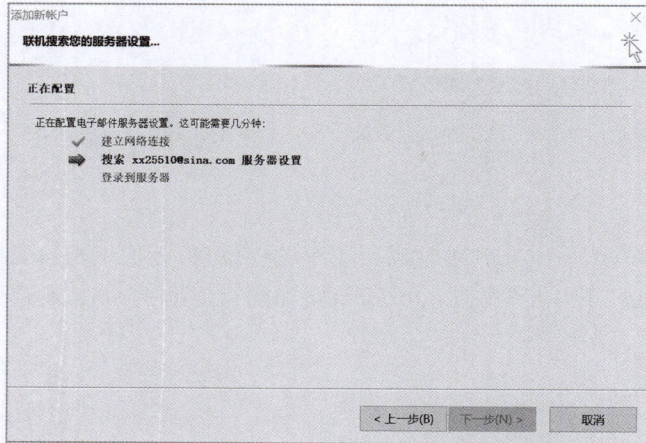

图 6-13　联机登录到服务器

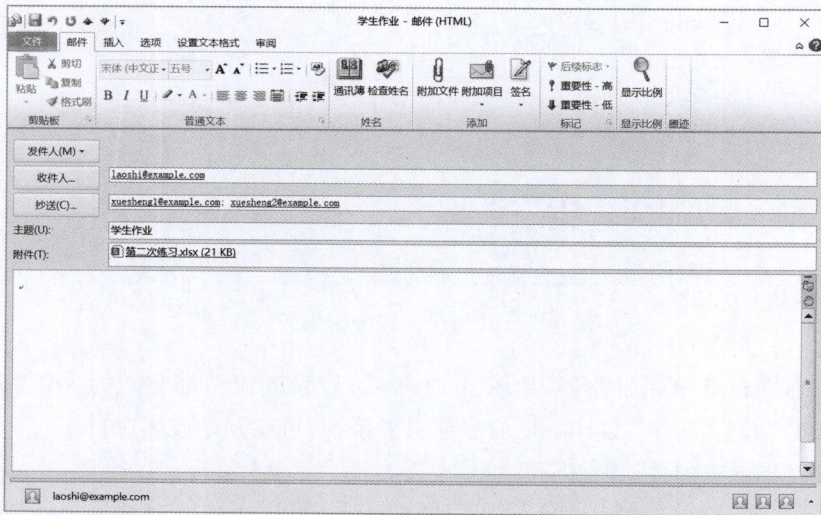

图 6-14　撰写邮件内容，填写邮件发送地址

（三）插入附件

倘若用户需要通过电子邮件发送计算机中的其他文件，如重要的 Word 文档、精美的照片、详细的报表等，这时就可以把这些文件当作邮件的附件一起发送。操作步骤如下：在撰

写新邮件的窗口中,单击"邮件"选项卡上的"添加"选项组中的"附加文件"按钮,这就如同打开一个文件抽屉,准备挑选要附带的文件;随后会打开"插入文件"对话框,如图 6-15 所示,选定附件所在的磁盘位置以及所需文件,然后单击"插入"按钮;此时,在新撰写邮件的"附件"框中就会列出附加的文件名,这表明已经将选定的文件成功作为附带内容粘贴在信件中,准备一同发送。用户还可以多次添加"附件",如同在一个包裹中放入多个物品,满足一次发送多个文件的需求。

图 6-15　添加附件

(四) 接收和阅读邮件

若要查看是否有新的电子邮件,用户只需单击"发送 / 接收"选项组中的"发送 / 接收所有文件夹"按钮,此时会出现一个邮件发送和接收的对话框。当邮件下载完成后,用户就可以开始阅读查看了,如图 6-16 所示,这个窗口被划分为三个部分:左侧是 Outlook 栏,如同导航栏,方便用户快速切换不同功能;中间是邮件列表区,收到的所有信件都会在此整齐列出,如同信件的收件箱,用户可以一目了然地看到所有邮件的基本信息;右侧是邮件预览区,用户可以在这里快速浏览邮件的大致内容。

(五) 保存附件

接收并浏览邮件后,若邮件包含附件,那么在邮件预览区中会清晰地列出附件的名称。对于一些常见的文档类型附件,如 Word 文档、Excel 表格等,用户单击附件的文档类型,可在 Outlook 中直接预览该附件,就像在文件管理器中直接预览文件一样方便。但对于其他一些特殊类型的文件,可能无法直接预览,需要双击打开预览。若要将附件保存到本地磁盘中,用户可以右击附件名,在弹出的快捷菜单中选择"另存为"命令,这就如同在文件管理器中选择保存文件的操作。随后会打开"保存附件"窗口,用户在这个窗口中设置好保存的目录路径,就像选择文件要存放的文件夹位置,然后单击"保存"按钮,即可将附件成功保存到本地,方便后续随时查看和使用。

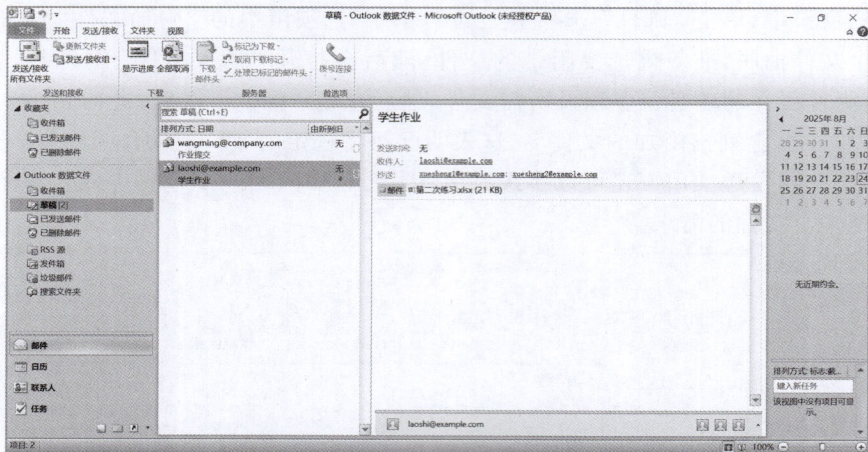

图 6-16　预览邮件的窗口

四、电子邮件的网络传输原理

电子邮件在网络中的传输过程宛如一场精心策划的接力赛。当发件人在客户端软件(如 Outlook)中单击"发送"按钮后,邮件首先会被发送到发件人的邮件服务器。这个服务器就像是一个邮件集散中心,负责接收和暂存邮件。然后,发件人的邮件服务器会根据收件人的电子邮件地址中的域名部分,通过 DNS(域名系统)查询,找到收件人邮件服务器的 IP 地址,就像通过地址簿找到收件人所在的具体位置。接着,发件人的邮件服务器会与收件人的邮件服务器建立连接,将邮件发送过去。收件人的邮件服务器在接收到邮件后,会将其存储在收件人的邮箱中,等待收件人通过客户端软件进行收取。整个传输过程中,邮件会遵循一系列的网络协议,如 SMTP(简单邮件传输协议)用于邮件的发送,POP3(邮局协议版本 3)或 IMAP(互联网邮件访问协议)用于邮件的接收,确保邮件能够准确、安全地在网络中传输。

🛠 任务实施

一、绘制电子邮件知识思维导图

要求学生绘制一幅以电子邮件为主题的思维导图。在思维导图中,详细展开电子邮件的定义、特点、工作机制等基础概念分支;深入阐述电子邮件地址的格式、组成部分及各部分作用;全面涵盖 Outlook 等常见电子邮件客户端软件的账户设置,邮件撰写、收发、阅读、回复、转发、附件处理以及联系人管理等操作流程分支,帮助学生构建系统的电子邮件知识体系。

二、通过模拟邮件传输实验理解电子邮件工作流程

两个学生为一组,一个学生使用 Outlook 等软件撰写并发送邮件,另一个学生接收并回复邮件。通过收发电子邮件的实际操作让学生掌握电子邮件客户端软件的账户设置,邮件撰写、收发、阅读、回复、转发、附件处理以及联系人管理等操作流程,帮助学生提高对知识的理解和应用能力。

一级真题
解析

任务四 夯实信息安全基础知识

🖥 任务导入

由于工作的需要,使用计算机办公的人员经常要在网上收发电子邮件、浏览网页、进行网络游戏、查看网上银行和证券信息以及下载各种资料等,在将计算机连入网络的过程中,时常会受到一些莫名的骚扰或病毒的侵害,为了保护自己计算机中的资料不受破坏,需要注意计算机安全方面的设置。此外,在使用计算机的过程中,为了使计算机运行得更顺畅,使其更好地为工作服务,还需要对计算机进行日常维护。这两方面既是本项目的重点,也是读者在使用计算机办公过程中需要掌握的内容。

📖 学习目标

1. 知识目标

(1) 了解信息安全的基础知识。
(2) 了解计算机病毒的基础知识和防治方法。
(3) 了解维护信息系统安全问题。

2. 能力目标

(1) 能够正确使用杀毒软件。
(2) 掌握如何防治计算机病毒的方法。
(3) 尝试运用所学知识,分析、解决身边信息安全方面的事件。

3. 素养目标

(1) 培养学生信息安全意识。
(2) 培养学生对计算机病毒的防范意识。
(3) 让学生感悟生活中的知识无处不在,信息安全知识与我们的生活息息相关。

📋 任务描述

学习信息安全、病毒的概念,学会对计算机进行日常维护,通过学习计算机安全的基础知识,养成负责、健康、安全的信息技术使用习惯。

⏱ 知识准备

一、信息安全的概念

(一)计算机的安全

信息安全关乎国家安全、经济发展和社会稳定,信息安全问题不仅是计算机网络必须面临和认真对待的问题,同时也是其他各领域信息传递、存储所面临的问题,首先我们来了解一下信息安全的概念。

国际标准化组织(ISO)将"计算机安全"定义为："为数据处理系统建立和采取的技术和管理的安全保护，保护计算机硬件、软件数据不因偶然和恶意的原因而遭到破坏、更改和泄露。"

信息安全五要素：保密性、可用性、不可抵赖性、可控性、完整性。

1. 保密性

确保信息不被未授权的个体所获得。

2. 可用性

让得到授权的实体在有效时间内能够访问和使用到所需求的数据和数据服务。

3. 不可抵赖性

对出现的安全问题提供调查，是参与者(攻击者、破坏者等)不可否认或抵赖自己所做的行为，实现信息安全的审查性。

只有在这些要素的保障下，才能有效地保护信息系统中的信息不受未经授权的访问、使用、披露、破坏、修改、干扰等威胁。因此，信息安全的保障是企业和个人必须重视的问题。

4. 可控性

指网络系统和信息在传输范围和存放空间内的可控程度。是对网络系统和信息传输的控制能力特性。使用授权机制，控制信息的传播范围、内容，必要时能恢复密钥，实现对网络资源及信息的可控性。

5. 完整性

在传输、存储信息或数据的过程中，确保信息或数据不被非法篡改或在篡改后被迅速发现，能够验证所发送或传送的信息的准确性，并且进程或硬件组件不会被以任何方式改变，保证只有得到授权的人才能修改数据。

计算机安全的威胁从一般意义上讲可分为两大类：一是对设备的威胁；二是对信息的威胁。也可分为偶然的和故意的两类，偶然威胁如自然灾害、意外事故、人为失误等。故意威胁又可进一步分为被动攻击和主动攻击两类。被动攻击主要威胁信息的保密性，而不对其修改，不影响系统的正常运行；主动攻击对数据进行修改，破坏信息的有效性、完整性和真实性。

(二) 计算机的安全措施

1. 常用的信息安全防御技术

(1) 被动的防御技术：被动防御是计算机在受到攻击后，计算机系统采取的安全措施，被动的防御技术有防火墙技术、入侵检测技术。

(2) 主动防御技术：主动防御是在入侵行为对信息系统造成恶劣影响之前，能够及时精确预测，实时构建弹性防御体系，避免或降低信息系统面临的风险的安全措施，主动防御技术有入侵防御技术、动态防御等。

2. 常用的信息安全措施

(1) 物理安全方面的措施。

① 对自然灾害加强防护：如防火、防水、防雷击等。

② 计算机设备防盗：如添加锁、设置警铃、购置机柜等。

③ 环境控制：消除静电、系统接地、防电磁干扰、配置不间断电源等。

（2）管理方面措施。

① 建立健全法律、政策，规范和制约人们的思想和行为。

② 定期对全员进行安全性训练和安全教育，提高安全意识。

（3）技术方面的措施。

① 操作系统的安全措施：充分利用操作系统提供的安全保护功能保护自己的计算机，如访问控制、密码认证等。

② 数据库的安全措施：使用安全性高的数据库产品，采用存取控制策略，对数据库进行加密，实现数据库的安全性、完整性和保密性。

③ 网络的安全措施：如防火墙技术等。

④ 防病毒措施：如防病毒软件等。

二、计算机病毒及防治

（一）计算机病毒

计算机病毒是指编制或者在计算机程序中插入的破坏计算机功能或数据、影响计算机使用，并且能够自我复制的一组指令或者程序代码，是一种在人为或非人为的情况下产生的、在用户不知情或未经允许的情况下，能自我复制或运行的电脑程序。计算机病毒通常寄生在系统启动区、设备驱动程序、操作系统的可执行文件内，甚至可以嵌入某些应用程序中，并能利用系统资源进行自我复制，从而破坏计算机系统。

1. 计算机病毒的特征

各种计算机病毒通常都具有以下共同特征。

（1）传播性：病毒一般会自动利用电子邮件传播，利用对象的某个漏洞将病毒自动复制并群发给存储的通讯录名单成员。

（2）隐蔽性：当病毒处于静态时，往往寄生在光盘或硬盘的系统保留扇区，或依附于某些程序文件中。有些病毒的发作具有固定触发机制，若用户不熟悉操作系统运行状态，便无法判断计算机是否感染了病毒。

（3）潜伏性：计算机感染上病毒之后，一般并不即刻发作，不同的病毒发作有其自身的特定条件，当条件满足时才开始发作。不同的病毒有着不同的潜伏期。

（4）破坏性：病毒破坏系统主要表现为占用系统资源、破坏数据、干扰运行或造成系统瘫痪，有些病毒甚至会破坏硬件，某些威力强大的病毒，运行后直接格式化用户的硬盘数据，更为厉害的可以破坏引导扇区以及 BIOS，对硬件环境造成极大的破坏。

（5）感染性：某些病毒具有感染性，通常也可以利用网络共享的漏洞，复制并传播给邻近的计算机用户群，使通过路由器上网的计算机或网吧的多台计算机的程序全部受到感染。

（6）可激发性：根据病毒作者的"需求"，设置触发病毒攻击的"玄机"。如 CIH 病毒运行后会主动检测中毒者操作系统的语言，如果发现操作系统语言为简体中文，病毒就会自动对计算机发起攻击，而语言不是简体中文，那么病毒不会发起攻击或者破坏。

（7）表现性：病毒运行后，按照作者的设计，具有一定的表现特征：如 CPU 占用率100%，在用户无任何操作下读写硬盘或其他磁盘数据、蓝屏死机、鼠标右键无法使用等。

2. 计算机病毒的危害

计算机资源的损失和破坏，不但会造成资源和财富的巨大浪费，而且有可能造成社会性的灾难,随着信息化社会的发展,计算机病毒的威胁日益严重,反病毒的任务也更加艰巨了。

(二) 计算机中毒的症状

计算机中毒常见症状:计算机中毒跟人生病是一样的,总会有一些明显的症状表现出来:

(1) 操作系统无法正常启动,关闭计算机后自动重启。

(2) 经常无缘无故地死机。

(3) 运行速度明显变慢。

(4) 能正常运行的软件,运行时却提示内存不足。

(5) 打印机的通信发生异常,无法进行打印操作,或打印出来的是乱码。

(6) 未使用软件,却自动出现读写操作。

(三) 计算机病毒的传播途径和宿主

计算机病毒的破坏性、潜伏性和寄生场所各有不同,但其传播途径却是有限的,防治病毒应从其传播途径下手,以达到治本的目的。计算机病毒主要通过网络浏览以及下载,电子邮件以及可移动磁盘等途径迅速传播。

移动存储设备:U 盘、软盘、光盘等移动存储设备具有携带方便等特点,因此成为计算机之间相互交流的重要工具,也正因此,它便成了病毒的主要传染介质之一。

计算机网络:通过网络可以实现资源共享,但与此同时,计算机病毒也不失时机地寻找可以作为传播媒介的文件或程序,通过网络传播到其他计算机上。随着网络的不断发展,它也逐渐成为病毒传播的最主要途径。

(四) 计算机病毒的防治

在了解计算机病毒的特征及传播途径之后,应当做好计算机病毒的防治工作。若感染了计算机病毒,应及时采取正确的方法清除。

1. 建立良好的安全习惯

对一些来历不明的邮件及附件不要打开,不要访问不了解的网站,不要执行从 Internet 下载后未经杀毒处理的软件等,这些必要的习惯会使您的计算机更安全。

2. 关闭或删除系统中非必需的服务

默认情况下,许多操作系统会安装一些辅助服务,如 FTP 客户端、Telnet 和 Web 服务器。这些服务为攻击者提供了方便,而又对用户没有太大用处,如果删除它们,就能大大减少被攻击的可能性。

3. 经常升级安全补丁

据统计,有 80% 的网络病毒是通过系统安全漏洞进行传播的,像蠕虫王、冲击波、震荡波等,所以应该定期到官方网站去下载最新的安全补丁,以防患于未然。

4. 使用复杂的密码

有许多网络病毒就是通过猜测简单密码的方式攻击系统的,因此使用复杂的密码将会大大提高计算机的安全系数。

5. 迅速隔离受感染的计算机

当您的计算机发现病毒或异常时,应立刻断网,以防止计算机受到进一步的感染,或者成为传播源,感染其他计算机。

6. 了解一些病毒知识

这样就可以及时发现新病毒并采取相应措施,在关键时刻使自己的计算机免受病毒破坏。若能了解一些注册表知识,就可时常检查注册表的自启动项是否有可疑键值,若了解一些内存知识可时常查看内存中是否运行可疑程序。

7. 安装专业的杀毒软件进行全面监控

在病毒日益增多的今天,使用杀毒软件进行防毒,是更加经济的选择,用户在安装了反病毒软件之后,还应该经常进行升级,将一些主要监控打开(如邮件监控、内存监控等),遇到问题要上报,这样才能真正保障计算机的安全。

8. 安装个人防火墙软件

随着网络技术的飞速发展,用户计算机面临的黑客攻击问题也日益严峻,许多网络病毒都采用了黑客的方法来攻击用户计算机。因此,用户还应该安装个人防火墙软件,将安全级别设为中、高,这样才能有效地防止网络上的黑客攻击。

9. 及时更新杀毒软件与防火墙产品

保持最新病毒库以便能够查出最新的病毒,如一些反病毒软件的升级服务器每小时就有新病毒库包可供用户更新。而在防火墙的使用中应注意禁止来路不明的软件访问网络。由于免杀以及进程注入等原因,有个别病毒很容易穿过杀毒以及防火墙的双重防守,遇到这样的情况就要使用特殊防火墙来防止进程注入并经常检查启动项、服务。一些特殊防火墙具备"主动防御"能力,能够实时监控注册表,每次不良程序针对计算机的恶意操作都可以实施拦截阻断。

🧑‍🤝‍🧑 任务实施

一、安装与配置安全软件

学生 4～5 人为一组,选择一种杀毒软件,如 360 杀毒、腾讯电脑管家等,然后前往其官方网站下载安装程序,依向导完成安装。开启实时防护,设置查杀计划,如每周一凌晨 2 点全盘查杀。

二、小组展示

每个小组指定一名成员作为代表,介绍安全软件安装配置步骤,说明账户管理优化思路与效果,分享数据备份策略制定、存储介质选择及恢复测试结果。选派代表讲解,并结合实际操作演示,如展示杀毒、防火墙设置,演示不同权限账户操作,模拟数据恢复。

三、教师点评与总结

教师对各小组的展示结果进行点评,肯定优点,指出不足,并提出改进建议。同时,对整个学习过程进行总结,强调掌握计算机安全软件的重要性,以及数据备份与还原对信息安全的意义。

一级真题
解析

任务五 认识信息素养与社会责任

📟 任务导入

在网络世界中,充斥着大量真伪难辨的信息。例如,"毒株 XBB.1.5 主攻心脑血管,会令人大小便失禁""风油精能抑制病毒感染"等医疗健康类谣言,通过披上伪科学外衣,夸大其词、以讹传讹,带偏公众判断,导致健康风险;"'中国时间银行'上市""23 省 44 城市自来水检出疑似致癌物"等公共政策类谣言,利用网民对民生话题的关切,断章取义、歪曲解读,误导公众认知。同时,在信息活动中,还存在诸多违背信息伦理与社会责任的行为。在线学习社区中,部分学习者为获取关注发布虚假学习成果,随意转发未经证实的资源链接,导致病毒传播,泄露他人学习隐私,分享破解版学习软件等。这些现象都警示着我们,面对纷繁复杂的网络信息,必须提高警惕,增强信息素养与社会责任意识。

📖 学习目标

1. 知识目标

(1) 掌握信息获取技巧。
(2) 了解信息素养的内容和提升方法。
(3) 了解知识产权保护及相关法律法规。

2. 能力目标

(1) 甄别信息真伪并评估其价值。
(2) 具备信息整合创新与有效传播能力。

3. 素养目标

(1) 培养学生树立规范使用信息、尊重知识产权的责任意识。
(2) 培养学生积极传播有益信息、抵制不良信息的社会责任感。
(3) 使学生形成持续学习、主动提升信息素养的自主发展意识。

📋 任务描述

在当今数字化时代,信息如同洪流般涌来,从日常生活决策到学术研究、商业竞争,信息无处不在,且至关重要。但仅仅接触大量信息远远不够,我们需要具备良好的信息素养,在信息海洋中精准获取、高效分析、合理利用信息,同时明确自身在信息活动中的社会责任,规范信息行为,避免信息的不当使用,让信息为个人成长、社会发展服务,共同维护健康的网络信息生态。

知识准备

一、信息素养的核心构成

（一）信息获取能力

1. 搜索技巧的精进

掌握高效的搜索技巧是精准获取信息的第一步。使用布尔逻辑运算符（如 AND、OR、NOT）能有效缩小或扩大搜索范围。比如，当我们想了解"人工智能在医疗领域的应用但不包括药物研发方面"的信息时，可在搜索引擎中输入"人工智能 AND 医疗领域 AND NOT 药物研发"，这样能快速筛选出符合需求的信息。此外，利用搜索引擎的高级搜索功能，如限定文件类型（如搜索 PDF 格式的行业报告）、时间范围（查找近一年内的新闻资讯）等，能进一步提高搜索结果的精准度。

2. 多渠道信息挖掘

不局限于单一的搜索引擎，要学会拓展信息获取渠道。对于学术研究，可利用专业数据库，如理工科领域的 Web of Science，人文社科领域的中国知网等，这些数据库汇聚了大量高质量的学术文献。行业报告则可从艾瑞咨询、Gartner 等专业机构的网站获取，它们提供深入的市场分析与行业趋势洞察。同时，社交媒体平台上的专业群组、论坛也是获取一手信息与行业交流的重要场所，如在 Stack Overflow 上与程序员们交流编程经验、分享代码解决方案。

（二）信息分析能力

1. 真伪信息的甄别

面对海量信息，学会辨别真伪至关重要。首先要审视信息来源的可靠性，官方机构、权威媒体发布的信息通常可信度较高，而一些来源不明的个人博客、小道消息网站则需谨慎对待。其次，从内容逻辑判断，信息是否存在前后矛盾、论据是否充分合理。例如，某些网络上流传的健康养生信息，若缺乏科学研究支撑，仅凭个人经验或夸张表述，很可能是虚假信息。此外，通过多渠道信息交叉验证也是有效的方法，若多个独立来源的信息相互印证，其真实性则更有保障。

2. 信息价值评估

根据自身需求评估信息价值。对于企业决策者来说，在制定市场战略时，近期的市场调研报告、竞争对手的详细分析等信息价值极高，而一些过时的行业数据或无关的娱乐新闻则价值较低。在学术研究中，最新的研究成果、高影响力期刊上的论文对研究进展推动作用明显，相比之下，一些低质量、引用率低的文献价值有限。信息的时效性、相关性、准确性是评估其价值的重要因素。

（三）信息利用能力

1. 知识整合与创新

将获取和分析后的信息进行整合，融入自身知识体系，实现知识的创新应用。例如，设计师在设计一款新型产品时，收集不同风格的设计案例、用户需求反馈以及材料工艺信息，将这些信息整合并加以创新，创造出独具特色的产品。在科研领域，研究人员整合多个学科的前沿理论与实验数据,可能开拓出全新的研究方向。

2. 有效沟通与传播

能够将信息以清晰、准确的方式传达给他人。在团队协作中,通过撰写详细的项目报告、制作简洁明了的演示文稿进行汇报,能让团队成员快速了解项目进展与关键信息。在公众场合演讲时,有条理地阐述复杂信息,能让听众更好地接受与理解。同时,在信息传播过程中,要注意根据受众特点调整表达方式,确保信息有效传递。

(四)信息道德规范

1. 法律法规的遵循

了解并遵守与信息相关的法律法规,如著作权法规定了对原创作品的保护,未经授权不得抄袭、复制他人作品用于商业用途。网络安全法保障网络空间的安全与秩序,禁止网络攻击、窃取他人信息等违法行为。在信息活动中,严格遵守法律法规,是信息素养的基本要求。

2. 尊重知识产权

在引用他人的信息成果时,无论是学术论文、艺术作品还是商业数据,都要注明出处,给予原作者应有的尊重与认可。在学术写作中,按照规范的引用格式进行参考文献标注,避免学术不端行为。在商业领域,合法获取与使用数据,不得侵犯竞争对手的商业机密。

3. 积极信息传播

秉持积极的态度传播真实、有益、健康的信息,抵制虚假、低俗、有害信息的传播。在社交媒体上,及时辟谣谣言和虚假新闻,分享有价值的科普知识、正能量故事等,营造良好的网络信息环境。

二、提升信息获取能力与信息素养的实践路径

(一)制订学习计划

根据自身情况制订系统的学习计划,明确提升信息获取能力与信息素养的目标与步骤。例如,每周安排一定时间学习搜索技巧,阅读相关书籍或在线教程;每月尝试使用一个新的信息获取渠道或工具,并进行总结反思。通过长期坚持,逐步提升各项能力。

(二)参与实践项目

在实际项目中锻炼信息素养。如参与企业的市场调研项目,从信息收集、分析到撰写报告,全过程运用信息获取、分析与利用能力。在学术研究中,通过查阅文献、设计实验、分析数据等环节,提升信息处理与创新能力。在实践中不断积累经验,发现问题并及时改进。

(三)持续关注行业动态

信息领域发展迅速,持续关注行业动态能及时掌握新的信息工具、技术与理念。订阅行业权威杂志、关注知名专家学者的社交媒体账号,定期参加行业研讨会、线上讲座等,保持对信息领域前沿趋势的敏锐感知,不断更新自身知识体系,提升信息素养水平。

三、计算机信息安全的法律法规与计算机软件版权的保护

(一)国家有关计算机信息安全的法律法规

我国构建了全面的计算机信息安全法律体系以应对网络安全挑战。自 1991 年《计算机软件保护条例》实施起,陆续出台《计算机信息系统安全保护条例》《中华人民共和国计算机

信息网络国际互联网管理暂行办法》等法规,将计算机犯罪纳入刑事立法框架。1997 年修订的《中华人民共和国刑法》增设非法入侵计算机信息系统罪、破坏计算机信息系统罪等条款,明确了法律责任。

随着数字化的飞速发展,2021 年《中华人民共和国数据安全法》与《中华人民共和国个人信息保护法》开始施行,分别规范数据全生命周期管理和个人信息权益保护。2024 年新修订的《中华人民共和国网络安全法》强化网络产品服务安全、关键信息基础设施供应链审查,细化应急处置流程,加大违法行为惩处力度。这些法律法规从多维度形成防护体系,但面对新技术带来的安全挑战,仍需不断完善。

(二)计算机软件版权的保护

定义与核心:计算机软件版权作为知识产权的重要部分,保护人类智力劳动成果,确保软件开发者的合法权益。

使用限制:用户购买软件后需遵守许可协议,禁止未经授权的使用、复制(存档备份除外)、修改、逆向工程,以及基于原软件二次开发等行为。

合法性要求:确保软件版权合法,需满足自主研发,以源程序、文档等证明产权归属清晰;开发过程需使用合法环境与工具,避免侵权风险。

核查要点:核查软件是否完成固化,开发方法、开发过程是否合法合规,同时要求开发者对版权合法性作出保证。

保护条例:我国通过《中华人民共和国著作权法》《计算机软件保护条例》等法律法规打击盗版,其中《计算机软件保护条例》涵盖总则、著作权、许可转让、法律责任等内容,标志着软件保护步入法制化。但随着软件技术不断创新,版权保护面临新挑战,需持续完善法律法规以适应产业发展需求。

🧑‍🤝‍🧑 任务实施

一、资料收集与分析实践

(1)资料收集:各小组成员分工合作,通过查阅书籍、上网搜索等方式,选择一个信息技术公司,收集其发展历程、不同时期发展重点等资料,并进行整理分类,制作成思维导图。

(2)小组讨论:小组成员对收集的资料展开讨论,梳理公司技术研发投入与成果,分析信息技术发展趋势;总结计算机发展对公司所处社会环境及个人工作方式的影响,从社会和个人层面探讨其变化。

(3)成果展示与交流:每个小组推选代表进行展示汇报,其他小组提问、交流,分享研究成果,促进全班同学对信息技术公司相关内容的深入理解。

(4)教师点评:教师对各小组汇报进行点评,肯定优点,指出不足并提出改进建议,强调信息技术及应用领域的重要性,回顾研究成果,肯定团队合作与自主学习能力,鼓励学生继续保持积极探索的态度。

二、举办信息伦理与计算机安全知识竞赛

(1)准备竞赛题目:教师准备涵盖信息伦理和计算机安全知识的题目,信息伦理涉及谣

言判定、隐私保护、信息公正使用等案例分析；计算机安全包含网络攻击识别、数据加密、漏洞防范等内容。

（2）分组竞赛：学生分组，推选组长，竞赛采用抢答、必答等形式，小组成员协同合作，快速分析作答。

（3）赛后复盘与讲解：竞赛结束后，教师对题目详细复盘讲解，剖析信息伦理案例背后的原则和处理方式，讲解计算机安全攻击原理、防御方法及技术应用，加深学生对知识的理解和记忆。

📝 项目小结

本项目主要对计算机网络和信息安全进行了介绍，包括网络定义、功能与组成，讲解了TCP/IP 协议的核心功能、IP 地址与域名系统的原理，万维网的工作机制，又重点介绍了电子邮件的工作原理及 Outlook 的操作，最后介绍了计算机安全知识和社会责任。

计算机国考一级
模拟特训题目

计算机国考一级模拟
特训答案解析

数字强国
阅读材料

模块二

人工智能通识

概览人工智能

项目概述

　　本项目主要讲解人工智能核心知识体系,通过三大模块系统解析技术原理与实践应用。首先梳理人工智能的定义、特点及发展脉络,其次深入解析机器学习、深度学习、自然语言处理(NLP)、计算机视觉等核心技术,最后结合生活、医疗、金融、交通等领域案例,分析智能语音助手、医学影像诊断、自动驾驶等应用场景,探讨技术落地的价值与挑战。希望这些内容,能帮助大家掌握人工智能关键知识,在未来职场中发挥所学。

思维导图

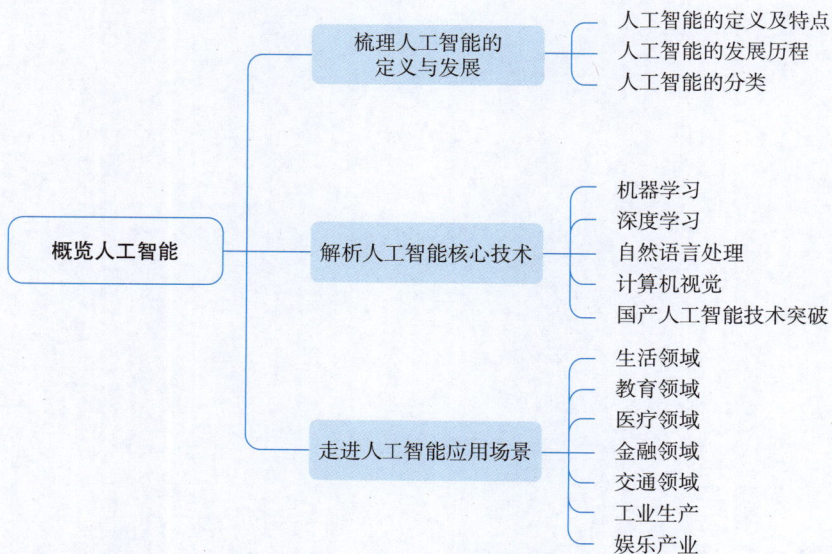

任务一　梳理人工智能的定义与发展

任务导入

在当今时代,人工智能已深度融入生活。从智能手机的语音助手,到医院的智能诊断系统,它无处不在。但你是否真正了解人工智能呢？它是如何定义的？又有着怎样的发展历程和分类呢？下面就一起开始本次探究学习吧。

学习目标

1. 知识目标

(1) 掌握人工智能的核心定义。

(2) 熟悉人工智能的发展历程。

(3) 明确人工智能的分类体系。

2. 能力目标

(1) 能够梳理并总结人工智能的定义、发展脉络及核心分类,形成系统化的知识框架。

(2) 能分析不同技术原理(如符号主义、深度学习)的适用场景与局限性,识别典型应用案例(如 AlphaGo、ChatGPT)的技术逻辑。

3. 素养目标

(1) 客观认知人工智能推动社会变革的作用,理解其创新性与复杂性。

(2) 培养学生跨学科思维,关注多领域协同对技术发展的驱动。

(3) 强化学生对数据与算力的重要性意识,树立持续学习新技术的观念。

(4) 关注伦理问题(隐私、算法公平等),平衡技术发展与人文关怀。

任务描述

本任务围绕人工智能展开,需梳理其定义,明确它是融合多学科、模拟人类认知的交叉学科。回顾起源与发展历程,包括早期理论、达特茅斯会议及各阶段成果。还要从技术原理、应用领域等维度剖析分类,以此全面深入地认识人工智能这一前沿领域。

知识准备

一、人工智能的定义及特点

在科技飞速发展的今天,人工智能(Artificial Intelligence,AI)已成为引领时代变革的关键力量,它就像一把神奇的钥匙,为我们开启了一个充满无限可能的新世界。从智能手机中的语音助手,到医院里辅助诊断的智能系统,从工厂里高效运作的自动化生产线,到金融领域精准的风险预测模型,人工智能正以惊人的速度融入我们生活的方方面面,悄然改变着我们的生活方式和社会的运行模式。

（一）人工智能的定义

人工智能是通过融合计算机科学、数学、神经科学、语言学等多学科理论，构建具备学习、推理、感知、交互等核心智能功能的技术系统，旨在模拟人类认知过程、解决复杂问题并拓展人类能力边界的交叉学科领域。它并非局限于单一技术或方法，而是通过多学科知识的深度融合，实现对人类智能的模拟、延伸与扩展。

（二）人工智能的特点

1. 功能的多样性与类人性

人工智能功能多样且具类人特征。在学习与适应上，借助机器学习和深度学习，能从海量数据中提取规律，像 AlphaGo 通过强化学习提升围棋水平。在推理与决策方面，基于符号逻辑等技术，可处理复杂逻辑关系，如医疗诊断系统依据数据和知识图谱给出治疗方案。在感知与交互能力上，通过计算机视觉、语音识别等技术，实现多模态信息理解，智能语音助手让交互更自然。生成式人工智能虽基于数据模式拟合，却能自动生成图像、文本，展现出初步的创造创新能力，模拟人类创造性思维。

2. 技术的交叉性与创新性

人工智能是交叉学科的产物，其发展依托多学科协同创新。计算机科学提供算法架构与算力，数学和统计学奠定理论基础，神经科学、认知心理学提供灵感，语言学助力自然语言处理。同时，人工智能领域创新不断，从专家系统到深度学习模型，从反向传播算法到 Transformer 架构，每次技术突破都推动其发展，持续创新赋予其强大生命力。

3. 应用的广泛性与渗透性

人工智能的应用场景极为广泛，已渗透到社会生活的各个领域。在医疗领域，医学影像识别系统辅助医生快速诊断疾病，提高诊疗效率；交通领域中，自动驾驶技术有望彻底改变出行方式；教育行业里，智能学习平台根据学生特点提供个性化学习方案。此外，金融、制造业、传媒娱乐等行业也都在借助人工智能实现变革，如金融风险评估、智能生产控制、虚拟偶像创作等，其应用边界仍在不断拓展。

4. 发展的动态性与不确定性

人工智能处于快速发展阶段，技术更新迭代迅速。新的研究成果和应用不断出现，使得人工智能的内涵与外延持续变化。同时，其发展也面临诸多不确定性。在技术层面，如何突破当前深度学习的局限性、实现通用人工智能仍是难题；在伦理层面，人工智能可能引发的隐私泄露、算法偏见、就业结构变化等问题，需要在发展过程中不断探索解决方案。

5. 数据与算力的依赖性

人工智能的发展高度依赖数据和算力。大量高质量的数据是训练模型的基础，数据规模和质量直接影响模型的性能。例如，预训练语言模型需要在海量文本数据上进行训练，才能具备强大的语言理解与生成能力。同时，复杂的人工智能模型训练对算力要求极高，图形处理器（GPU）等计算设备的出现，大幅提升了计算能力，推动了人工智能技术的发展。

二、人工智能的发展历程

人工智能的发展并非一蹴而就，而是经历了漫长而曲折的过程，从最初的萌芽到如今的蓬勃发展，每一个阶段都凝聚着无数科学家的智慧和努力。

（一）萌芽期（1950s—1980s）

1950 年，艾伦·图灵提出"机器能否思考"的问题，并设计"图灵测试"，为人工智能研究奠定了理论基础。当时，符号逻辑主导研究，科学家试图通过规则逻辑让机器模拟人类智能。1956 年，美国达特茅斯学院首次人工智能研讨会提出"人工智能"术语，标志该学科诞生。

此后，早期人工智能程序涌现，"逻辑理论机"能证明数学定理，"跳棋程序"具备自学能力，击败设计者并战胜州冠军，推动"机器博弈""机器学习"的研究。但受限于当时计算机技术，算力与数据量不足，人工智能发展陷入低谷。

（二）突破期（2000s—2010s）

互联网普及与计算机技术发展，使大数据与算力大幅提升，为人工智能注入活力，推动深度学习崛起。深度学习作为机器学习分支，借多层神经网络从海量数据中自动学习特征模式。2012 年，Hinton 团队的 AlexNet 在 ImageNet 竞赛中大胜，开启深度学习在计算机视觉领域的广泛应用，随后在图像、语音、自然语言处理等领域实现重大突破。2016 年，谷歌 AlphaGo 运用深度学习与强化学习技术，经学习棋谱和自我对弈，战胜围棋世界冠军李世石，震惊全球，这展现人工智能的强大潜力，成为人工智能发展史上的重要里程碑。

（三）应用爆发期（2020s 至今）

进入 21 世纪 20 年代，人工智能技术日益成熟，开始广泛融入千行百业，成为推动各行业发展的重要力量。中国提出"人工智能＋"国家战略，加大了对人工智能技术研发和应用的支持力度，推动人工智能与实体经济深度融合，在智能制造、智慧医疗、智能交通等领域取得了显著成果。同时，随着 5G、物联网、云计算等技术的不断发展，为人工智能的应用提供了更广阔的空间和更强大的支撑，人工智能正以前所未有的速度改变着我们的生活和社会。

三、人工智能的分类

人工智能作为一个庞大且复杂的领域，依据不同标准存在多种分类方式。以下从技术原理、功能属性、功能范围三个主要维度，对人工智能进行详细分类解析。

（一）按技术原理分类

1. 符号主义人工智能

符号主义基于符号逻辑系统，将人类知识与推理规则编码为计算机程序，通过逻辑推理来实现智能行为。早期的专家系统是其典型代表，例如医疗诊断专家系统，通过收集医学领域专家的知识和经验，以规则库的形式存储在计算机中。当输入患者症状等信息时，系统通过匹配规则进行推理，从而得出诊断结论。这种类型的人工智能依赖于明确的规则和结构化知识，在处理确定性问题时表现出色，但面对模糊、不确定的信息时，灵活性和适应性较差。

2. 连接主义人工智能

连接主义模拟人类大脑神经元的结构和工作方式，构建人工神经网络。深度学习作为连接主义的重要分支，通过多层神经元之间的连接和数据传递，自动从大量数据中学习特征和模式。例如在图像识别领域广泛应用的卷积神经网络（CNN），通过卷积层、池化层等结构，自动提取图像中的边缘、纹理、形状等特征，实现对图像的分类与识别。连接主义人工智能具有强大的模式识别和学习能力，尤其擅长处理图像、语音、文本等非结构化数据，但网络训练过程复杂,对计算资源和数据量要求较高。

3. 行为主义人工智能

行为主义强调智能源于与环境的交互,通过"感知-动作"模式实现智能行为。强化学习是行为主义的核心技术,例如 AlphaGo 在围棋博弈中,通过不断与虚拟对手对弈,根据每一步棋的结果(赢、输或平局)获得奖励或惩罚信号,从而学习到最优的下棋策略。行为主义人工智能适用于动态、不确定的环境,能够在与环境的交互过程中自主学习和优化行为,但在处理复杂抽象概念和知识推理方面存在一定局限。

(二) 按功能属性分类

1. 计算智能

计算智能赋予机器强大的计算能力和逻辑推理能力,使其能够高效处理数据和执行规则性任务。早期的人工智能系统大多属于计算智能范畴,如简单的计算器程序、基于规则的搜索引擎,它们按照预设的算法和规则进行数据处理和信息检索。

2. 感知智能

感知智能让机器具备视觉、听觉、触觉等感知能力,能够理解和处理图像、语音、文本等信息。智能语音助手如苹果 Siri、百度小度,通过语音识别技术理解用户指令,并利用自然语言处理技术生成回复;人脸识别门禁系统通过摄像头采集人脸图像,运用计算机视觉技术进行特征提取和比对,实现身份识别。

3. 认知智能

认知智能是人工智能的高级阶段,旨在让机器具备推理、决策、学习、创造等高级认知能力。目前处于研究和发展阶段的认知智能系统,能够理解复杂的因果关系,在解决问题过程中展现出类似人类的智慧,例如部分智能决策系统可以基于复杂信息和因果推理,为企业战略规划提供科学依据。

(三) 按功能范围分类

根据功能范围的不同,人工智能可大致分为弱人工智能(Narrow AI)和强人工智能(AGI)。

1. 弱人工智能

专注于特定任务,是目前应用最为广泛的一类人工智能。例如,我们日常使用的语音助手 Siri,它能够识别语音指令并提供相应的服务,无论是查询天气、设置提醒还是播放音乐,Siri 都能快速准确地完成;还有手机中的人脸解锁功能,通过图像识别技术,手机能够快速识别用户的面部特征,从而实现安全解锁,方便又快捷。这些弱人工智能虽然在各自的领域表现出色,但它们缺乏通用性,只能完成特定的任务,无法像人类一样灵活应对各种复杂的情况。

2. 强人工智能

具备通用智能,理论上能完成人类所有认知任务。它不仅能够理解复杂的概念、进行抽象思维和推理,还能像人类一样从经验中学习并快速适应新环境。然而,尽管科学家们一直在努力探索,但目前强人工智能仍停留在理论研究阶段,尚未成为现实。实现强人工智能面临着诸多挑战,包括对人类大脑认知机制的深入理解、复杂算法的设计以及强大算力的支持等。

通过上述多维度的分类,我们可以更全面、深入地理解人工智能领域的丰富内涵与多元发展方向,随着技术的不断进步,人工智能的分类也将持续细化和拓展。

任务实施

一、资料收集与整理

（1）各小组成员分工合作，从人工智能的定义及特点、人工智能的起源与发展历程、人工智能的分类三个学习议题中任选一项，进行资料查询。

（2）各小组将资料整理为思维导图或表格，标注关键概念与案例，制作成图文并茂的文档或演示文稿。

二、成果展示与汇报

（1）每个小组推选一名代表，向全班同学展示和汇报小组的学习成果。

（2）其他小组的成员可以提问和发表意见，进行互动交流。

三、教师点评与总结

（1）教师对各小组的汇报进行点评，肯定优点，指出不足，并提出改进建议。

（2）教师对整个学习过程进行总结，强调学习人工智能的定义、发展历程及分类体系的重要性，以及团队合作和自主学习的意义。

习题及答案

任务二　解析人工智能核心技术

任务导入

人工智能如何实现从"感知"到"决策"的跨越？机器学习、深度学习、自然语言处理等核心技术如同幕后推手，支撑着智能推荐、医学诊断、自动驾驶等应用落地。本次学习将深入解析这些技术的原理、分类及应用，理解技术如何赋能千行百业，激发对人工智能核心技术的探索兴趣。

学习目标

1. 知识目标

（1）了解机器学习三大范式的原理及典型应用。

（2）理解深度学习核心模型的架构特点与适用场景。

（3）明确自然语言处理关键技术及应用逻辑。

（4）熟悉计算机视觉的主要任务、核心算法及实际应用。

（5）了解国产技术突破的优势与落地场景。

2. 能力目标

（1）区分不同机器学习范式的适用场景。

（2）分析深度学习模型在具体领域的技术逻辑。

（3）识别自然语言处理技术在实际产品中的应用。

（4）解释计算机视觉技术在案例中的关键步骤。

3. 素养目标

（1）建立人工智能核心技术的系统认知与交叉融合思维。

（2）培养学生数据驱动思维，关注技术落地的实际挑战。

（3）增强学生伦理意识，思考技术应用中的潜在风险。

（4）提升学生跨学科视野，理解技术创新对行业的推动作用。

📋 任务描述

本任务主要学习人工智能核心技术，需掌握机器学习（监督/无监督/强化学习）、深度学习（CNN/RNN/Transformer）、自然语言处理（预训练模型、多模态）、计算机视觉（图像分类、目标检测）的原理与应用，结合 AlphaGo、GPT、自动驾驶等案例，分析技术逻辑，并了解 PaddlePaddle、ET 大脑等国产技术的突破，形成技术认知框架。

⏱ 知识准备

人工智能的强大功能背后，是一系列复杂的核心技术在支撑，这些技术犹如人工智能大厦的基石，共同构建起了一个智能的世界。

一、机器学习

机器学习是一门致力于让计算机具备学习能力的技术学科。它的核心在于让计算机通过对大量数据的分析，自动归纳其中隐藏的规律或模式，从而实现对未来趋势的预测、决策的制定等能力，模拟人类从经验中学习并提升解决问题能力的过程。

（一）机器学习的本质与核心目标

人类通过观察和实践，积累经验，进而提升解决问题的能力。机器学习则是让计算机模拟这一过程——通过分析大量数据，自动归纳隐藏的规律或模式，从而具备预测未来、决策行动的能力。例如，电商平台根据用户的浏览和购买记录推荐商品，本质上就是机器学习在"总结"用户的偏好规律。

（二）机器学习的三大核心范式

1. 监督学习

监督学习需要使用带有明确标注的"训练数据"，就像学生在老师的指导下学习。例如，训练一个图像分类器时，我们需要提前标注好每一张图片是"猫"还是"狗"，然后让算法通过分析这些标注数据，学会识别两者的特征差异（如耳朵形状、毛发纹理）。常见应用有：垃圾邮件过滤（如标注"垃圾"与"非垃圾"邮件）、房价预测（如根据房屋面积、位置等特征标注价格）等。监督学习所使用的核心算法有：决策树、支持向量机、随机森林等。

2. 无监督学习

现实中大量数据是没有标注的，无监督学习就像探险家在未知领域寻找规律。例如，银行通过分析用户的交易记录（如消费金额、频率、地点等），无须预先设定分类，就能自动将用户分为"高频消费型""稳健理财型"等群体，为精准营销提供依据。技术核心有通过聚类（如K-means 算法）或降维（如主成分分析 PCA），发现数据内在的结构或相似性。典型的应用场景有：市场细分、图像降噪、识别信用卡欺诈及交易的异常检测等。

3. 强化学习

强化学习模拟了生物的"奖励-惩罚"机制，AI 通过与环境互动，不断尝试不同行为，根据结果获得"奖励"或"惩罚"，最终学会最大化长期收益的策略。典型案例是 AlphaGo，它通过数百万次自我对弈，逐渐掌握了围棋的最优落子策略，甚至超越了人类顶级棋手。典型的应用领域有：Dota2 的 OpenAI Five 游戏 AI、无人机避障的机器人控制等。

（三）机器学习的关键要素

机器学习包含数据、算法、模型和评估指标四大关键要素。数据是学习基础，需确保质量并预处理；算法是学习规则，不同算法适配不同任务；模型是学习成果，易出现过拟合等问题，需优化；评估指标用于衡量模型性能，如回归任务的均方误差、分类任务的准确率等。这四大要素紧密关联，数据为算法提供学习材料，算法构建模型，评估指标则反馈模型优劣，指导优化方向，共同支撑机器学习系统的有效运作。

（四）机器学习工具和框架

使用机器学习工具和框架能大幅提升开发效率。TensorFlow 由谷歌开发，支持多平台，灵活性高，常用于大规模深度学习项目；PyTorch 以简洁易用著称，动态计算图特性便于调试，深受学术研究与算法快速迭代场景青睐；Scikit-learn 专注传统机器学习，涵盖分类、回归等算法，适合数据预处理与模型评估；Keras 高度模块化，上手难度低，适合初学者快速搭建神经网络。此外，LightGBM 和 XGBoost 在梯度提升算法领域表现优异，能高效处理大规模结构化数据。

（五）机器学习的应用场景

在实际应用中，机器学习被广泛应用于电商推荐系统，根据用户的浏览历史、购买行为等数据，为用户推荐他们可能感兴趣的商品，提高用户的购买转化率；在金融风控领域，通过分析大量的金融数据，识别潜在的风险，预防欺诈行为的发生。

二、深度学习

深度学习是人工智能领域中最具影响力的技术之一，它极大地改变了我们与计算机交互和解决复杂问题的方式。接下来从其原理、模型、应用及挑战等方面，详细介绍深度学习。

（一）深度学习的起源与本质

深度学习的概念源于人工神经网络的研究，它试图模仿人类大脑神经元的工作方式。在大脑中，神经元相互连接，接收和处理信息，并将信息传递给其他神经元。深度学习模型构建了类似的"人造神经元"网络，这些网络由许多层组成，每一层都对输入数据进行特定的处理，从而逐步提取出数据中复杂的特征和模式。

传统机器学习往往依赖人工提取数据特征，比如在识别手写数字时，需要人为设计一套规则来提取数字的线条、形状等特征。而深度学习能够自动从大量数据中学习特征，无须人工进行烦琐的特征工程，这是它与传统机器学习的重要区别，也是其强大能力的来源。

（二）深度学习的核心网络模型

1. 卷积神经网络（CNN）

CNN 在图像领域大放异彩。当我们给 CNN 输入一张图片时,第一层网络会像一个"边缘探测器",寻找图片中的各种边缘,比如直线、曲线;第二层网络则会将这些边缘组合起来,形成一些简单的形状,比如圆形、方形;随着网络层数的增加,后面的层会将这些形状进一步组合,最终识别出完整的物体,例如人脸、汽车等。正是这种分层逐步提取特征的能力,让 CNN 在图像识别、医学影像诊断、自动驾驶的视觉感知等任务中表现卓越。

2. 循环神经网络（RNN）

RNN 专门用于处理具有序列性质的数据,比如语音、文本。以文本为例,当我们阅读一句话时,每个词的定义都与前后文有关,RNN 通过"循环连接"的结构,能够记住之前处理过的信息,并利用这些信息来理解当前的内容。不过,传统 RNN 在处理长序列数据时会出现"遗忘"较早信息的问题,后来出现的长短期记忆网络（LSTM）和门控循环单元（GRU）,通过引入特殊的"门控机制",有效解决了这一难题,使得 RNN 在自然语言处理、语音识别等领域得到广泛应用。

3. Transformer 模型

Transformer 模型是深度学习发展的重要里程碑。它摒弃了传统的循环结构,引入"注意力机制"。在处理文本时,注意力机制可以让模型在处理每个单词时,自动关注与该单词相关的其他单词,而不是像 RNN 那样按顺序依次处理。比如翻译"我喜欢吃苹果",模型在翻译"苹果"这个词时,会重点关注"吃"这个词,从而更准确地进行翻译。这种机制使得 Transformer 能够并行处理数据,大大提高了计算效率,也让它成为 GPT、BERT 等大型语言模型的基础架构。

（三）深度学习的工具和框架

深度学习的工具和框架有 TensorFlow,由 Google 开发,其具有强大的计算能力和广泛的应用场景,支持大规模分布式训练。PaddlePaddle 是百度开源的深度学习平台,它具有易用、灵活、高效等特点,为开发者提供了丰富的算法和工具,在国内得到了广泛的应用,如北京工业大学的学生利用 PaddlePaddle 平台为平谷的桃农制造了一台智能桃子分拣机,它可以根据桃子的颜色、大小、光亮等诸多特征实现智能分拣,分桃准确率已达 90% 以上,极大地解放了人力。

（四）深度学习的广泛应用

在图像领域,深度学习不仅用于常见的人脸识别解锁手机,还应用于卫星图像分析,帮助监测森林火灾、城市扩张等;在医疗领域,它能辅助医生通过分析 CT、MRI 等影像,更准确地诊断疾病;在自然语言处理方面,智能客服通过深度学习理解,用户问题并提供准确回答,机器翻译实现了不同语言之间的快速转换;在自动驾驶领域,深度学习模型让汽车能够实时识别道路、行人、交通标志,做出合理的驾驶决策。

三、自然语言处理

自然语言处理（Natural Language Processing,NLP）,是人工智能领域中极具人文色彩的重要分支,它致力于让计算机能够理解、处理和生成人类日常使用的语言,像中文、英文等。它在促进文化传播、推动社会进步等方面发挥着重要作用。

(一) 自然语言的网络模型

1. 词嵌入模型

传统方法将单词看作独立符号,无法体现语义关联,而词嵌入技术通过训练模型,把单词转化为低维实数向量。这样计算机就能理解"猫"和"狗"都属于"动物"的语义联系,向量间的距离反映语义相似度,为理解语言语义打下基础。

2. 循环神经网络(RNN)及改进版

对于具有顺序性的语言数据,比如一句话,RNN通过"循环连接"记住之前处理的信息,辅助理解当前内容。不过传统RNN存在"遗忘"较早信息的问题,长短期记忆网络(LSTM)和门控循环单元(GRU)通过"门控机制",有效解决该问题,在自然语言处理任务中表现出色。

3. Transformer 模型

这是自然语言处理领域的重大突破,它引入"注意力机制",让模型在处理每个单词时,能自动关注与该单词相关的上下文信息。比如翻译句子时,能更准确地把握语义,成为GPT、BERT等大型语言模型的基础架构。

(二) 自然语言的预训练模型

预训练模型的出现,更是让自然语言处理实现了质的飞跃。自然语言处理(NLP)的预训练模型是人工智能领域的"通用大脑",其核心在于通过无监督学习从海量文本中提取语言规律,构建出具备通用语义理解能力的基础模型。以下是几个主流预训练模型介绍。

1. 生成式模型 GPT 系列

GPT-3是一个有1750亿参数的"文本创作大师",能根据少量示例生成代码、文案甚至学术论文。例如,输入"写一个 Python 函数计算斐波那契数列",模型可自动补全代码。GPT-4o是一个多模态模型,支持文本与图像联合处理。例如,输入"描述这张雪山照片",模型能结合图像生成"雪山环绕的湖泊,湖面倒映着天空"。

2. 中文优化模型

ERNIE是百度自主研发的中文预训练模型,其核心优势在于深度融入知识图谱信息,例如将"北京"与"中国首都""政治文化中心"等实体关系结构化嵌入模型训练,突破传统语言模型仅依赖文本上下文的局限。这一特性使其在中文语义理解、逻辑推理场景表现突出,尤其在公文生成中能精准把握政策术语关联,自动生成结构严谨的报告;诗词创作时可结合历史典故与情感脉络,产出兼具格律与意境的作品,同时在智能问答、语义检索等领域也展现出强于传统模型的知识驱动能力。

3. 多模态融合模型

百度文心大模型 4.5 Turbo 作为国内多模态技术标杆,通过多模态异构专家建模、自适应分辨率视觉编码等核心技术,实现文本、图像、视频混合训练,学习效率提升 1.98 倍,多模态理解效果较前代提升 31.21%。其突破性自反馈增强框架构建"训练-生成-反馈-增强"闭环,显著降低模型幻觉并提升复杂任务处理能力,多模态能力与 GPT 4.1 持平、优于GPT 4o。在数字人领域,该模型通过"剧本"驱动多模协同技术,整合语言、表情、动作生成模块,可根据剧本自动生成微表情、肢体动作与口型,使虚拟主播情感表达达到真人级自然度。目前已支撑 10 万 + 数字人主播,直播转化率提升 31%,开播成本降低 80%,同时以每百万 token 输入 0.8 元、输出 3.2 元的成本优势,加速多模态技术在企业级场景的规模化落地。

（三）自然语言的应用场景

（1）智能客服：企业通过自然语言处理技术，让智能客服理解用户问题并自动回复，像电商平台解答商品咨询、银行处理业务疑问等，来提高服务效率和质量。

（2）机器翻译：打破语言障碍，从简单的单词翻译到整句、文章的翻译，让不同语言的人们可以轻松交流，促进了全球文化和经济的交流。

（3）文本生成：辅助写作，如生成新闻稿件、文案策划，甚至创作诗歌、小说等。同时，在内容推荐领域，能根据用户兴趣生成个性化推荐内容。

（4）情感分析：分析社交媒体评论、用户反馈等文本，判断其中蕴含的情感倾向，是积极、消极还是中性，帮助企业了解公众对产品、品牌的态度，也有助于舆情监测。

四、计算机视觉

在人工智能的大家族里，计算机视觉技术让计算机能够像人类一样"看见"并理解周围的世界。接下来，我们就从定义、分类、核心技术和应用等方面，全面了解计算机视觉技术。

（一）定义

计算机视觉，简单来说，就是让计算机能够理解和解释数字图像或视频中的内容。人类通过眼睛获取的信息中，80％以上都来自视觉，而计算机视觉的目标，就是让计算机具备类似人类视觉的能力。它要解决的问题，从识别一张图片里的物体是什么，到判断视频中人物的动作和行为，甚至预测接下来可能发生的事情，涵盖了从"看到"到"看懂"，再到"预测"的整个过程。

（二）分类

计算机视觉任务可以大致分为图像分类、目标检测、图像分割和视频分析等几类。

图像分类是计算机视觉中最基础的任务，它的目标是判断图像属于哪一个类别，比如判断一张图片是猫还是狗，是汽车还是飞机。

目标检测不仅要判断图像中物体的类别，还要确定物体在图像中的具体位置，像在交通监控画面中，准确检测出车辆、行人以及交通标志的位置和类别。图像分割则是更精细的操作，它需要将图像中的每个像素都进行分类，例如在医学影像中，把肿瘤组织和正常组织从CT图像中逐像素区分开来。

视频分析则是对连续的图像序列进行处理，分析视频中的动作、事件和场景，比如判断视频里的人是否在摔倒，或者车辆是否违规行驶。

（三）核心技术

卷积神经网络（CNN）是计算机视觉的核心技术之一。它模仿了人类视觉系统处理信息的方式，通过多层卷积层和池化层，自动从图像中提取特征。例如在人脸识别中，第一层CNN可能识别出眼睛、鼻子、嘴巴的边缘，后面的层逐步将这些边缘组合成完整的面部特征。

目标检测算法也是关键技术，以YOLO（You Only Look Once）算法为例，它能够在极短的时间内，快速检测出图像中多个目标的位置和类别，并且保证较高的准确率，让自动驾驶汽车可以实时识别道路上的各种物体。

图像分割技术中的语义分割和实例分割也至关重要。语义分割将图像划分为不同的语义类别，比如区分出人、车、道路；实例分割则更进一步，能够区分出同类物体的不同个体，比如在人群中识别出每一个具体的人。

（四）应用

在安防领域，计算机视觉技术广泛应用于监控系统。通过人脸识别技术，能够快速锁定犯罪嫌疑人；行为分析功能可以及时发现异常行为，如打架斗殴、物品遗留，保障公共安全。图 7-1 所示是一个典型人脸识别系统的组成。

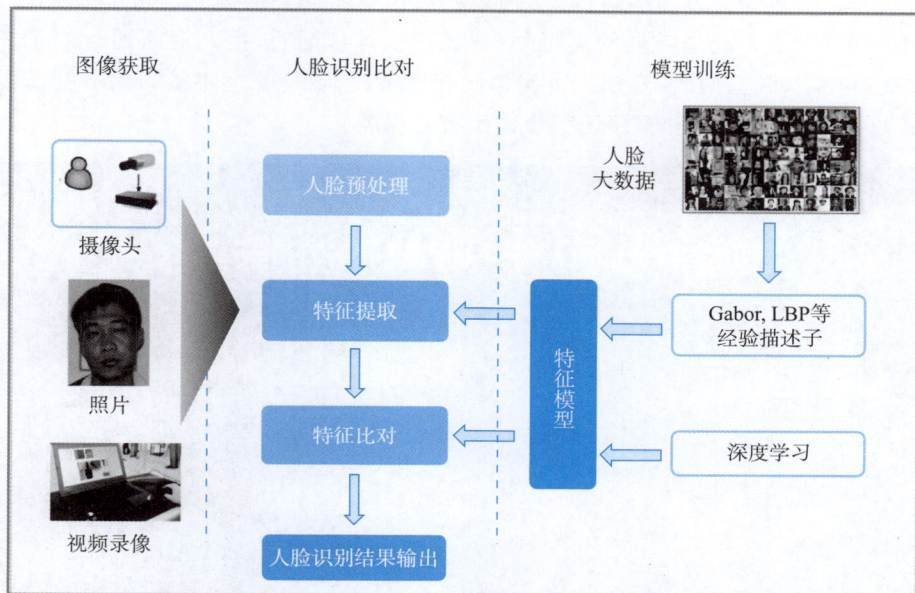

图 7-1　人脸识别系统的组成

医疗领域中，计算机视觉帮助医生更准确地诊断疾病。例如，通过对 X 射线、CT 等医学影像的分析，计算机可以辅助医生检测肿瘤、判断病变程度，为治疗方案的制定提供重要依据。

自动驾驶是计算机视觉技术的集大成应用场景。汽车通过摄像头和传感器获取周围环境的图像信息，利用计算机视觉技术识别道路、交通标志、其他车辆和行人，从而实现自动行驶、规避障碍和遵守交通规则。

此外，在零售行业，计算机视觉可以用于智能货架，实时监测商品库存和销售情况；在教育领域，它能辅助实现课堂行为分析，了解学生的学习状态。

五、国产人工智能技术突破

在人工智能技术发展的道路上，各国都在积极探索和创新，取得了许多令人瞩目的技术突破，这些突破不仅推动了人工智能技术的进步，也为实际应用带来了更多的可能性。

（一）国产技术崛起

百度的 PaddlePaddle 深度学习平台在国内乃至全球都具有重要影响力。它不断发展和完善，具备高效的分布式训练能力，能够支持大规模的数据处理和复杂模型的训练。基于 PaddlePaddle 平台，百度推出了 ERNIE（Enhanced Representation through Knowledge Integration）系列预训练模型，在自然语言处理领域取得了显著成果。ERNIE 2.0 通过持续学习语义理解框架,支持增量引入词汇、语法、语义等多个层次的自定义预训练任务,全面捕捉训练语料中的潜在信息,在中英文多个任务上超越了 BERT 和 XLNet 等模型,取得了 SO-TA(State-Of-The-Art)效果,为自然语言处理的研究和应用提供了新的思路和方法。

阿里云的 ET 大脑也是国产技术的杰出代表,它涵盖了城市大脑、工业大脑等多个领域。以 ET 城市大脑为例(图 7-2),它利用阿里云强大的云计算和人工智能技术,整合城市中的交通、能源、安防等多方面的数据,实现对城市运行状态的实时感知和智能调控。在杭州,ET 城市大脑通过对交通数据的实时分析,优化信号灯配时,提高道路通行效率,有效缓解了城市交通拥堵问题;同时,它还能准确监测交通事故,日均交通事故报警 500 次以上,准确率达 92%,为城市的安全和有序运行提供了有力保障。

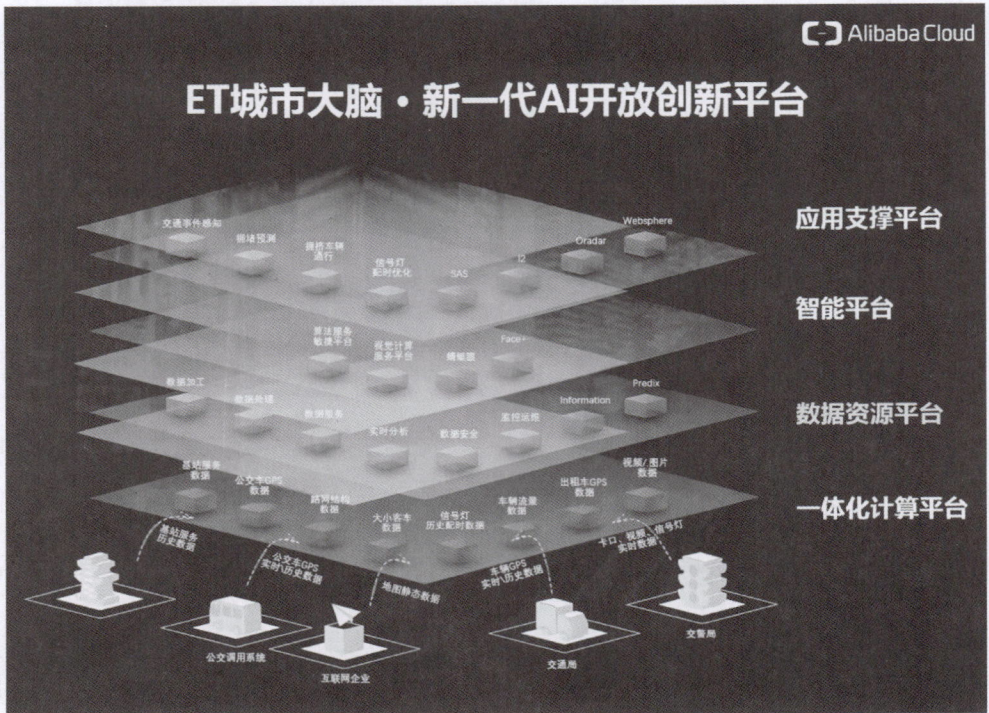

图 7-2　阿里云 ET 城市大脑平台

(二)边缘计算突破

华为的 Atlas 是基于昇腾系列 AI 芯片的全能计算平台,在边缘计算领域实现了多方面的突破,为人工智能的端侧应用提供了强大的支持。Atlas 芯片基于华为自研的 DaVinci 架构,具备高算力、可扩展、高能效等优势。其中,Atlas500 智能小站,体积小巧,却拥有强大的 AI 推理能力,可实现 16 路视频实时处理能力,支持图像硬编解码和视频硬编解码。它满足多种环境部署要求,数据能够实时本地处理,减少了对云端的依赖,降低了网络传输压力和延迟。同时,Atlas500 智能小站具备边云协同功能,能够实时更新云端推送的算法,广泛应用于平安城市、人脸识别、设备巡检、污染检测、智慧交通和智慧零售等场景。华为 2018 年推出昇腾 310 和昇腾 910 两款 AI 芯片,昇腾 310 主打终端低功耗 AI 场景,昇腾 910 芯片用于高端人工智能计算,Atlas 900 AI 集群采用的就是单芯片算力最强的昇腾 910 AI 处理器。华为昇腾 310 和昇腾 910 参数对比如图 7-3 所示。

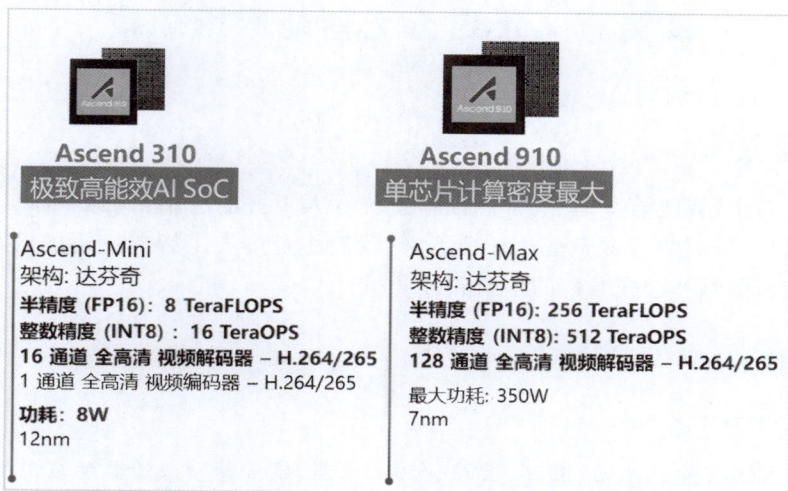

图 7-3　华为昇腾 310 和昇腾 910 参数对比

🛠 任务实施

一、资料收集与整理

（1）从人工智能的机器学习、深度学习、自然语言处理、计算机视觉四个核心技术任选一个，进行资料查阅并整理，收集每项技术 2～3 个典型应用案例。

（2）以小组形式（每组 3～5 人）进行讨论，制作 PPT。

二、小组讨论与分析

组织小组讨论，分享案例分析的成果，共同探讨人工智能每项核心技术案例的应用原理。

三、成果汇报与提交

（1）各小组派代表对自己的小组成果以 PPT 形式进行汇报。

（2）其他小组的成员可以提问和发表意见，进行互动交流。

四、教师点评与总结

（1）教师对各小组的汇报进行点评，肯定优点，指出不足，并提出改进建议。

（2）教师对整个学习过程进行总结，强调人工智能核心技术的"交叉融合"特性、引导学生关注技术伦理、总结国产技术突破的实践价值、鼓励学生关注技术落地中的创新思维，以及团队合作和自主学习的意义。

习题及答案

任务三　走进人工智能应用场景

🖥 任务导入

在日常生活中,智能语音助手、智能推荐系统等人工智能应用已随处可见,教育、医疗、金融等领域也因 AI 发生着深刻变革。接下来,我们将走进人工智能应用场景,探究其在各领域具体是如何影响和改变我们的生活和社会的。

📖 学习目标

1. 知识目标

(1) 掌握人工智能在生活、教育、医疗、金融、工业、娱乐等领域的典型应用场景。
(2) 理解各场景中核心技术原理及技术应用方式。
(3) 明确 AI 在各领域解决的关键问题、实现效果及面临的技术/伦理挑战。

2. 能力目标

(1) 能分析行业案例,梳理 AI 技术路径、解决的问题及效果。
(2) 能总结多领域应用的共性与差异。

3. 素养目标

(1) 认识 AI 对生活便捷化、行业智能化的社会价值。
(2) 培养学生跨学科思维,关注技术融合(如自动驾驶的多技术协同)。
(3) 增强学生伦理意识,思考数据隐私、算法公平等社会影响。
(4) 提升学生团队协作与沟通能力,培养学生问题分析能力及成果展示素养。

📋 任务描述

本任务,我们将通过生活、教育、医疗、金融等领域,探究 AI 如何通过智能语音、推荐系统、影像诊断等技术重塑各行业,分析其应用价值与挑战,感受科技赋能的力量,提升对 AI 应用的认知与洞察力。

⏱ 知识准备

在当今数字化时代,人工智能已悄然渗透到我们生活与工作的方方面面,从手机里的智能助手到工厂中的自动化设备,从医疗诊断的辅助工具到金融领域的风险管控,人工智能的应用场景丰富多样,深刻改变着我们的社会与生活。接下来,我们将深入各个领域,探索人工智能的典型应用场景。

一、生活领域

（一）智能语音助手

在日常生活中，智能语音助手是我们接触人工智能最频繁的方式之一。像苹果的 Siri、小米的小爱同学、百度的小度等，它们通过语音识别技术"听懂"我们的指令，再借助自然语言处理技术理解语义，最后利用语音合成技术做出回应。比如，我们说"播放周杰伦的歌曲"，智能助手就能迅速搜索音乐库并播放；询问"明天天气如何"，它会实时调取气象数据进行回答。这些智能助手还能与智能家居设备联动，用户只需说一句"打开客厅灯光""把空调温度调到 26℃"，家中的智能设备便会自动执行操作，让家居生活更加便捷、舒适。

（二）智能推荐系统

智能推荐系统也是日常生活中常见的人工智能应用。打开电商平台，我们会看到系统根据浏览记录、购买历史推荐的商品；使用视频平台时，首页推送的视频也是基于我们的观看偏好生成。以淘宝为例，它通过机器学习算法分析用户的年龄、性别、消费习惯等数据，精准预测用户可能感兴趣的商品，提高购物效率的同时，也促进了商品的销售。社交媒体的内容推荐同样如此，抖音、微博等平台根据用户的点赞、评论、关注等行为，推送个性化的短视频、文章，让用户更容易发现感兴趣的内容。

二、教育领域

人工智能在教育领域的应用正推动着教育模式的创新。智能教学辅助工具能够帮助教师提升教学效率和质量。例如，智能备课系统可以根据教学大纲和知识点，自动生成教案、课件，还能推荐相关的教学资源，如视频、练习题等。课堂上，智能答题系统让学生通过电子设备实时答题，系统即时统计答题情况，教师可以据此了解学生对知识的掌握程度，及时调整教学策略。

个性化学习平台是人工智能在教育领域的重要应用成果。这些平台通过分析学生的学习数据，包括学习进度、答题正确率、学习时长等，为每个学生制订专属的学习计划。比如，学而思网校的智能学习系统，能根据学生的薄弱环节，推送针对性的学习内容，提供个性化的习题训练，帮助学生查缺补漏。此外，虚拟学习伙伴也逐渐走进课堂，它可以与学生进行对话交流，解答疑问，模拟真实的学习场景，让学生在互动中提高学习兴趣和效果。

三、医疗领域

在医疗领域，人工智能发挥着至关重要的作用。医学影像诊断是其典型应用场景之一。传统的医学影像诊断依赖医生肉眼观察 X 射线、CT、MRI 等影像，不仅耗时较长，还可能出现漏诊、误诊的情况。而基于深度学习的计算机视觉技术，能够快速分析医学影像，识别病变区域。例如，腾讯觅影可以辅助医生检测早期食管癌，通过对胃镜影像的分析，准确找出可疑病变部位，提高诊断的准确性和效率。

疾病预测与健康管理也是人工智能在医疗行业的重要应用方向。通过收集患者的基因数据、病史、生活习惯等多维度信息，利用机器学习算法建立预测模型，能够提前预测疾病的发生风险。比如，一些研究机构利用人工智能技术预测心血管疾病的发病概率，为患者提供早期的预防建议。此外，智能健康监测设备如智能手环、智能手表等，能够实时监测用户的心率、血压、睡眠等健康数据，并通过人工智能算法分析数据，一旦发现异常，及时提醒用户就医，实现对个人健康的全方位管理。

四、金融领域

在金融领域，人工智能被广泛应用于风险评估与管理。银行、信贷机构等利用机器学习算法分析客户的信用记录、收入情况、资产负债等数据，评估客户的信用风险，决定是否给予贷款以及贷款额度。例如，蚂蚁金服的芝麻信用通过多维度的数据评估，为用户提供信用评分，基于评分决定用户在消费信贷、免押金服务等方面的权限。

反欺诈检测也是人工智能在金融领域的重要应用。随着网络支付和金融交易的日益频繁，欺诈行为也层出不穷。人工智能系统通过实时监测交易数据，分析交易的时间、地点、金额、频率等特征，利用机器学习算法识别异常交易模式，及时发现潜在的欺诈行为。比如，当系统检测到某笔交易与用户的历史交易习惯差异较大时，会立即发出预警，保障用户的资金安全。此外，智能投资服务利用人工智能技术为投资者提供个性化的投资建议，根据投资者的风险偏好、投资目标等因素，自动配置资产组合，降低投资风险，提高投资收益。

五、交通领域

自动驾驶是人工智能在交通领域最具代表性的应用。汽车通过激光雷达、摄像头、毫米波雷达等传感器感知周围环境，利用计算机视觉、深度学习等技术识别道路、交通标志、车辆、行人等物体，再结合决策规划算法做出驾驶决策，实现自动行驶。目前，特斯拉的 Auto-pilot、百度的 Apollo 等自动驾驶系统已经在部分场景下实现了较高水平的自动驾驶。虽然完全自动驾驶还面临着技术、法律、伦理等多方面的挑战，但随着技术的不断进步，自动驾驶有望彻底改变人们的出行方式，提高交通安全性和效率。

智能交通管理系统也离不开人工智能的支持。通过在道路上安装摄像头、传感器等设备，实时采集交通流量、车速等数据，利用人工智能算法对数据进行分析和处理，实现交通信号灯的智能调控。例如，在交通拥堵时段，系统可以根据实时路况，自动延长绿灯时间，疏导交通。此外，智能交通管理系统还可以对交通事故进行快速检测和处理，通过分析视频数据，判断事故发生的时间、地点、原因等信息，及时通知相关部门进行处理，减少交通事故对交通的影响。

六、工业生产

在工业生产中，工业机器人是人工智能的重要载体。在汽车制造工厂，焊接机器人可以在高温、高危环境下精准完成焊接任务，其工作效率和质量远超人工操作。电子装配工厂里，装配机器人能够快速、准确地抓取和安装微小元件，提高了产品的生产精度和一致性。这些工业机器人通过传感器感知环境和自身状态，利用机器学习算法优化运动轨迹和操作策略，实现自动化生产。

质量检测是工业生产中的关键环节，人工智能技术为其带来了新的解决方案。基于计算机视觉的智能检测系统，可以对产品进行快速、精确的检测，识别产品表面的缺陷、尺寸误差等问题。例如,在手机屏幕生产过程中,智能检测系统通过拍摄屏幕图像,利用深度学习算法分析图像,能够检测出屏幕上的划痕、亮点、暗点等缺陷,确保产品质量。此外,人工智能还可以应用于生产流程优化,通过分析生产数据,预测设备故障,优化生产计划,提高生产效率,降低生产成本。

七、娱乐产业

在娱乐产业,人工智能为内容创作带来了新的思路和方法。在游戏开发领域,人工智能可以用于生成游戏场景、角色和剧情。例如,一些游戏利用生成对抗网络(GAN)生成逼真的游戏场景,让玩家有身临其境的感觉。人工智能还可以控制游戏中的非玩家角色(NPC),使其行为更加智能和逼真,提升游戏的趣味性和挑战性。

在影视制作方面,人工智能可以辅助完成特效制作、剪辑等工作。通过深度学习算法分析视频素材,自动识别场景、人物,实现智能剪辑。此外,人工智能还可以用于虚拟偶像的打造,像洛天依等虚拟偶像通过语音合成、动作捕捉等技术,为观众带来独特的表演体验。人工智能在娱乐产业的应用,不仅丰富了内容形式,还提高了创作效率,为观众带来了更多新颖、精彩的娱乐内容。

人工智能的应用场景远不止以上这些,它正在不断拓展和深入更多的领域和行业。随着技术的不断发展和创新,人工智能将为我们的生活和社会带来更多的惊喜和变革,我们也应积极拥抱人工智能,探索其更多的可能性,让它更好地服务于人类社会。

任务实施

一、资料收集与整理

(1)从生活、教育、医疗、金融、工业生产、娱乐产业中选取两个行业,每个行业挑选2~3个具体的人工智能应用案例。分析案例中人工智能技术的应用方式、解决的问题、取得的效果及面临的挑战。

(2)以小组形式(每组3~5人)进行讨论,制作PPT。

二、小组讨论与分析

组织小组讨论,分享案例分析的成果,共同探讨人工智能在不同领域应用中的共性和差异。

三、成果汇报与提交

(1)各小组派代表对自己的小组成果以PPT形式进行汇报。
(2)其他小组的成员可以提问和发表意见,进行互动交流。
(3)在小组讨论后,各小组撰写一篇500字左右的总结报告,阐述人工智能在不同领域应用中的共性和差异。

四、教师点评与总结

(1)教师对各小组的汇报进行点评,肯定优点,指出不足,并提出改进建议。

　　(2) 教师对整个学习过程进行总结,强调人工智能应用场景及未来发展前景,以及团队合作和自主学习的意义。

✎ 项目小结

　　本项目主要对人工智能技术进行简要介绍,包括人工智能的定义、发展历程及分类,人工智能的机器学习、深度学习、自然语言处理和计算机视觉四大核心技术及人工智能应用场景。

数字强国
阅读材料

实践人工智能

项目概述

在当今数字化时代，人工智能（AI）已成为推动各领域创新发展的核心力量。本项目旨在通过实践操作，引领学习者深入理解人工智能的技术原理，掌握关键的编程技能，并熟悉常用的人工智能工具，培养其在实际场景中运用人工智能解决问题的能力，为未来从事相关领域的工作或学习奠定坚实基础。

思维导图

本项目主要涵盖两大任务：一是实战人工智能 Python 编程，通过一系列案例，让学习者亲自体验如何运用 Python 语言实现人工智能的典型功能；二是应用人工智能工具，介绍并引导学习者实践多种实用的人工智能工具，拓宽学习者的技术视野，提升其对人工智能技术的综合应用能力。

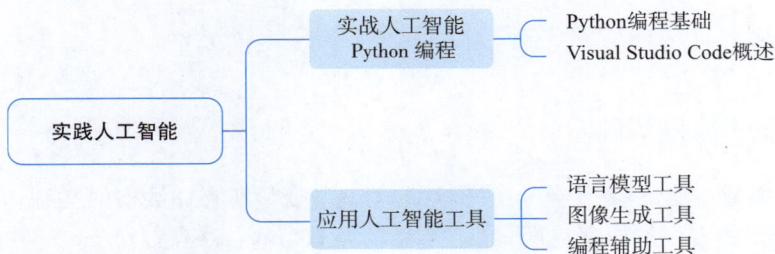

任务一　实战人工智能 Python 编程

任务导入

随着人工智能技术的飞速发展，Python 作为一种简洁高效、功能强大的编程语言，在人工智能领域得到了广泛应用。本任务将通过多个具体案例，引导学习者逐步掌握 Python 在人工智能实践中的应用。

学习目标

1. 知识目标

（1）深入理解 Python 编程的基础概念，包括数据类型、控制结构、函数等。

（2）掌握人工智能相关库的基本原理和使用方法。

（3）了解机器学习、图像处理、神经网络等人工智能领域的基础理论知识。

2. 能力目标

（1）能够熟练运用 Python 语言进行数据处理和分析。

（2）学会使用相关库实现人工智能的典型功能，具备调试代码、解决编程过程中常见问题的能力。

3. 素养目标

（1）培养学生严谨的编程思维和创新精神，提高解决实际问题的能力。

（2）增强学生对人工智能技术的探索兴趣，关注人工智能技术发展动态，培养持续学习的意识。

（3）培养学生主动学习和持续探索新技术工具的意识，面对软件工具的更新迭代，学生能够积极跟进并快速掌握新功能和新特性，保持技术敏锐度。

任务描述

利用 Python 语言搭建人工智能编程环境，并完成多个具有代表性的人工智能编程实践，包括学生成绩分析与可视化、智能问答机器人开发、图像处理基础以及猫狗分类等任务。通过这些实践，深入掌握 Python 编程在人工智能领域的应用技巧。

知识准备

一、Python 编程基础

（1）数据类型与变量：在 Python 里，数据类型是变量所存储数据的类别，它决定了变量可以进行的操作和占用的内存空间；除了常见的整数（int）、浮点数（float）、字符串（str）、列表（list）、字典（dict），还有布尔型（bool）、元组（tuple）、集合（set）等。

（2）控制结构与函数：控制结构用于控制程序的执行流程，包括顺序结构、选择结构（if 语句）和循环结构（while 循环、for 循环）。

（3）列表、字典与文件操作：列表是一种有序的可变序列，可以存储任意类型的数据，通过索引访问列表中的元素；字典是一种无序的键值对集合，通过键来访问对应的值，适用于存储和查找大量相关数据；文件操作则允许程序对外部文件进行读取、写入和修改等操作，实现数据的持久化存储。

二、Visual Studio Code 概述

Visual Studio Code（VS Code）是由微软开发的一款跨平台代码编辑器，支持 Windows、

Mac OS 和 Linux 操作系统。它具有以下显著特点。

（1）轻量级与快速响应：相较于一些大型集成开发环境（IDE），VS Code 占用系统资源少，启动速度快，能让开发者迅速开始工作。

（2）丰富的语言支持：内置对多种主流编程语言的支持。

（3）强大的插件生态：开发者可以根据自己的需求在 VS Code 的插件市场中下载各种插件，实现代码自动补全、语法检查、代码格式化、版本控制集成等功能，提高开发效率。

任务实施

一、人工智能编程环境搭建

下面讲解 Visual Studio Code 的安装与使用，为人工智能编程搭建环境。

（一）安装与环境配置

1. 安装 Visual Studio Code

第一步：下载安装包。

访问 Visual Studio Code 的官方网站，根据自己的操作系统选择对应的安装包进行下载。

第二步：运行安装程序。

下载完成后，找到安装包并双击运行。在安装向导中，按照提示逐步进行操作。在安装过程中，可能会询问是否将 VS Code 添加到系统路径中，建议勾选该选项，这样在命令行中就可以直接启动 VS Code。

2. 在 Windows 系统下下载和安装 Python

第一步：访问官网。

打开浏览器，访问 Python 官方网站，如图 8-1 所示。

第二步：选择版本。

单击"Downloads"下载栏目，选择"Windows"操作系统。在打开的页面中，选择 Python 的稳定发布版本，根据自己电脑的操作系统位数，下载对应的 Windows Installer 安装程序，64 位操作系统一般选择"Windows installer(64-bit)"。

第三步：运行安装程序。

双击下载好的安装程序，勾选"Use admin privileges when installing py. exe"和"Add python. exe to PATH"，然后单击"Customize installation"进行自定义安装。

第四步：设置安装选项。

在可选功能设置界面，可勾选"pip""IDLE""py launcher"等，也可根据自身需求选择。还可以指定安装路径，设置好后，单击"Install"开始安装。

第五步：完成安装。

等待安装进度完成，安装完成后单击"Close"按钮。

第六步：运行测试。

安装完成后，可以按下"Windows＋R"键打开运行窗口，输入"cmd"打开命令提示符窗口，在命令行中输入"Python"查看 Python 版本号，若能正确显示版本信息，说明安装成功，如图 8-2 所示。

教学视频：
Visual Studio
Code 的安装

教学视频：
在 Windows
系统下下载
和安装
Python

图 8-1　Python 的下载

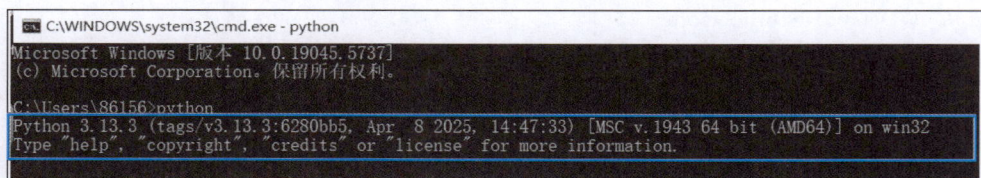

图 8-2　检验 Python 是否安装成功

教学视频：
VS Code
中配置
Python 环境

3. 在 VS Code 中配置 Python 环境

打开 VS Code，安装 Python 扩展。单击 VS Code 左侧的扩展图标（四个方块的图标），在搜索框中输入"Python"，选择由 Microsoft 发布的 Python 扩展并进行安装。

4. 在 VS Code 里添加中文语言包

第一步：打开 VS Code 的扩展面板，单击左侧活动栏最下方的扩展图标四个方块的图标。

教学视频：
VS Code
里添加中文
语言包

第二步：搜索中文语言包。在扩展面板顶部的搜索框中输入"Chinese（Simplified）"，接着在搜索结果里找到由 Microsoft 官方发布的"Chinese（Simplified）"并单击安装。

第三步：重启 VS Code。安装完成之后，系统会提示你重启 VS Code。单击提示中的"Restart Now"按钮，也能手动关闭"VS Code"再重新打开，让中文语言包生效。

（二）基本操作

教学视频：
Visual Studio
Code 的基本
使用

（1）启动 VS Code：安装完成后，可以在开始菜单（Windows 系统）或 Launchpad（Mac OS 系统）中找到 Visual Studio Code 的图标，单击启动软件。

（2）创建 Python 文件：单击"文件"，选择"新建文件"，创建一个 Python 文件，如图 8-3 所示。

（3）编写代码：双击打开创建的代码文件，开始编写代码。以 Python 语言为例，可以输入以下简单代码：print("Hello, AI World!")。

（4）运行代码：单击代码编辑器右上角的三角按钮运行。在 VS Code 的终端中可以看到代码的运行结果，如图 8-4 所示。

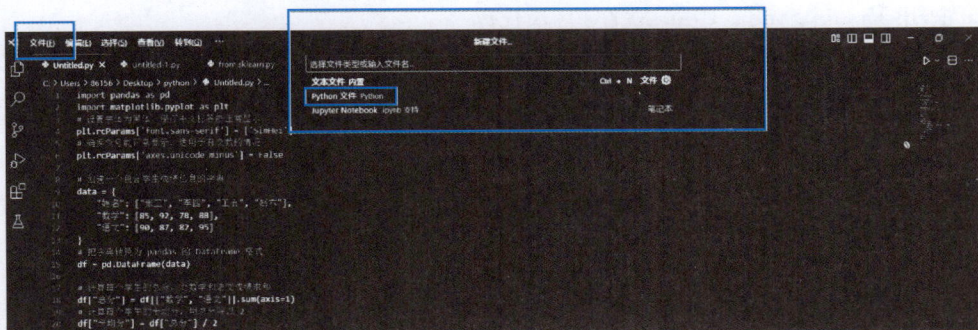

图 8-3　新建 Python 文件

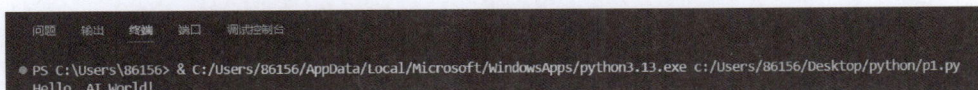

图 8-4　运行结果

二、人工智能典型功能编程实践

案例 1：学生成绩分析与可视化

案例分析

在 Visual Studio Code 环境中，使用 Python 语言，根据学生的数学和语文成绩数据，需要计算每个学生的总分和平均分，并将成绩数据进行可视化展示，以便更直观地比较学生之间的成绩差异。

案例实现

1. 安装 pandas 和 matplotlib

打开 Windows 系统的命令提示符（Windows＋R），输入"cmd"，如图 8-5 所示，在命令行中，执行以下命令来安装 pandas："pip install pandas"。还可以通过 pip 或 conda 来安装 matplotlib，如图 8-6 所示。

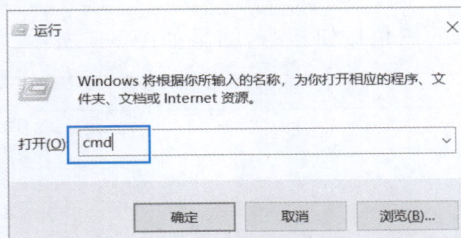

图 8-5　打开命令提示符

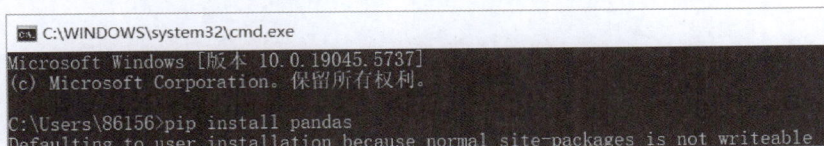

图 8-6　安装 pandas

2. 打开 Visual Studio Code 软件, 写入代码

```python
import pandas as pd
import matplotlib.pyplot as plt
plt.rcParams['font.sans-serif'] = ['SimHei']
plt.rcParams['axes.unicode_minus'] = False
data = {"姓名":["张三","李四","王五","赵六"],
    "数学":[85,92,78,88],
    "语文":[90,87,82,95]}
df = pd.DataFrame(data)
df["总分"] = df[["数学","语文"]].sum(axis = 1)
df["平均分"] = df["总分"] / 2
plt.figure(figsize = (8,4))
bars = plt.bar(df["姓名"],df["总分"],color = 'skyblue')
plt.title("学生成绩总分对比")
plt.xlabel("学生姓名")
plt.ylabel("总分")
for bar in bars:
    height = bar.get_height()
    plt.annotate(f'{height}',
                xy = (bar.get_x() + bar.get_width() / 2,height),
                xytext = (0,3),
                textcoords = "offset points",
                ha = 'center',
                va = 'bottom')
plt.tight_layout()
plt.show()
```

3. 运行代码

单击代码编辑器右上角的三角按钮运行, 结果如图 8-7 所示。

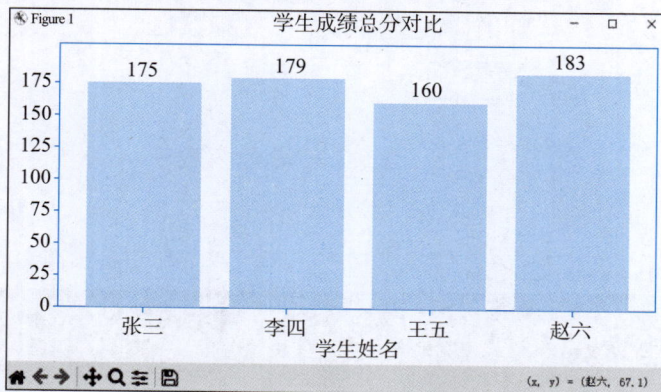

图 8-7　学生成绩总分对比运行结果

案例2：智能问答机器人(条件判断)

案例分析

打开 Visual Studio Code 软件，使用 Python 语言，开发一个简单的智能问答机器人，能够根据用户输入的问题，判断关键词并给出相应的回答。如果用户输入的问题无法匹配预设的关键词，则提示用户请咨询老师。

案例实现

1. 打开 Visual Studio Code 软件，写入代码

```python
def simple_chatbot():
    print("欢迎使用课程问答助手！输入'exit'退出。")
    while True:
        user_input = input("你的问题：").strip().lower()
        if user_input = = "exit":
            break
        elif"考试时间"in user_input:
            print("WPS 一级考试时间为每年 6 月和 12 月。")
        elif"人工智能学什么"in user_input:
            print("学习内容：Python 编程、机器学习基础、图像识别等。")
        else:
            print("暂时无法回答，请咨询老师。")
simple_chatbot()
```

2. 运行代码

单击代码编辑器右上角的三角按钮运行，结果如图 8-8 所示。

图 8-8　智能问答机器人运行结果

案例3：图像处理基础(OpenCV 入门)

案例分析

打开 Visual Studio Code 软件，使用 Python 语言，和 OpenCV 库对图像进行读取、色彩空间转换、灰度化处理和边缘检测，并利用 matplotlib 库对处理后的图像进行可视化展示。

案例实现

1. 安装 opencv-python 和 matplotlib

打开 Windows 系统的命令提示符(Windows+R)，输入 cmd，在命令行中执行以下命令来安装 opencv-python："pip install opencv-python"；同样可以通过 pip 或 conda 来安装 matplotlib。

2. 打开 Visual Studio Code 软件，写入代码

```python
import cv2
```

```
import matplotlib.pyplot as plt
plt.rcParams['font.sans-serif'] = ['SimHei']
plt.rcParams['axes.unicode_minus'] = False
img = cv2.imread(r"C:\Users\86156\Desktop\python\1.png")①
img_rgb = cv2.cvtColor(img,cv2.COLOR_BGR2RGB)
gray = cv2.cvtColor(img,cv2.COLOR_BGR2GRAY)
edges = cv2.Canny(gray,threshold1 = 50,threshold2 = 150)
plt.figure(figsize = (12,4))
plt.subplot(131),plt.imshow(img_rgb),plt.title("原始图像")
plt.subplot(132),plt.imshow(gray,cmap = 'gray'),plt.title("灰度图像")
plt.subplot(133),plt.imshow(edges,cmap = 'gray'),plt.title("边缘检测")
plt.show()
```

3. 运行代码

单击代码编辑器右上角的三角按钮运行,结果如图 8-9 所示。

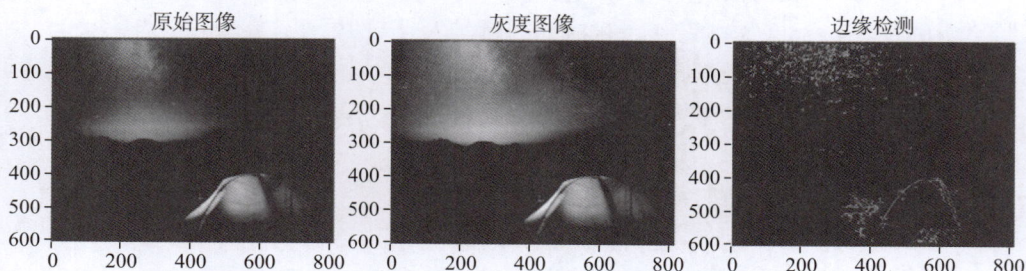

图 8-9　图像处理运行结果

案例 4:猫狗分类(卷积神经网络实战)

案例分析

利用卷积神经网络(CNN)对猫狗图像进行分类。使用预训练的 ResNet18 模型,并对其进行微调,以适应猫狗分类任务。

案例实现

1. 安装 torch torchvision pillow

打开 Windows 系统的命令提示符(Windows+R),输入 cmd,在命令行中执行以下命令来安装 torch torchvision pillow:"pip install torch torchvision pillow"。

2. 写入代码

```
import torch
importtorchvision.models as models
import torchvision.transforms as transforms
from PIL import Image
model = models.resnet18(pretrained = True)
num_ftrs = model.fc.in_features
```

---

① 图片的路径为:图片属性中的位置＋图片的名称＋图片后缀。

```python
model. fc = torch. nn. Linear(num_ftrs,2)
model. eval()
transform = transforms. Compose([
    transforms. Resize(256),
    transforms. CenterCrop(224),
    transforms. ToTensor(),
    transforms. Normalize(mean = [0. 485,0. 456,0. 406],std = [0. 229,0. 224,0. 225])
])
def predict_image(image_path):
    """
```

预测输入图片是猫还是狗

```
    :param image_path:待识别图片的路径
    :return:预测结果('cat' 或 'dog')
    """
    try:
        image = Image. open(image_path)
        image = transform(image). unsqueeze(0)
        with torch. no_grad():
            outputs = model(image)
            _,predicted = torch. max(outputs. data,1)
        if predicted. item() = = 0:
            return'cat'
        else:
            return'dog'
    except Exception as e:
        print(f"预测过程中出现错误:{e}")
        return None
image_path = 'C:/Users/86156/Desktop/python/33. png'
result = predict_image(image_path)
if result:
    print(f"预测结果:图片中的动物是{result}")
```

3. 运行代码

单击代码编辑器右上角的三角按钮运行,结果如图 8-10 所示。

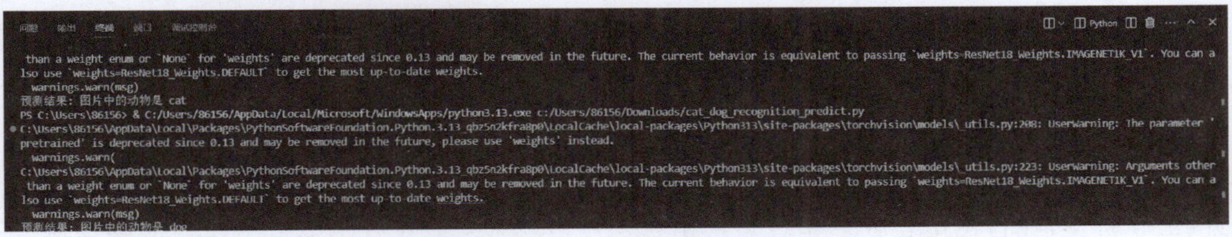

图 8-10　猫狗分类运行结果

任务二 应用人工智能工具

▣ 任务导入

在人工智能技术快速发展的当下，各类人工智能工具如雨后春笋般涌现。熟练运用这些人工智能工具，能显著提升工作效率与创新能力。

▣ 学习目标

1. 知识目标

（1）深入了解常见语言模型工具的工作原理与功能特点。
（2）掌握图像生成工具的图像生成机制。
（3）熟悉编程辅助工具的辅助编程方式与优势。

2. 能力目标

（1）能够熟练使用语言模型工具进行文本创作、知识问答和语言翻译等操作。
（2）运用图像生成工具，根据需求创作出高质量的图像作品。
（3）借助编程辅助工具，提高编程效率，更高效地解决编程难题。

3. 素养目标

（1）培养学生对新兴技术的敏锐洞察力和学习能力，增强创新意识。
（2）提升学生信息甄别能力，在使用工具过程中，合理筛选和利用信息。
（3）树立学生正确的人工智能技术使用观念，尊重知识产权，确保合法合规使用工具。

▣ 任务描述

全面学习语言模型工具、图像生成工具、编程辅助工具的使用方法，深入了解各类工具的功能和应用场景，掌握它们在不同领域的使用技巧，并能够根据具体需求，选择合适的工具解决实际问题。

▣ 知识准备

一、语言模型工具

语言模型工具基于深度学习技术，通过对大量文本数据的学习，具备强大的语言理解和生成能力。

文心一言是百度推出的知识强大的语言模型，不仅能生成高质量文本，还在一些涉及专业知识的问题上，凭借其知识图谱的优势，给出更具专业性和针对性的回答。ChatGPT 由OpenAI 研发，在自然语言处理领域表现出色。用户输入文本指令后，ChatGPT 能够理解语义，生成连贯、逻辑合理的文本回复。在写作辅助方面，它可以帮助用户丰富文章内容、优化语句结构;在知识问答场景中,能快速提供各个领域的知识信息。

使用这类工具时,关键在于精准描述需求。比如在撰写论文时,若想让语言模型帮忙拓展某一论点,就需要详细阐述论点的核心内容、已有观点以及期望拓展的方向等,这样才能获得符合要求的文本内容。

二、图像生成工具

图像生成工具借助人工智能算法,根据用户输入的文本描述生成相应的图像。

即梦(Dreamina)是字节跳动旗下深圳市脸萌科技有限公司开发运营的一款 AI 创作平台,它专注于 AI 图片和视频的生成能力。Midjourney 是一款广受欢迎的图像生成工具,它利用先进的神经网络,对输入的文本进行深度理解和解析,然后将其转化为图像。

在使用图像生成工具时,描述的准确性和丰富度至关重要。描述越具体,生成的图像就越贴合用户预期。同时,不同工具对描述语言的偏好略有差异,需要用户在实践中摸索。

三、编程辅助工具

编程辅助工具旨在帮助开发者提高编程效率。

豆包是字节跳动基于云雀模型开发的人工智能,它能为编程学习者和开发者提供代码解释、问题解答、思路引导等帮助。在遇到编程错误时,用户描述出错误的现象和代码上下文,豆包可分析问题并提供解决方案。GitHub Copilot 由 GitHub 和 OpenAI 联合开发的人工智能代码辅助工具,能根据代码上下文自动补全代码。当开发者编写函数时,它可根据函数名和已有代码提示参数、函数体内容,大幅提升编码速度。

使用编程辅助工具时,要善于结合实际需求。在学习新的编程概念时,利用工具获取代码示例和解释,加深理解;在开发项目过程中,借助工具快速生成常用代码片段,减少重复劳动。

👥 任务实施

案例 1:借助"文心一言"创作一个唐朝的历史故事

案例分析

以创作一个唐朝的历史故事为例,我们可以利用"文心一言"对历史知识的掌握以及语言生成能力,打造一个生动、富有历史韵味的故事。

案例实现

(1)在浏览器中打开"文心一言"的官方网站,若首次使用,需用手机号或邮箱完成注册登录。

(2)输入创作指令:在"文心一言"的输入框中,输入明确的创作指令。例如:"创作一个发生在唐朝长安的故事,故事中要包含一位年轻的书生,他为了参加科举考试努力学习,在这个过程中结识了一位神秘的江湖侠客,两人一同经历了一些有趣且充满挑战的事情,故事风格要具有唐朝的历史文化特色,字数在 1500 字左右。"这个指令详细说明了故事的背景(唐朝长安)、主要人物(年轻书生、神秘江湖侠客)、主要情节线索(书生为科举努力,与侠客结识并共同经历挑战)以及故事的风格和字数要求,如图 8-11 所示。

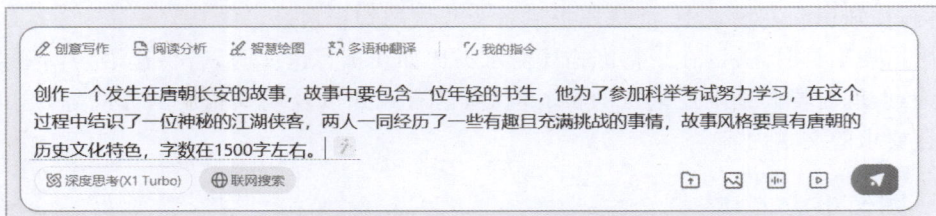

图 8-11　在"文心一言"中输入创作指令

（3）等待"文心一言"生成故事：单击输入框旁边的"发送"按钮或者按 Enter 键，文心一言开始处理输入的指令。

（4）对生成的故事进行调整与优化：虽然"文心一言"生成的故事已经具备一定的框架和情节，但可能还存在一些需要完善的地方，检查其是否存在逻辑不合理、语句不通顺或者不符合唐朝历史文化特色的地方，最后将生成的内容进行保存。

案例 2：借助"DeepSeek"＋"即梦"设计"绿色环保、低碳出行"公益宣传微视频

案例分析

"DeepSeek"和"即梦"作为功能强大的 AI 工具，为我们创作这样类似的公益视频提供了便利。通过这个案例，我们可以深入了解不同 AI 工具在视频创作领域的协同应用，提升自身运用信息技术进行创意表达和社会议题传播的能力。

案例实现

（1）在浏览器中访问"DeepSeek"官网，对话框中输入"生成一段 200 字'绿色环保、低碳出行'公益宣传内容"指令，等待"DeepSeek"生成描述文案，如图 8-12 所示。

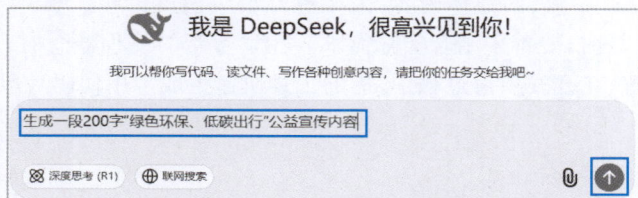

图 8-12　在"DeepSeek"对话框输入指令

（2）打开"即梦 AI"官网，单击"图片生成"，输入"生成一个公益广告人，背景为绿色"指令，单击等待生成图片，生成后保存到本地，如图 8-13 所示。

图 8-13　在"即梦 AI"对话框输入指令，生成图片

（3）单击"数字人"，将保存的"数字人图片"导入角色，"DeepSeek"生成的文案复制到文

本朗读中,选择模式,等待"即梦AI"生成视频,生成后保存到本地,如图8-14所示。

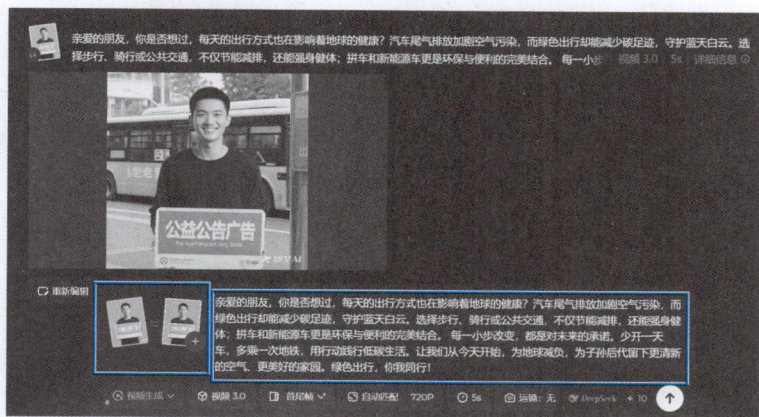

图8-14　"即梦AI"数字人视频生成

案例3:借助"豆包"开发一个介绍中国历史知识学习的网站

案例分析

利用豆包开发一个介绍中国历史知识学习的网站,通过数字化手段传播中国历史文化知识,加强爱国主义教育。

案例实现

(1)在"豆包"的输入框中,输入"生成中国历史知识学习网站的HTML文件,加入唐朝、宋朝、明朝、清朝的图片"白指令,在右侧的输出结果单击"下载"保存为后缀为".html"的文件(AI生成的网站可能略有不同,以实际生成为准),如图8-15所示。

图8-15　"豆包"对话框中输入指令

教学视频:
AI生成历史
知识介绍
网站

(2)生成图片。在"豆包"软件对话框输入"生成唐朝、宋朝、明朝、清朝四个朝代的图片,市景",如图8-16所示,然后在桌面上新建一个文件夹,放入四个历史朝代图片。

(3)修改代码中的图片路径,代码中的图片路径具体为:图片属性中的位置+图片的名称+图片后缀。将html文件用记事本打开,如图8-17所示,修改每一个图片的路径代码。可以通过图片的属性来复制图片的路径,但一定不要忘了加上图片的完整名称,即"图片名称.后缀"。

图 8-16　生成图片

```
<!-- 唐朝 -->
<div class="bg-white rounded-xl overflow-hidden shadow-lg card-hover">
    <div class="relative h-60 overflow-hidden">
        <img src="d:\Users\67336\Desktop\tang.png" alt="唐朝风貌图，展示唐代建筑和服饰" class="w-full h-full object-cover transition-transform duration-700 hover:scale-110">
        <div class="absolute top-4 right-4 bg-primary text-white text-sm font-semibold py-1 px-3 rounded-full">
            618-907年
        </div>
    </div>
</div>
```

图 8-17　修改代码中图片的路径

（4）运行结果。选中修改好代码的 html 文件，右击选择使用浏览器打开，最终显示效果如图 8-18 所示。

图 8-18　显示效果

习题及答案

📝 项目小结

　　本项目主要通过对 7 个案例任务的操作分析，详细介绍了如何利用 AI 进行 Python 编程以及 AI 工具的应用，主要讲解了如何搭建 VS Code 编程环境，用 Pandas 和 Matplotlib 分析并可视化学生成绩，基于条件判断开发智能问答机器人，运用 OpenCV 和 Matplotlib 处理图像，借助卷积神经网络对猫狗进行图像分类，使用"文心一言"创作故事，使用"即梦"创作 AI 视频，使用"豆包"开发网站等内容。

数字强国
阅读材料

解读人工智能伦理与社会影响

项目概述

本项目将深入探讨人工智能伦理与社会影响。一方面,学习人工智能在医疗、金融、交通等领域的广泛应用,以及其发展带来的如医疗误诊、招聘歧视等伦理风险。另一方面,深入剖析人工智能在经济、政治、文化和教育领域引发的变革与挑战,像就业结构调整、民主进程问题等。通过这些内容的学习,希望大家能更好应对未来职业中人工智能相关的复杂情况与问题。

思维导图

```
                                    ┌─ 剖析人工智能伦理 ──── 人工智能伦理与社会影响
                                    │   与困境              人工智能面临的伦理困境
解读人工智能伦理 ───┤
与社会影响
                                    └─ 把握人工智能社会 ──── 人工智能带来的社会影响
                                        影响及发展趋势          应对策略与未来展望
```

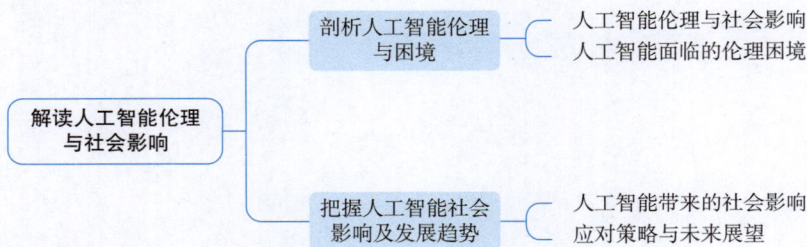

任务一　剖析人工智能伦理与困境

任务导入

在科技飞速发展的当下,人工智能深度融入生活各领域。医疗中它助力影像诊断,金融里能快速评估风险,交通上推动自动驾驶发展。然而,其发展也存在隐忧,如医疗误诊、招聘歧视等。本次学习任务,我们将重点学习人工智能伦理与社会影响,深入剖析,探寻应对之策。

📖 学习目标

1. 知识目标

（1）理解人工智能伦理的定义及三大维度内涵。

（2）了解人工智能对经济、文化、教育的影响。

（3）明确算法偏见、数据隐私、伦理决策难题等知识。

2. 能力目标

（1）学会分析人工智能应用中的伦理问题。

（2）提升信息获取、归纳总结和表达交流能力。

3. 素养目标

（1）树立学生正确看待人工智能发展的态度。

（2）强化学生伦理道德意识，遵循伦理规范。

（3）增强学生社会责任感，关注人工智能发展问题。

📋 任务描述

本任务我们将围绕人工智能伦理与社会影响展开探究，深入分析问题，为正确认识和运用这项技术奠定基础。

⏱ 知识准备

一、人工智能伦理与社会影响

（一）技术发展背景下的必然关注

当今社会科技发展迅速，人工智能悄然融入日常生活。在医院，人工智能可在 10 秒内分析数千张 CT 影像，精准度超 90％，帮助医生尽早制定治疗方案；金融领域里，风险评估系统借助人工智能，1 毫秒就能完成贷款风险评估，保障金融市场稳定；交通方面，自动驾驶技术持续进步，自动驾驶汽车测试里程突破 1 亿千米，让出行更便捷安全。

不过，人工智能也存在伦理风险。比如，某医院的 AI 辅助诊断系统误把良性肿瘤判断为恶性，使患者过度治疗，身心和经济都遭受重创，身体还受到不可逆损伤；某知名招聘平台因算法训练数据偏向男性，致使女性求职者通过率降低 40％，阻碍了女性的职业发展，破坏了就业公平。这些案例表明，若不对人工智能加以伦理约束，任其无序发展，会引发社会问题，破坏公平正义、威胁社会稳定，所以规范引导刻不容缓。

（二）核心概念解析

人工智能伦理，简单来讲，就是一套专门用来规范人工智能技术开发与应用过程的准则。它就像是给人工智能戴上的"紧箍咒"，确保其在发展过程中不会偏离道德的轨道。人工智能伦理包含三大核心维度。

1. 算法伦理

算法作为人工智能的核心要素，其重要性好比人类的大脑，深度影响着人工智能的决策逻辑与行为模式。在司法、金融、医疗等诸多领域,算法驱动着各类系统的运行,决定着资源分配、风险评估、病情诊断等关键事务的结果。然而,算法若缺乏有效规范,就可能沦为损害公平正义的工具。以法院量刑算法为例,早期部分系统的评估标准处于封闭状态,公众无从知晓判决依据。这种不透明性不仅削弱了司法公信力,还容易引发公众对司法公正性的质疑。随着算法伦理意识的提升,如今关键算法需公开评估标准,将量刑过程中涉及的犯罪情节权重、前科考量等因素公之于众。这种转变使决策过程清晰可见,便于公众监督,确保每个案件都能在公平、可验证的规则下得到公正评判,维护了法律的权威性与社会公平正义。

2. 数据伦理

数据是人工智能得以运行和发展的基础,其重要性不言而喻。作为人工智能训练和决策的"原材料",数据质量直接影响着算法的精准度和可靠性。围绕数据产生的伦理问题,应该关注个人信息安全防护与数据滥用防范。在现实生活中,数据泄露事件屡见不鲜。某品牌智能手表本以健康监测为主要功能,通过收集用户的心率、睡眠等数据为其提供健康建议。然而,在未经用户授权的情况下,该手表制造商将用户心率数据出售给保险公司。保险公司依据这些数据,单方面提高了部分用户的健康保险保费。这一事件不仅暴露了企业对用户隐私保护的漠视,更揭示了数据滥用背后复杂的利益链条。用户的个人健康数据被非法利用,不仅隐私权遭到侵犯,还直接导致经济损失。因此,在数据全生命周期管理的各个环节,从收集、存储,到使用、共享,都急需建立严格且完善的保护机制,确保个人信息安全,维护数据伦理规范。

3. 应用伦理

应用伦理主要是对人工智能技术的使用场景进行限制,就像给技术划定一个"活动范围",确保它不会被滥用。联合国禁止将 AI 用于自主武器系统就是一个很好的例子。自主武器系统如果不受控制地发展,那后果将不堪设想。想象一下,机器没有人类的情感和道德判断,却拥有决定人类生死的权力,它们可能会在不恰当的时候发动攻击,造成无数无辜的生命伤亡。所以,应用伦理通过制定明确的规则,清楚地界定哪些场景下人工智能技术是可以使用的,哪些是被严格禁止的,以此来保障人类的安全和尊严。

(三) 社会影响的多元维度

人工智能的发展就像一场巨大的变革浪潮,对社会产生了广泛而深远的影响,涵盖了经济、文化、教育等多个重要领域。

1. 经济重构

随着人工智能快速发展,经济领域正经历深刻变革。麦肯锡预测,到 2030 年全球将有 4 亿岗位被 AI 替代,电话客服、基础翻译、流水线质检员等传统岗位首当其冲。人工智能客服可高效处理重复性咨询,机器翻译能满足简单文本翻译需求,视觉检测技术也提升了质检效率。

不过,人工智能也带来新机遇,预计将创造 9500 万个新职业,如 AI 训练师、数据合规官等。前者需教会 AI 理解和处理数据,后者要保障企业数据使用合规。这些新岗位对从业者技能要求更高,以往从事流水线工作的工人若想转型,需掌握数据分析、编程等新知识,以适应行业发展新趋势。

2. 文化演变

在文化领域,人工智能带来显著的变化与争议。以 AI 绘画工具 Midjourney 为例,它能依据文字描述快速生成精美画作,其一幅作品曾在艺术拍卖会上拍出 43 万美元高价。这引发人们对"艺术原创性"的深度思考。传统观念中,艺术作品由艺术家凭借独特创造力、情感与技巧创作,承载着创作者的个性与灵魂。而 AI 绘画基于算法和数据训练生成,创作过程与传统绘画迥异。这使得人们对 AI 绘画是否为真正的艺术产生疑问,有人认为其缺乏人类情感与创造力,也有人觉得它开拓了艺术新边界。这场争议推动我们重新思考艺术本质与人工智能在文化创作中的定位。

3. 教育革新

人工智能在教育领域引发了诸多变革。以北京大学引入 AI 助教为例,以往学生提问常因老师工作繁忙,需等待 24 小时才能得到回复,而引入的 AI 助教将响应时间大幅缩短至 3 分钟,学生随时能获取解答,极大提升了反馈效率。像在线课程学习中,学生遇到难题可马上询问 AI 助教,快速扫除学习障碍。

但过度依赖 AI 助教也存在弊端。传统教学中,师生互动不仅是知识传递,还包含情感交流、思维碰撞与价值观引导,老师能通过学生神态、语气了解其学习状态并针对性指导。AI 助教虽然能快速给出答案,却难以给予情感支持与个性化关怀。因此,利用人工智能提高教育效率时,我们还需要重视保持师生良好互动,将传统教育优势与人工智能技术融合,实现二者有机结合。

二、人工智能面临的伦理困境

(一)算法偏见与公平性问题

1. 偏见产生机制

1)数据偏差

数据就像是人工智能的"学习资料",如果这些"学习资料"本身存在问题,那么人工智能在学习的过程中就可能会产生偏差。美国有一个 COMPAS 司法评估系统,它的初衷是帮助法官更客观地评估被告的假释风险。但是,这个系统却出现了严重的偏见问题。原因就在于它的训练数据中,黑人犯罪记录占比高。这可能是因为在数据收集的过程中,存在一些客观因素,导致黑人犯罪记录被更多地纳入了训练数据。结果就是,使用这个系统进行评估时,黑人罪犯的假释拒绝率比白人高 45%。这显然是不公平的,因为仅仅因为数据的偏差,就可能让一些黑人罪犯失去了获得假释的机会。

2)模型缺陷

除了数据偏差,模型本身的缺陷也会导致算法偏见。亚马逊在招聘过程中使用的招聘算法就出现了这样的问题。这个算法在分析求职者的信息时,竟然将"女子学院"列为负面特征。这是为什么呢?原来,亚马逊的历史数据中,技术岗位男性占比达 75%。算法在学习这些数据的过程中,错误地认为毕业于女子学院的人不适合技术岗位。这一错误的判断,使得许多毕业于女子学院的优秀女性在求职过程中受到了不公正的对待,失去了很多就业机会。

2. 危害案例与解决方案

1)医疗歧视

在医疗领域,算法偏见也带来了严重的问题。某 AI 诊断工具在识别皮肤病时,对深肤色患者的识别错误率高达 34%。这是因为该工具在训练过程中,使用的训练数据大多是浅肤色患者的案例,对深肤色患者的特征学习不足。这种医疗歧视不仅会影响深肤色患者的及时诊断和治疗,还可能导致病情的延误。为了解决这个问题,科学家们提出了一些改进方案。一方面,增加多样化的训练数据,收集更多不同肤色、不同种族患者的案例,让算法能够学习到更全面的皮肤病特征;另一方面,引入公平性评估指标,对算法的诊断结果进行评估,确保不同肤色的患者都能得到公平准确的诊断。

2)信贷不公

在金融信贷领域,也存在算法偏见导致的不公平现象。某银行的算法在给用户进行信用评分时,存在不合理的判断。即使外卖员和白领的收入相同,算法却普遍给外卖员的信用评分低于白领。这可能是因为算法在设计时,将一些与信用风险无关的因素,如职业,错误地纳入了评估体系。为了解决这一问题,银行可以采用"去身份化"数据处理的方法,在处理数据时,隐藏性别、职业等敏感信息,只关注与信用风险真正相关的数据,如收入稳定性、还款记录等,从而确保信用评分的公平性。

(二)数据隐私与安全挑战

1. 数据滥用风险链

1)收集端

在数据收集阶段,就存在着很多潜在的风险。现在,智能家居设备越来越普及,其中智能家居摄像头是很多家庭用于监控安全的设备。但是,你可能不知道,这些摄像头日均上传数据量达 2GB。有些不良厂商为了节省成本或者获取更多的利益,擅自将用户的视频数据用于算法训练。这就意味着我们在家里的一举一动,都可能被厂商拿去分析,侵犯了我们的隐私。比如,有的厂商可能会通过分析用户的生活习惯,进行精准广告投放,而用户却完全不知情。

2)传输端

当数据在网络中传输时,也会面临着被窃取的风险。在公共 Wi-Fi 环境下,网络安全性较差,黑客常常会利用中间人攻击的手段,窃取手机 App 中的生物特征数据,如指纹、面部识别数据等。一旦这些数据被黑客获取,他们就可以利用这些信息进行身份盗窃,给用户带来极大的损失。比如,黑客可以用窃取的指纹信息解锁用户的手机,获取手机中的重要资料,甚至进行支付盗刷。

3)应用端

在数据的应用阶段,同样存在滥用的问题。某社交平台为了获取更多的商业利益,竟然将用户的聊天记录出售给广告商。广告商利用这些聊天记录,分析用户的兴趣爱好,然后精准推送商品。这种行为严重侵犯了用户的隐私权,让用户在使用社交平台时毫无安全感。

2. 防护技术进展

1)联邦学习

为了解决数据隐私问题,科学家们研发了很多先进的技术,联邦学习就是其中之一。联邦学习(Federated Learning)是一种在保证数据隐私安全及合法合规的前提下,实现跨机构、跨地域数据协作的机器学习技术。其核心思想是让数据"不动模型动""数据可用不可见",各参与方无须共享原始数据,仅通过交换模型参数或中间计算结果即可完成协同建模,从而解决"数据孤岛"与隐私保护的矛盾。在医疗领域,医院之间常常需要共享医疗数据,以提高诊断的准确率。但是,直接共享原始数据又会涉及患者的隐私问题。联邦学习技术就很好地解决了这个难题,医院间共享医疗数据时,原始数据不出本地,仅交换加密模型参数。这样,既保护了患者的隐私,又能让各个医院的模型通过共享参数不断优化,提升诊断准确率。

2）同态加密

同态加密也是一种非常有前景的隐私保护技术。它允许在加密数据上直接进行运算。比如说银行在进行风险评估时，需要对客户的存款数据进行分析。使用同态加密技术，银行可以在不查看客户具体存款金额的情况下，直接对加密后的存款数据进行风险评估运算，得出评估结果，从而在保护客户隐私的同时，完成业务操作。

（三）伦理决策难题

1. 自动驾驶的"道德算法"

1）电车难题实验

在自动驾驶领域，有一个著名的"电车难题"实验。MIT 的 Moral Machine 项目对全球 230万人进行了调研，发现不同文化背景的人在面对伦理选择时存在显著差异。假设一辆自动驾驶汽车在行驶过程中遇到危险情况，前方有两组行人，一组是年轻人，另一组人数较多但包含老人和小孩。欧美用户在这种情况下，更倾向于保护年轻人；而亚洲用户则优先选择拯救人数更多的一方。这个实验结果反映出不同文化背景下人们的价值观差异，也给自动驾驶汽车的"道德算法"设计带来了巨大的挑战。因为无论算法如何设计，都可能会引发一些争议。

2）责任界定

随着自动驾驶技术的不断发展，责任界定问题也变得越来越重要。德国为了解决这个问题，通过了《自动驾驶法》。该法律要求车企在 L3 级以上系统中安装"黑箱"，就像飞机上的黑匣子一样。当事故发生时，结合算法决策日志，就可以更准确地划分责任。如果是因为算法决策失误导致的事故，那么车企就需要承担相应的责任；如果是由于外部不可控因素，如突然闯入的动物等导致的事故，责任的划分就会有所不同。

2. 医疗 AI 的信任危机

1）误诊争议

医疗 AI 在为医疗行业带来便利的同时，也引发了一些信任危机。IBM Watson 曾经在癌症治疗方案的推荐上出现过错误。原因是它的训练数据仅包含美国病例，没有考虑到亚洲人种在基因、生活习惯等方面的差异。这就导致它给出的治疗方案可能并不适合亚洲患者，给患者的治疗带来了很大的风险。这一事件让人们对医疗 AI 的准确性和可靠性产生了质疑。

2）人机协同规范

为了避免类似的问题再次发生，保障患者的安全，国家卫生健康委规定，AI 诊断结果必须由医生二次确认方可执行，而且医生拥有最终否决权。这一规定强调了医生在医疗过程中的主导地位，确保在使用医疗 AI 技术时，充分发挥医生的专业知识和临床经验，避免因为AI 的错误而给患者带来伤害，增强了患者对医疗 AI 的信任。

任务实施

一、资料收集与整理

（1）学生 3～4 人为一组，从教师给出的"人工智能算法偏见的具体表现""数据隐私泄露案例分析""人工智能在教育领域的利弊探讨"三个主题方向，任选一个主题，利用手机或教室电脑，在 10 分钟内快速收集与所选主题相关的资料。收集时要求记录资料来源，如文章标题、网站名称等。

（2）对收集到的资料进行整理。剔除重复、不相关的内容，梳理出关键信息，以简单的提纲形式呈现，包括主要观点、案例、数据等。整理过程中，小组成员分工合作。

二、成果汇报与提交

（1）各小组派代表对自己的小组成果以 PPT 形式进行汇报。

（2）其他小组的成员可以提问和发表意见，进行互动交流。

（3）汇报结束后，各小组撰写一篇 500 字左右的总结报告，以电子文档形式提交给教师。

三、教师点评与总结

习题及答案

（1）教师对各小组的汇报进行点评，肯定优点，指出不足，并提出改进建议。

（2）教师对整个学习过程进行总结，教师总结本次实践任务，梳理各主题涉及的人工智能知识要点，强化重点内容，如算法偏见的危害及解决办法。引导学生思考如何正确看待人工智能发展中的问题，树立合理运用技术的观念，鼓励学生课后继续关注相关话题。

任务二　把握人工智能社会影响及发展趋势

🖥 任务导入

人工智能让工作生产更高效，也改变了我们获取文化内容的方式；在带来便利的同时，也引发了选举公正性、隐私保护等诸多问题。本次学习任务，我们就围绕人工智能带来的社会影响、应对策略展开探讨，一起深入认识这一前沿技术。

📖 学习目标

1. 知识目标

（1）了解人工智能在经济领域对就业结构、产业升级和新兴产业的影响。

（2）知晓人工智能伦理准则和规范的制定情况，以及相关技术解决方案。

（3）理解人工智能未来智能化、通用化的发展方向和潜在影响。

2. 能力目标

（1）能够分析人工智能在不同领域应用产生的具体影响和问题。

（2）学会运用所学知识，提出应对人工智能伦理和社会问题的合理措施。

（3）培养从多种渠道收集、整理和归纳人工智能相关信息的能力。

3. 素养目标

（1）树立学生客观看待人工智能发展的态度，认识其利弊。

（2）增强学生对人工智能发展的社会责任感，关注其对社会的影响。

（3）强化学生伦理道德意识，在人工智能应用中遵循道德规范。

任务描述

本次学习任务围绕人工智能展开,旨在让大家全面了解其社会影响,包括在经济、政治、文化与教育领域的变革与挑战。同时,探索应对人工智能发展问题的策略,如伦理准则制定、技术创新等,展望其未来趋势,培养综合分析和理性看待人工智能的能力。

知识准备

一、人工智能带来的社会影响

(一)经济领域变革

人工智能的发展如同一场经济领域的"风暴",这场"风暴"正在重塑全球经济格局。从就业结构来看,传统制造业中,大量重复性、规律性的工作岗位正逐渐被自动化设备和智能机器人取代。例如,富士康科技集团在深圳的工厂引入大量机器人后,原本需要数万名工人的生产线,如今仅需少量技术人员进行监控和维护,人力成本大幅降低。但与此同时,人工智能产业的崛起也创造出众多新兴职业。AI 训练师负责为人工智能系统提供大量数据并进行标注,使算法能够不断学习和优化;数据标注员通过对图像、文本、语音等数据进行分类和标记,为人工智能的训练提供基础;AI 伦理专家则专门研究和制定人工智能技术在研发与应用过程中的伦理准则,确保技术发展符合人类价值观。

在产业升级方面,人工智能推动传统产业向智能化转型。以汽车制造业为例,智能化生产线利用机器人和传感器,实现生产过程的自动化和精准化控制,提高生产效率和产品质量。智能物流行业借助人工智能算法,实现运输路线优化、仓储管理智能化,降低物流成本。例如,亚马逊的智能仓储系统通过机器人搬运货物,配合智能算法规划路径,大大提高了货物分拣和配送效率。同时,人工智能催生了许多新兴产业,如智能家居、智能医疗、智能教育等,为经济增长注入新动力。据统计,全球人工智能市场规模在未来几年将保持高速增长,成为推动经济发展的重要引擎。

(二)政治与治理挑战

在政治领域,人工智能技术的应用给民主进程带来新的挑战。在选举活动中,通过大数据分析和人工智能算法,竞选团队能够精准绘制选民画像,了解选民的兴趣爱好、政治倾向、经济状况等信息,然后有针对性地推送政治广告和信息。这种精准营销手段虽然有助于候选人更好地与选民沟通,但也可能导致虚假信息传播和选民操纵。例如,在某些国家的选举中,虚假新闻通过社交媒体平台迅速传播,影响选民的投票决策,破坏选举的公正性和民主性。

人工智能的快速发展也给政府治理带来诸多难题。现有的法律法规和监管框架难以适应人工智能技术的发展速度,存在明显的滞后性。对于人工智能生成内容的版权归属、自动驾驶事故的责任划分、算法决策的透明度等问题,目前还缺乏明确的法律规定。此外,人工智能技术的应用涉及大量个人数据,如何在保障数据安全和隐私的前提下,实现数据的合理利用和共享,也是政府面临的重要挑战。为应对这些问题,各国政府纷纷加强人工智能领域的政策制定和监管,欧盟推出《人工智能法案》,对人工智能系统进行风险分级管理;我国也出台一系列政策文件,推动人工智能健康有序发展。

（三）文化与教育影响

在文化领域，人工智能改变了文化创作和传播的方式。AI绘画、音乐创作等技术能够快速生成艺术作品，虽然这些作品在创意和情感表达上与人类创作存在差异，但也为文化创作带来新的可能性。例如，一些音乐软件利用人工智能算法，根据用户的喜好生成个性化的音乐作品。然而，人工智能生成内容也引发了对文化原创性和版权保护的争议。同时，算法推荐在文化传播中发挥重要作用，短视频平台和音乐平台通过算法，根据用户的浏览历史和喜好推送内容，形成"信息茧房"效应，使用户只接触到自己感兴趣的内容，限制了文化视野的拓展。

在教育领域，人工智能带来了深刻的变革。智能辅导系统能够根据学生的学习情况，提供个性化的学习建议和辅导，帮助学生提高学习效率。在线教育平台利用人工智能技术，实现智能考勤、作业批改、学习进度跟踪等功能，为学生提供更加便捷的学习体验。例如，一些教育机构开发的智能学习系统，通过分析学生的答题情况，精准定位知识薄弱点，并推送针对性的学习资料。但人工智能教育也面临一些问题，如过度依赖技术可能导致学生自主学习能力下降，教师角色如何转变以适应智能化教学等。

二、应对策略与未来展望

（一）应对策略

1. 伦理准则与规范制定

制定统一的人工智能伦理准则和规范是解决伦理问题的关键。国际社会积极开展合作，推动人工智能伦理准则的制定。欧盟的《人工智能法案》为人工智能系统的研发和应用设定了严格的标准和要求，对高风险人工智能系统进行严格监管，确保其安全性、透明度和可解释性。我国也高度重视人工智能伦理建设，相关部门出台一系列政策文件，引导人工智能技术健康发展。同时，行业协会和企业应加强自律，制定内部伦理准则。例如，谷歌、微软等科技巨头成立人工智能伦理委员会，对公司的人工智能产品和技术进行伦理评估，确保其符合道德标准。

2. 技术解决方案探索

在技术层面，研究人员不断探索解决人工智能伦理和社会问题的技术方案。为消除算法偏见，开发出多种公平算法，通过数据预处理、算法优化等方法，减少数据偏差对算法决策的影响。例如，在招聘算法中，对性别、种族等敏感信息进行脱敏处理，确保算法在筛选简历时公平对待所有求职者。在数据隐私保护方面，联邦学习、同态加密等技术得到广泛研究和应用。联邦学习允许数据在不离开本地的情况下进行联合建模，实现数据的"可用不可见"；同态加密技术则支持在加密数据上直接进行运算，保障数据在处理过程中的隐私安全。

3. 社会协同与公众参与

应对人工智能带来的挑战需要政府、企业、科研机构、社会组织和公众的共同参与。政府应加强政策引导和监管，制定相关法律法规，规范人工智能技术的发展；企业作为技术研发和应用的主体，要承担社会责任，在追求商业利益的同时，注重技术的伦理和社会影响；科研机构加强人工智能伦理和社会问题的研究，为政策制定和技术发展提供理论支持；社会组织发挥监督作用，推动人工智能技术的健康发展；公众应提高对人工智能的认知和理解，积极参与人工智能的发展决策，通过公众监督和反馈，促使人工智能技术更好地服务社会。

（二）未来趋势与展望

未来，人工智能将朝着更加智能化、通用化的方向发展。量子人工智能利用量子计算的强大能力，有望突破传统人工智能的计算瓶颈，实现更高效的算法训练和更精准的预测。致力于让人工智能具备像人类一样的通用智能，能够处理各种复杂任务。然而，这些技术的发展也将带来新的伦理和社会问题，如人工智能的自主意识、人类与机器的关系等。为构建可持续发展的人工智能社会，需要全球共同努力，在技术创新的同时，注重伦理规范建设，实现人工智能与人类社会的和谐共生。

📇 任务实施

一、资料收集与整理

（1）学生3～4人为一组，每组从人工智能的经济影响、政治与治理挑战、文化与教育影响、应对策略、未来趋势这五个方向中选择一个进行深入探究，利用手机或计算机，在10分钟内快速收集与所选主题相关的资料，包括文字、数据、案例等，并记录资料来源。

（2）各小组对收集的资料进行整理。去除重复、无关内容，按照观点、案例、数据等类别进行分类，以简洁的思维导图或表格形式呈现关键信息，梳理出资料的核心要点。

二、成果汇报与提交

（1）各小组派代表对自己的小组成果以PPT形式进行汇报。

（2）其他小组的成员可以提问和发表意见，进行互动交流。

（3）汇报结束后，各小组撰写一篇500字左右的总结报告，以电子文档形式提交给教师。

三、教师点评与总结

（1）教师对各小组的汇报进行点评，肯定优点，指出不足，并提出改进建议。

（2）教师总结本次实践任务，梳理人工智能在各领域的影响、应对策略及未来趋势的重点知识，强调人工智能发展中伦理规范和社会协同的重要性，引导学生正确看待人工智能的发展，鼓励学生在今后继续关注相关领域的动态。

习题及答案

✏️ 项目小结

本项目主要是对人工智能伦理与社会影响进行解读，包括人工智能伦理的定义及社会影响，人工智能所面临的伦理困境，人工智能所带来的社会影响，应对策略与未来展望。

数字强国
阅读材料

参 考 文 献

［1］丁爱萍.计算机应用基础［M］.北京:北京出版社,2021.

［2］黄春风,赵盼盼.WPS Office 办公软件应用标准教程［M］.4 版.北京:清华大学出版社,2022.

［3］北京金山办公软件股份有限公司.WPS 办公应用(中级)［M］.北京:高等教育出版社,2021.

［4］北京金山办公软件股份有限公司.WPS 办公应用(高级)［M］.北京:高等教育出版社,2022.

［5］黄红波,王勇志.信息技术项目化教程［M］.2 版.北京:北京出版社,2023.

［6］教育部教育考试院.WPS Office 高级应用与设计［M］.2 版.北京:高等教育出版社,2023.

［7］容会,訾永所,邱鹏瑞.信息技术［M］.2 版.北京:机械工业出版社,2023.

［8］李莉,张卫婷,张传勇.智能数据分析与应用［M］.北京:机械工业出版社,2023.

［9］何琼,楼桦,周彦兵.人工智能技术应用［M］.北京:高等教育出版社,2024.